高等职业教育“互联网 +”新形态一体化教材

机器视觉系统应用

主　编　殷　慧
参　编　曲　璐　刘　贺　佟　强　穆效江　王新伟
主　审　姜俊侠

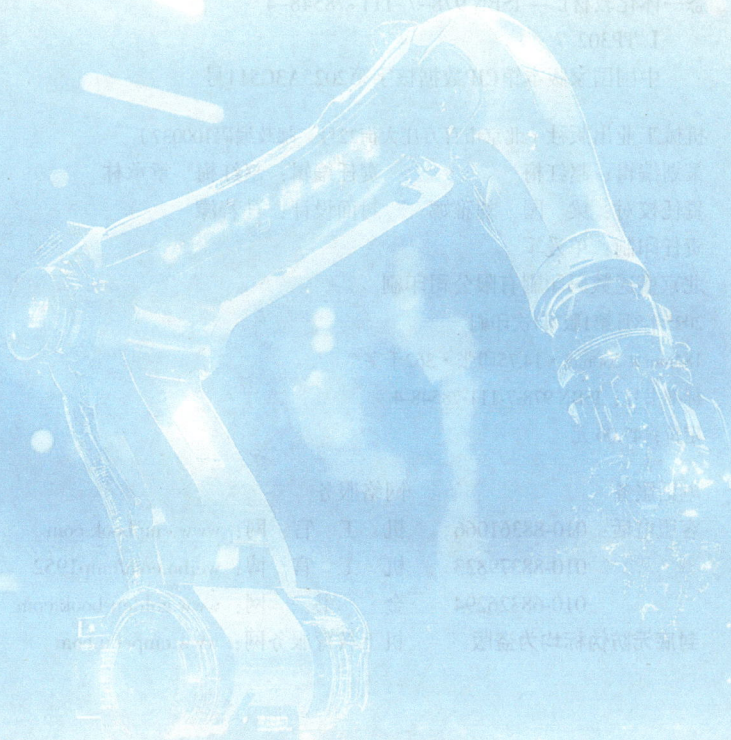

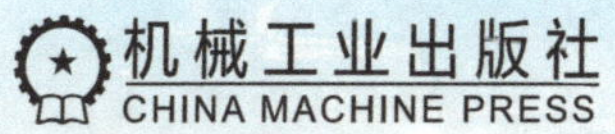

本书内容共 9 章：第 1 章对机器视觉技术的定义和应用进行介绍，让学习者了解到机器视觉技术的重要性，以及学习此项技术的意义；第 2 章对机器视觉系统进行介绍，让学习者掌握机器视觉系统的工作原理；第 3 章对机器视觉系统中的核心器件进行介绍，让学习者掌握系统硬件的组成并且可以自主搭建硬件系统；第 4 章对机器视觉系统的软件进行介绍，让学习者学会软件的安装和使用；第 5 章对图像处理的基础知识进行介绍，主要介绍图像处理中提取关键信息的底层原理；第 6~9 章基于机器视觉系统的三大应用场景（测量、识别、定位）介绍了机器视觉系统的应用。

本书适合作为高等职业教育本科及专科层次自动化类智能控制技术及其相关专业的教材，也可作为相关技术人员的参考用书。

为方便教学，本书配有讲解和实操视频，学习者可扫描二维码观看。凡购买本书作为授课教材的教师可登录 www. cmpedu. com 免费注册并下载相关教学资源。

图书在版编目（CIP）数据

机器视觉系统应用 / 殷慧主编. -- 北京 : 机械工业出版社，2025. 6. -- (高等职业教育"互联网+"新形态一体化教材). -- ISBN 978-7-111-78548-4

Ⅰ. TP302. 7

中国国家版本馆CIP数据核字第2025A3C511号

机械工业出版社（北京市百万庄大街22号　邮政编码100037）
策划编辑：赵红梅　　　　　责任编辑：赵红梅　章承林
责任校对：梁　园　刘雅娜　　封面设计：马若濛
责任印制：单爱军
北京盛通数码印刷有限公司印刷
2025年8月第1版第1次印刷
184mm × 260mm · 14.75印张 · 362千字
标准书号：ISBN 978-7-111-78548-4
定价：47.00 元

电话服务　　　　　　　　　网络服务
客服电话：010-88361066　　机　工　官　网：www.cmpbook.com
　　　　　010-88379833　　机　工　官　博：weibo.com/cmp1952
　　　　　010-68326294　　金　书　网：www.golden-book.com
封底无防伪标均为盗版　　机工教育服务网：www.cmpedu.com

前言

党的二十大报告指出："从现在起，中国共产党的中心任务就是团结带领全国各族人民全面建成社会主义现代化强国、实现第二个百年奋斗目标，以中国式现代化全面推进中华民族伟大复兴。"中国经济进入高质量发展的新阶段，制造业高质量发展的关键是加快产业转型升级和提高技术创新能力。在产业转型升级的进程中迫切需要引入新技术和新工艺，以智能装备替换人工、半自动化设备，实现生产智能化、数字化甚至柔性制造，以实现增效、提质的目标。

工业视觉就是促进工业界快速发展的新技术之一，它是消费电子行业转型升级、构建核心竞争优势的关键技术。目前机器视觉技术已经渗透到消费电子产品制造的全产业链中，且消费电子产品零部件尺寸较小、精密度较高，高精度组装、二维码读取、划痕检测等已无法依靠人眼精准完成，此处机器视觉的优势得以充分发挥。机器视觉具有识别、定位、测量、检测四大功能，与人类视觉相比优势显著。从技术实现难度来看，四大功能实现的难度依次递增。机器视觉相比于人类视觉在高精度、高速度、高适应、高可靠、感光范围，尤其是数据采集与信息集成上具有多方面领先优势。在被检测物品移动速度快、精确性要求高和工作重复度较高的场景下，机器视觉设备相比于人眼的工作效率提升明显。

本书内容涵盖了机器视觉技术相关硬件和软件的介绍。在工业领域，机器视觉技术是工业机器人的"眼睛"，若单独讲解机器视觉技术，就好像"无本之木"，没有落脚点。因此，本书第 8 章和第 9 章将机器视觉技术与工业机器人结合起来以实现机器视觉的工业应用，包括测量、引导和分类，缺陷检测的具体应用未涉及。

为了便于学习和跟练，书中将操作步骤一一列于表格中，每个表格的左列是软件界面，右列是对操作的详细阐述。希望这样的内容安排有"按图索骥"的功效，提升学习者的学习效率。

在本书编写的过程中，得到了深圳信息职业技术学院智能控制技术教研室各位教师的帮助，在此表示衷心感谢。

由于编者水平有限，书中难免有疏漏之处，敬请广大读者指正。

编　者

二维码索引

（续）

（续）

名称	二维码	页码	名称	二维码	页码
机器人部分工具坐标设定		164	VM—TCP 客户端设定		194
机器视觉部分采集标定纸图像		180	将坐标转化成数字		199
机器视觉部分高精度匹配		180	取工件和放工件程序		200
机器视觉部分 9 点标定		180	吸取工件结果演示		201
9 点标定确定标定顺序		180	VM—多个工件的匹配问题		203
9 点标定获取坐标点		180	VM—多形状定位		206
机器视觉部分标定转换、格式化和发送数据		184	VM—多形状定位机器人端程序		211
VM—TCP 服务器设定		192	VM—多颜色定位		212

（续）

名称	二维码	页码	名称	二维码	页码
VM—多颜色定位机器人端程序		218	VM—不同形状不同颜色机器人端程序		220
机器人抓取不同颜色工件		218	机器人抓取不同形状和不同颜色工件		220
VM—不同形状不同颜色工件识别		219			

目　录

第1章 机器视觉概述

知识目标

1）了解机器视觉的定义。

2）了解学习机器视觉技术的现实意义。

技能目标

能够列举出机器视觉技术的若干应用场景。

素养目标

通过对机器视觉技术在各行各业应用的全面认知，帮助学生进行职业规划，选择适合他们自身发展的方向。

1.1 机器视觉的定义

根据美国自动成像协会（Automated Imaging Association，AIA）、美国制造工程师协会（Society of Manufacturing Engineers，SME）机器视觉分会和美国机器人工业协会（Robotic Industries Association，RIA）自动化视觉分会给出的定义：机器视觉是通过光学装置和非接触的传感器，自动地接收和处理一个真实物体的图像，以获得所需信息或用于控制机器人运动的装置。

1.2 发展机器视觉技术的意义

德国“工业4.0”、美国“工业互联网”和“中国制造2025”等各国强国战略已经得到科研机构和产业界的广泛认同，各国战略表述虽然有所不同，但其核心目的都是提升本国制造业的智能化水平。对于我国来说，制造业的智能化之路还需要相当长的一段时间，制造业本身普遍存在创新能力不强、核心技术薄弱、智能化水平偏低等瓶颈问题。招工难、市场竞争激烈等外在压力，使得传统工业必须进行产业链重组、工业转型等一系列革命性的转变。

智能制造是“中国制造 2025”的突破口和主攻方向。智能制造包括产品智能化、生产过程智能化和管理服务智能化三个层面。机器视觉是智能化的下一个前沿领域，机器视觉技术已经成功应用于工业机器人，并成为其核心技术，而且机器视觉技术在工业制造、无人机、自动驾驶、智能医生、智能安防等应用领域中不断突破。随着我国制造业转型升级，机器视觉产品在制造业的应用将带来新的增长点。

机器视觉技术是利用电子信息技术来模拟人的视觉功能，从客观事物的图像中提取信息和感知理解，并用于检测、测量和控制等领域的一项技术。机器视觉有着比人眼更高的分辨精度和速度，且不存在人眼疲劳问题。

机器视觉技术是一项综合技术，包括光源照明技术、光学成像技术、传感器技术、数字图像处理技术、模拟与数字视频技术、计算机软硬件技术、控制技术、人机接口技术和机械工程技术等。

机器视觉技术具有节省时间、降低生产成本、优化物流过程、缩短机器停工期、提高生产率和产品质量、减轻测试及检测人员劳动强度、减少不合格产品数量、提高机器利用率等优势，另外，机器视觉强调实用性、实时性、高速度、高精度、高性价比、通用性、鲁棒性和安全性，能更好地适应工厂现场恶劣的环境。

1.3 机器视觉技术的应用

机器视觉技术可用来保证产品质量、控制生产流程、感知环境等，在工业检测、机器人视觉、农产品分拣、医学、机器人导航、军事、航天、气象、天文和安全等方面应用广泛，几乎覆盖国民经济的各个行业。

1.3.1 机器视觉技术在电子半导体行业中的应用

电子半导体行业属于劳动密集型行业，需要大量人员完成检测工作，而随着半导体工业大规模集成电路的日益普及，制造业对产量和质量的要求日益提高，在需要减少生产力成本的前提下，机器视觉技术扮演着不可或缺的角色。机器视觉技术在电子半导体行业中的应用案例如下：

1）PCB（印制电路板）的检测和测量：包括板元件位置、焊点、线路、开孔尺寸和角度的测量，SMT（表面安装技术）元件放置，表面贴装，表面检测，SPI（锡膏检测）以及电缆连接头个数等的检测和测量。

2）小型电子元器件及小尺寸工业制品的外观检测：包括 SMD（表面安装器件）产品的外观检测、硅片的外观检测。检测内容有印字错误（图 1-1）、内容错误、图像

图 1-1　机器视觉技术应用于印制电路板上的字符识别

错误、方向错误、漏印和表面缺陷等。

3）IC（集成电路）芯片、电子连接器平整度检测：包括检测管脚个数、间隔、宽度、高度、弯曲度等。通过对芯片进行连续、高效、快速的外观检测，提高了检测效率，节约人力成本并降低了工人劳动强度，更重要的是保证了检测的精度。

1.3.2 机器视觉技术在汽车制造业中的应用

随着汽车制造工艺的日益复杂，汽车制造商对零部件的质量提出了更高要求，面对市场竞争和客户的高标准要求，制造商和零部件供应商必须借助高效可靠的检测手段来避免不合格零部件的产生，其中机器视觉系统是最值得关注的方法。在汽车电子产品的接插件生产过程中，由于对生产效率和成品的尺寸、精度都有较高要求，因此机器视觉系统必须能够实时24h在线检测。机器视觉技术在汽车制造业中的应用案例如下：

1）汽车总装和零部件检测：包括零部件尺寸、外观、形状的检测；总成部件错漏装、方向、位置的检测；读码、型号、生产日期的检测；总装配合工业机器人焊接导向和质量的检测；轴承生产中对滚珠数量的计数、滚珠间隙的检测、滚珠及内外圈破损的检查；轴承密封圈的生产中对焊接的光洁度和有无凹陷、裂缝、膨胀及不规则颜色的检测；电气性能和功能检测。

2）汽车仪表盘检测：包括仪表盘指针角度检测和指示灯颜色检测等。

3）发动机检测：包括机加工位置、形状和尺寸大小的检测；活塞标记方向和型号检测；曲轴连杆、字符、型号检测；缸体缸盖读码、字符、型号检测等。

1.3.3 机器视觉技术在流水线生产中的应用

机器视觉技术在各类流水线生产中有着巨大的市场，机器视觉技术在流水线生产中的应用案例如下：

1）瓶装啤酒生产流水线检测系统：可以检测啤酒是否达到标准容量、标签是否完整。

2）螺纹钢外形轮廓尺寸的探测系统：以频闪光作为照明光源，利用线阵和面阵CCD（电荷耦合器件）作为螺纹钢外形轮廓尺寸的探测器件，实现热轧螺纹钢几何参数的在线动态检测。

3）轴承实时监控系统：实时监控轴承的负载和温度变化，消除过载和过热危险。

4）金属表面的裂纹检测系统：用微波作为信号源测量金属表面的裂纹，是一种常用的无损检测技术。

5）医药包装检测系统：包装袋表面条形码读取和生产日期的检测；药片的外形及其包装情况的检查；胶囊生产的壁厚和外观检查。

6）零部件测量系统：应用于长度测量、角度测量、面积测量等方面。

机器视觉技术的出现极大地提高了生产质量，并将企业从劳动依赖中解放出来，在实现自动生产和检测、降低劳动成本、应对市场竞争、提高效率等方面起到了积极的推动作用。随着行业特点的不断挖掘，各行各业对机器视觉技术的需求不断增加，这意味着机器视觉技术具有非常好的市场前景。

1.4 机器视觉技术的发展趋势

随着工业自动化技术向着智能化方向演进，工业场景对机器视觉技术的需求不断增加，这持续推动着工业机器视觉技术的发展。

1）3D 视觉技术：2D 视觉技术无法获得物体的空间坐标信息，所以不支持与三维形状相关的测量。随着工业控制对精确度和自动化的要求越来越高，3D 机器视觉变得更受欢迎。目前终端客户已经对 3D 机器视觉有了初步了解，市场上涌现出标准化 3D 视觉软件、硬件产品，产业链已初步形成。以尺寸检测、定位引导、识别为主的 3D 视觉应用逐渐渗透进集成商的方案，以 3C、汽车行业为主的新场景不断涌现，3D 视觉技术落地速度逐步加快。

2）嵌入式视觉技术：相比于基于 PC（个人计算机）或云架构的视觉技术，嵌入式视觉技术将用于实现图像处理和深度学习算法的 AI（人工智能）模块集成至工业相机，实现边缘智能。嵌入式视觉技术最主要的应用包括 ADAS（高级驾驶辅助系统）、工业自动化以及安防监控。其中，智能工业相机是工业自动化领域边缘智能的重要实现手段。通过对 AI 芯片的集成，智能相机可以在特定的应用环境中实现图像处理并利用内嵌的人工智能算法做出逻辑判断，为自动化场景提供无需人工干预的智能方案。

3）多元化加速方案：技术发展的另一个主要方向是在机器视觉领域应用深度学习算法以提升视觉检测的智能化水平。传统的深度学习算法是在 GPU（图形处理单元）、CPU（中央处理器）等硬件上实现的，如果将这些硬件直接应用到视觉设备上将面临功耗高、散热差、价格昂贵等问题。然而，如果单纯在 FPGA（现场可编程门阵列）类型芯片上实现深度学习算法，又存在开发难度大、开发周期长的问题。因此基于深度学习的机器视觉出现了多元化的加速方案，例如 FPGA+ARM 架构的 SoC（片上系统）。

课后习题

1. 机器视觉的定义是什么？
2. 请列举机器视觉技术的应用场景。
3. 请说明机器视觉技术的发展趋势。

第 2 章 认识机器视觉系统

知识目标

1）了解基于模拟相机的机器视觉系统的组成。

2）了解基于数字相机的机器视觉系统的组成。

3）了解基于智能相机的机器视觉系统的组成。

技能目标

1）能够阐述机器视觉系统的构成。

2）能够阐述基于模拟相机、数字相机、智能相机的机器视觉系统的异同。

3）能够说明光学成像系统、图像处理系统和执行机构的作用。

4）能够说明机器视觉系统四大基本功能的应用。

素养目标

1）结合实训设备认识机器视觉系统的构成，加深对“系统”的理解。

2）“系统”各部分构成有机的整体，任何一部分都可能成为系统“瓶颈”，因此，解决问题需要构建系统思维。

2.1 机器视觉系统概述

一个典型的工业机器视觉系统，包括光源、镜头、相机［包括 CCD（电荷耦合器件）相机和 CMOS（互补金属氧化物半导体）相机］、机器视觉软件、监视器、PLC（可编程控制器）以及运动装置（如剔除装置）等，如图 2-1 所示。

伴随芯片技术和计算机技术的发展，工业机器视觉系统中的相机、图像采集卡及机器视觉软件三者的组成形式也经历了模拟、数字和智能三个阶段。图 2-2 所示为基于模拟相机的机器视觉系统。

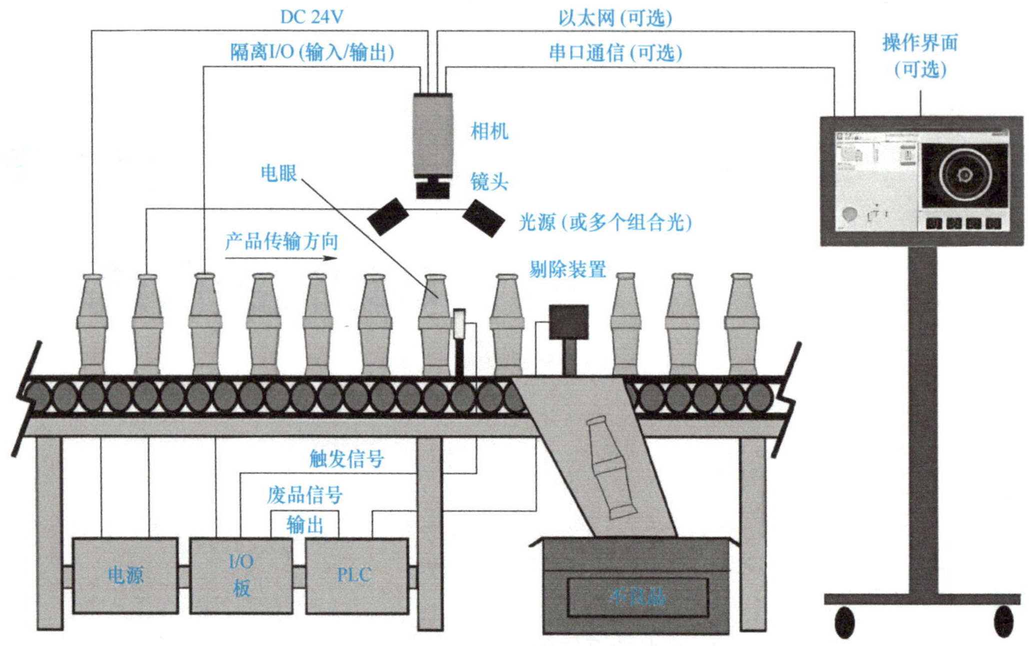

图 2-1　典型工业机器视觉系统

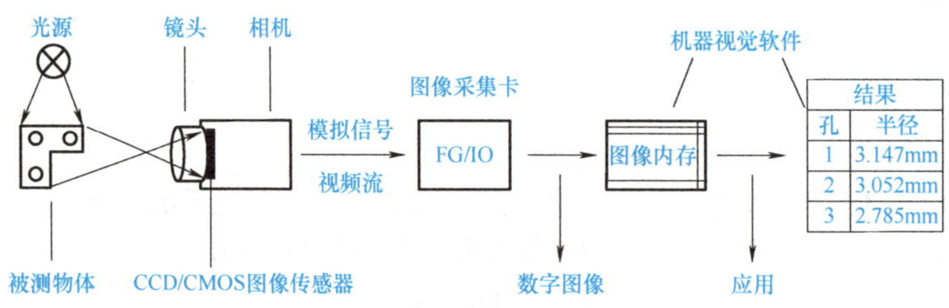

孔	半径
1	3.147mm
2	3.052mm
3	2.785mm

图 2-2　基于模拟相机的机器视觉系统

可见，整个系统包括被测物体、光源、镜头、相机、图像采集卡和机器视觉软件等。由于此时的相机还是模拟相机，只能输出 CCD 或 CMOS 图像传感器的模拟信号，将此模拟信号传输给图像采集卡后，由图像采集卡进行模拟信号到数字信号的转换，并最终得到数字化的图像。图像数字化以后就可以传输给计算机或工控机等设备进行后续的处理。

后来，随着技术的进步出现了数字相机，基于数字相机的机器视觉系统如图 2-3 所示。它的内部既有 CCD/CMOS 图像传感器又有图像采集卡，可将模拟信号转换成数字信号，直接输出数字图像。它的接口有 USB 2.0、USB 3.0、以太网口以及 CameraLink 等多种形式。同样地，它输出的数字图像可以直接传输给计算机或工控机等带有机器视觉软件的设备，以进行图像的后续分析和处理。

计算机进行信息处理的核心是 CPU，如果将计算机中进行图像处理的核心器件也集成到数字相机中，那么就是所说的智能相机，基于智能相机的机器视觉系统如图 2-4 所示。

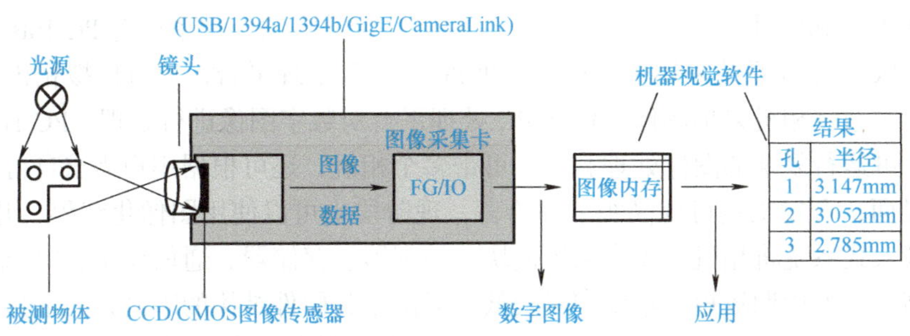

图 2-3　基于数字相机的机器视觉系统

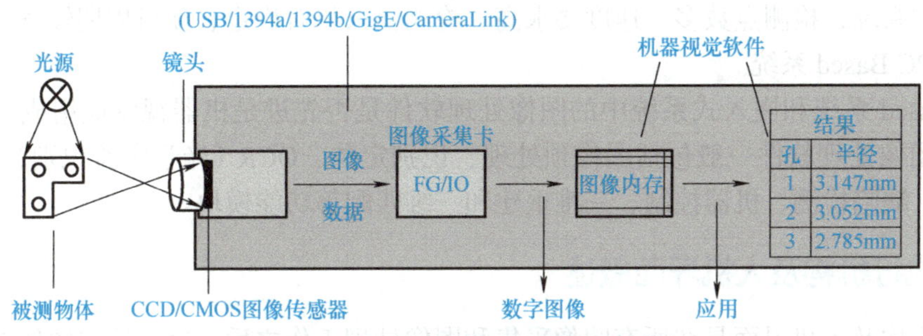

图 2-4　基于智能相机的机器视觉系统

在基于智能相机的机器视觉系统中仅包括被测物体、光源、镜头和智能相机。由于智能相机中已经集成了机器视觉处理的芯片，因此，采集到的数字图像可以直接在智能相机内部处理，不需要外接计算机或工控机。这种高度集成的方案就比较适合应用场景相对固定的情况。

从系统的功能来看，机器视觉系统可分为光学成像系统、图像处理系统和执行机构及人机界面三大部分。这个系统可以类比成人的眼睛、大脑和四肢构成的系统。其中，人眼可类比成机器视觉系统中的光学成像系统，被测物体经过光线的折射在人眼的视网膜上成像。成像后的信息通过人体的神经系统传送至大脑。大脑对观测到的信息进行分析、处理并最终决定要如何应对眼前的被测物体。因此，大脑可以类比成机器视觉系统中的图像处理系统。当大脑做出决定后，会支配四肢进行某些动作，如跑开、走近或拾起物品等。这里四肢就可以类比成机器视觉系统中的执行机构及人机界面。

2.1.1　光学成像系统概述

一个典型的光学成像系统包括光源、镜头和工业相机。光源是影响机器视觉系统输入的重要因素。因为它直接影响输入数据的质量，实际应用中其作用占到整个检测系统效果的80%。镜头是机器视觉系统获取图像的窗口。工业相机是机器视觉系统的核心部分，用于完成图像采集的主要工作。机器视觉系统常用的工业相机一般为固态 CCD 或线阵相机，面阵分辨率可达 100 万 ~1.5 亿像素或更高，而线阵分辨率则可多达 16K 像元或更高，在应用时可根据需求进行取舍配置。在实际应用中，相机又可分为彩色相机和黑白相机。

2.1.2　图像处理系统概述

图像处理系统用于在取得图像后对图像进行处理、分析、计算并输出检测结果。图像处理系统包括硬件和软件。目前，市场上主流的机器视觉图像处理系统有 PC Based 系统和嵌入式系统。PC Based 系统采用工控机（工业 PC）作为处理平台，通过模拟相机和图像采集卡或直接通过数字相机采集图像，依托 PC 处理平台对数字图像进行处理。PC Based 系统处理速度快，可运行复杂的图像处理算法，可带多个相机，还可根据用户需求自行开发处理程序和用户界面，开发工具可为高级编程语言，现阶段也可以使用图像化编程，开发周期短，难度低。嵌入式系统将相机、图像采集模块、处理器、存储器、通信模块、I/O 集成为一体，稳定性更高、开发周期较短、难度相对较低，但由于其硬件结构的限制，通常只能带一两台相机，程序开发不如 PC Based 系统灵活，运行速度和算法复杂度都不如 PC Based 系统。

两种系统各有利弊：检测点数少、检测要求可能发生变化、项目周期紧张的情况更适合选用嵌入式系统；检测点数多、速度要求高、检测要求相对稳定、项目周期较宽裕的情况更适合选用 PC Based 系统。

PC Based 系统和嵌入式系统中的图像处理软件是否先进是机器视觉应用成功与否的关键因素。图像处理软件一般包括图像预处理、识别定位、OCR（光学字符识别）、二维码识别、测量、缺陷检测、机器控制、三维重建和三维匹配等功能模块。

2.1.3 执行机构及人机界面概述

执行机构及人机界面是在所有图像采集和图像处理工作之后，完成输出图像处理的结果再进行动作（如报警、剔除、位移等），通过人机界面显示生产信息，以及在型号、参数发生改变时对系统进行切换和修改工作。

以上三个部分缺一不可，选取合适的光学系统、采集适合处理的图像是完成视觉检测的基本条件，开发稳定可靠的图像处理软件是视觉检测的核心任务，可靠的执行机构和人性化的人机界面是实现最终功能的保障。

实训室里使用的视觉设备

2.2 机器视觉系统的基本功能

机器视觉系统的基本功能主要包括四项：模式识别 / 计数、视觉定位、尺寸测量和外观检测。

1）模式识别 / 计数：主要指对已知规律的物品进行分辨，如形状、颜色、图案、数字和条形码等的识别，也有信息量更大或更抽象的识别，如人脸、指纹和虹膜的识别。

2）视觉定位：主要指在识别出物体的基础上精确地给出物体的坐标和角度信息。定位在机器视觉应用中是非常基础且核心的功能，一款软件的适用情况与其定位算法密切相关。

3）尺寸测量：主要指把获取的图像像素信息标定成常用的计量单位，然后在图像中精确地计算出物体的几何尺寸。机器视觉处理尺寸测量的优势在于对高精度、高通量以及复杂形态的测量，例如有些高精度的产品，由于人眼测量比较困难，以前只能抽检，有了机器视觉以后就可以实现全检了。

4）外观检测：主要指检测产品的外观缺陷。最常见的包括表面装配缺陷（如漏装、混料、错配等）、表面印刷缺陷（如多印、漏印、重印等）以及表面形状缺陷（如崩边、凸起、凹坑等）。一般情况下，产品外观缺陷种类繁杂，所以检测在机器视觉中的应用属于相对较难的一类应用。

从技术实现难度上来说，识别、定位、测量、检测的实现难度是递增的，而基于四大基本功能延伸出的多种细分功能在实现的难度上也有差异，如图 2-5 所示。

识别	定位	测量	检测
有无	校正	点	形状/轮廓
颜色	引导	线	灰度/色彩
粗略位置	套准	弧/圆	装配质量
条形码	对位	间距	统计信息
二维码	跟踪	几何组合	表面缺陷
OCR/OCV	3D引导	3D尺寸	3D缺陷

图 2-5　由机器视觉系统四大功能延伸出的细分功能

2.3　机器视觉系统应用举例

下面通过一个具体的实例——玻璃缺陷检测，来宏观地看一下机器视觉系统应用的流程。

2.3.1　玻璃缺陷视觉检测原理

玻璃生产过程大体可分为：原料加工、备制配合料、熔化和澄清、冷却和成型及切裁等。在生产过程中，由于制造工艺、人为等因素，在玻璃平板的任意一个生产环节中都有可能产生缺陷。玻璃常见的缺陷主要包括气泡、结石、划伤、针孔等，如图 2-6 所示。

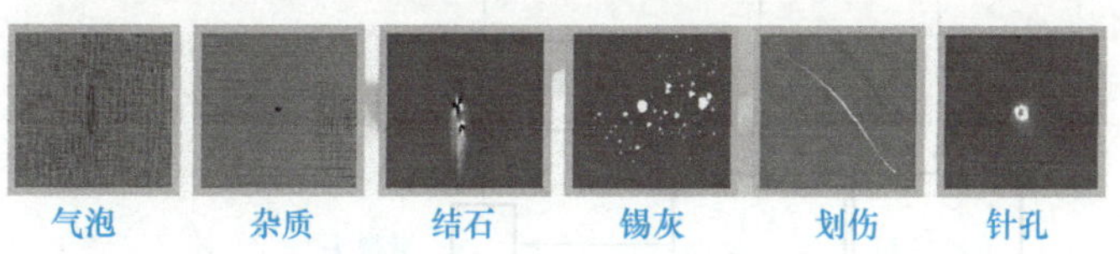

图 2-6　玻璃典型缺陷图像

无缺陷玻璃的特点是质地均匀、表面光洁且透明。进行玻璃缺陷检测时采用先进的 CCD 成像技术和智能光源。如图 2-7 所示，系统照明采用背光式照明，即在玻璃的背面放置光源，光线经待检玻璃透射进入摄像头。

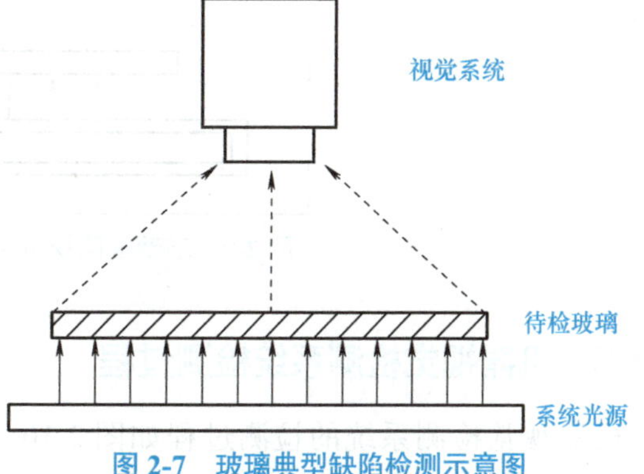

图 2-7　玻璃典型缺陷检测示意图

2.3.2　玻璃缺陷视觉检测系统

当检测系统背光源的光线垂直入射玻璃时，若玻璃中没有杂质，那么光线出射的方向不会发生改变，如图 2-8a 所示。此时，CCD 相机的靶面探测到的光也是均匀的。若玻璃中含有杂质，那么出射的光线会发生变化，CCD 相机的靶面探测到的光也会随之改变。

玻璃中的缺陷主要有两种：一种是光吸收型（如沙粒、夹锡等夹杂物），如图 2-8b 所示，光透射玻璃时，该缺陷位置的光会变弱，CCD 相机的靶面上探测到的光会比周围的光弱；另一种是光透射型（如裂纹、气泡等），如图 2-8c 所示，光透射玻璃时，在该缺陷位置发生了折射，光的强度比周围的要大，因而 CCD 相机的靶面探测到的光也相应增强。

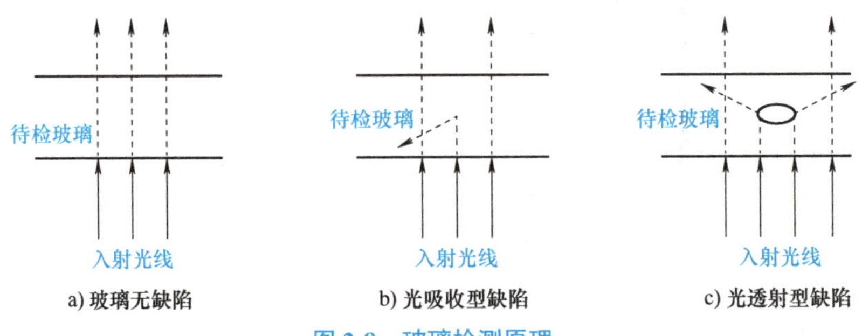

图 2-8　玻璃检测原理

整个玻璃缺陷视觉检测系统包含图像采集、图像处理、智能控制、机械执行等部分，其结构示意图如图 2-9 所示，其中光源及待检玻璃固定，光源位于玻璃底部，通过透射进入摄像头，摄像头以 *X-Y* 方向匀速扫描整块玻璃。图像采集卡接收摄像头信号，滤波后经模 / 数转换变成 24 位的数字信号，再用计算机对其加以分析。如果发现缺陷，则进行分类和统计，报告缺陷类型、尺寸和位置等，为玻璃分级和标记提供信息。

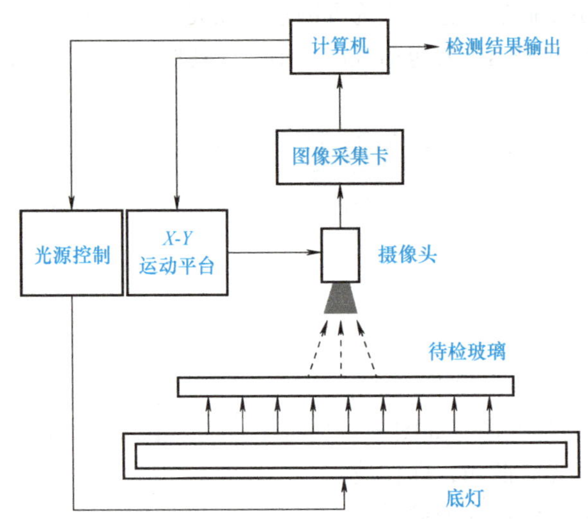

图 2-9　玻璃缺陷视觉检测系统结构示意图

2.3.3　机器视觉检测系统检测过程

机器视觉检测系统的检测过程如图 2-10 所示。

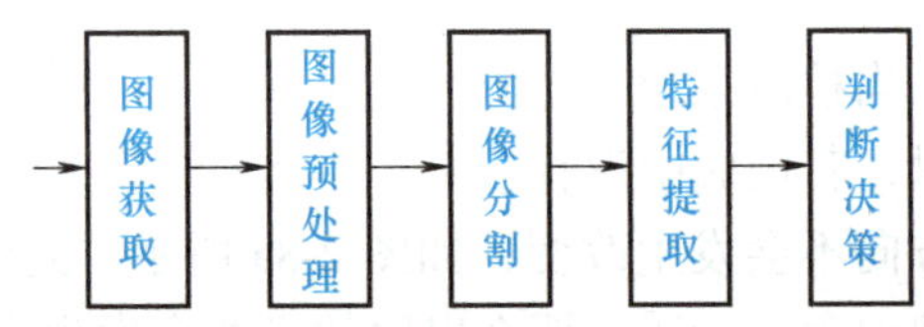

图 2-10　机器视觉检测系统的检测过程

1）图像获取：一般采用高速线阵 CCD 相机实时采集生产线上的玻璃图像，所获取的图像模拟信号通过图像采集卡的数字化处理再传送到计算机中进行图像预处理。

2）图像预处理：图像预处理是图像分析的重要环节。对图像进行适当的预处理，可以使图像更加便于分割和识别。图像预处理算法主要包括图像滤波处理（如均值滤波、中值滤波和高斯滤波等）和图像增强处理（如图像的灰度变换、直方图均衡化和图像锐化处理等）。为了消除图像中的各种噪声，必须用到滤波器。而图像增强是指按照特定的需要突出一幅图像中的某些信息，同时消除或去除某些不需要的信息的处理方法，其主要目的是让处理的目标在处理后的图像中更加凸显出来以便后续处理算法的应用，比如突出边缘信息、改善对比度、增强图像的轮廓特征等。

3）图像分割：为了进一步对图像中的目标进行分析、理解和识别，必须把目标从背景中分离出来，这个过程叫作分割。同样地，分割是依据图像的灰度、颜色或几何形状，将其中具有特殊含义的不同区域区分开。这些被区分开的区域是互不相交的，且都满足特定区域的一致性。例如，将图像中属于目标的像素或特征从背景中分离出来，即将属于同物体的像素点分隔出来。

在玻璃缺陷图像检测过程中，缺陷的灰度值与背景的灰度值相比有较大变化，而且灰度图像中缺陷边缘的灰度值同周围背景相比也存在很大的差异，所以采用基于灰度直方图的阈值分割算法和边缘检测算法相结合，就可以将缺陷从玻璃背景图像中分割出来，形成完整的缺陷目标，为缺陷目标的特征参数的提取和缺陷的判断、识别提供良好的基础。

阈值分割算法的原理：先确定一个处于图像灰度取值范围之内的灰度阈值，然后将图像中各个像素的灰度值与这个阈值相比较，并根据比较结果将相应的像素划分为两类——灰度值大于阈值的像素和灰度值小于阈值的像素。确定阈值是分割的关键，如果能确定一个合适的阈值，就能很方便地将图像分割开来。合理的阈值应取在边界灰度变化比较大或比较明显的地方，因此可以把某个阈值所产生的边界两边灰度对比度的大小作为衡量的标准，找出能够检出最大平均边界对比度的阈值所得到的分割图像，如图2-11所示。

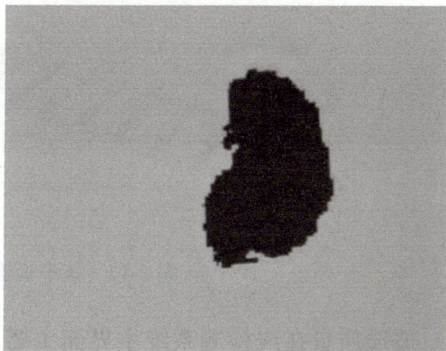

图2-11　分割图像

4）特征提取：特征提取的基本任务是选择最有效的特征，并从图像中将这些特征信息提取出来。特征提取是模式识别中的一个关键问题，对于玻璃缺陷的特征提取来说，特征参数的确定至关重要。在选取玻璃缺陷的特征参数时要尽量反映缺陷本源的特征，选取缺陷之间最能区别于其他缺陷的特征参数，还要尽量少，能把缺陷识别出来即可，太多的参数会增加系统的计算量，降低系统的运行速度。常用于识别玻璃缺陷的特征是缺陷的几何特征参数，如长短比、周长平方面积比、面积像素数与周长像素数等。识别时不仅要考虑缺陷的几何形状，还应考虑缺陷灰度差等缺陷的光学参数。光学参数即缺陷与光和颜色有关的特征参数，比如缺陷的灰度，对光的反射、折射和衍射的情况等。不同缺陷的光学特性不同，比如气泡的透光性就比钻石的透光性好，因此在图像上表现得稍微亮一些，并且气泡还可能出现小孔衍射的现象。

对图像进行平滑、灰度均衡和阴影去除等预处理后，图像上只有背景和缺陷两种成分。两种成分的灰度各自接近且相互差别较大，在直方图上表现为较为明显的两个峰值，这时如果取谷底为阈值进行阈值分割，就可以将缺陷与背景分离。分割后的图像上表现为黑白两种成分——一种为缺陷，另一种为背景。

5）判断决策：判断决策是对玻璃缺陷的分类，通常用分类器实现。常用的分类器包括传统的经典模式识别方法（如传统模式识别和句法模式识别）以及近几年发展起来的识别方法和识别分类理论（如模糊识别、人工神经网络以及支持向量机等）。此外，根据分类时是否基于训练样本，可将识别方法分为监督分类和无监督分类。

2.3.4 玻璃缺陷视觉检测系统实例

基于机器视觉的玻璃质量在线检测系统如图 2-12 所示。其中，A 主要由工业相机、同步控制器以及图像采集卡组成；B 为由 PC 组成的控制柜，用于完成图像处理的各种算法运算，同时输出检测结果；C 为待检测物体——玻璃；D 为系统照明，主要包括光源调节器等；E 为玻璃检测系统支撑传动结构，主要功能是在不同情况下通过水平调节玻璃的位置，保证系统采集图像时能获得较为清晰的玻璃缺陷原图。此外，为保证系统的检测精度，还应具备制冷、通风和清洗等辅助设备。该系统能准确检测出玻璃生产中的各种缺陷，为后续玻璃划分等级、玻璃切割提供相关信息。

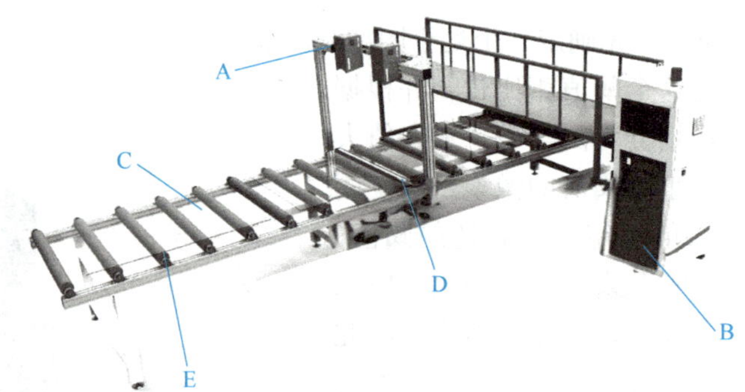

图 2-12　基于机器视觉的玻璃质量在线检测系统

玻璃质量在线检测系统主界面主要包括玻璃图像点运算、玻璃缺陷图像预处理、边缘检测和特征提取、缺陷像素定位以及图像匹配检测。其中，玻璃图像点运算主要完成玻璃图像灰度直方图显示、线性变换、亮度增强等。图像匹配主要包括图像模糊处理、图像形态处理等。

该系统主要采用 4 种常见的玻璃缺陷，采集 60 个样本作为识别目标，通过对其进行神经网络样本训练测试，发现能够有效识别出缺陷类别。经实验验证，该系统对缺陷识别的正确率为 91.75%，能够达到理想的检测效果。

在现代化生产中，视觉检测往往是不可缺少的环节。比如，汽车零件的外观、药品包装、IC（集成电路）字符印刷的质量、电路板焊接的好坏等，都需要检测。如果这些检测通过肉眼观察或结合显微镜进行，那么将需要大量的检测人力。这不但影响生产效率，而且会带来不可靠的因素，将直接影响产品质量与成本。另外，许多检测的工序不仅要求检测外观，同时需要准确获取检测的数据，比如零件的宽度、圆孔的直径以及基准点的坐标等。这些工作是很难靠人工检测快速完成的。

课后习题

1. 请说明有哪三种机器视觉系统，并分别说明它们的构造。
2. 机器视觉系统主要包括哪三个部分？分别说明它们的作用。
3. 请说明机器视觉系统的四大基本功能及其典型应用。
4. 请结合实训设备说明该机器视觉系统的各组成部分及其功能。

第 3 章 机器视觉器件

知识目标

1）掌握机器视觉系统的核心器件及其作用。
2）掌握基于工业相机及 PC 的视觉系统的组成。
3）掌握基于智能相机的视觉系统的组成。
4）掌握工业相机的类型。
5）理解相机的成像原理。

技能目标

1）能够说明工业相机的组成和构造。
2）能够说明不同种类光源的适用场景。
3）能够说明不同种类镜头的适用场景。
4）能够基于应用场景进行相机、镜头和光源的选型。

素养目标

1）在硬件选型过程中，培养学生的工程思维。
2）在硬件搭建的过程中，培养学生的劳动精神。
3）在实操过程中，提醒学生安全操作、爱护设备。

3.1 机器视觉系统的核心器件

机器视觉系统是由一系列的核心器件组成的，其中最主要的器件是相机、镜头及光源。光源用于突出被测物的表面特征，并削弱环境光影响。在光源的作用下，被测物经由镜头成像在相机的感光芯片上，进而得到数字图像。相机通过传输协议把拍摄到的数字图像传输到处理器，由图像处理软件完成图像处理与信息提取，再将处理结果以信号输出，这就是机器视觉系统工作的核心流程。

要搭建机器视觉系统，首先要根据工业项目的应用需要选择合适的工业相机。虽然在工业领域内，工业相机的应用越来越多。但是在日常生活中，工业相机还是相对少见的。与单反相机及卡片式数码相机不同，首先工业相机的机身没有图像存储的接口，不能外接 SD（安全数码）卡；其次，工业相机没有观察窗或液晶显示屏；最后，工业相机的机身没有集成的镜头，也没有自动对焦 / 变焦功能接口。

如图 3-1 所示，工业相机（图 3-1a）的结构简单，形状小巧，稳定性强，而且工业相机使用的是电子快门，所以在正常状态下工业相机的使用寿命往往有 5~10 年，甚至更长，而单反相机（图 3-1b）因使用的是机械快门，寿命有限。工业相机往往采用电信号控制触发拍照，实时输出数据，而单反相机无法做到高频高速同步拍照，且数据无法实时输出，所以虽然单反相机及卡片式数码相机（图 3-1c）具有电动聚焦、分辨率高等优点，但是在工业领域中，单反相机远远不及工业相机应用广泛。

a) 工业相机　　b) 单反相机　　c) 卡片式数码相机

图 3-1　三种不同的相机类型

同样地，工业镜头（图 3-2a）也与单反镜头（图 3-2b）不同。如图 3-2 所示，工业镜头不像单反镜头或电影镜头（图 3-2c），带有机身电动机及对焦功能接口，工业镜头需要手动调节聚焦位置及光圈，而且焦距固定。工业镜头的优点是耐冲击性好、寿命长、成像畸变小。

a) 工业镜头　　b) 单反镜头　　c) 电影镜头

图 3-2　三种不同的镜头

照明是机器视觉系统中非常重要的一环，甚至可以说，如果视野中的光源照明高效而稳定，能够将物体表面待识别或检测的特征突出显示，系统已经成功了一半。因为只有待检测特征在图像中有充足的对比度，才能被图像处理算法识别或检测出来。机器视觉系统的照明光源早期主要采用卤素灯、荧光灯等光源。随着 LED（发光二极管）封装和生产技术不断地发展，目前最常用的是图 3-3 所示的 LED 光源。一般工业 LED 光源的寿命应为 20000h 甚至更长，且在其寿命时间内，LED 亮度衰减应不超过 20%。

图 3-3　不同形状的 LED 光源

3.2 认识工业相机

3.2.1 工业相机概述

工业相机是一种用于机器视觉的成像装置，该装置包括传感器芯片及各种功能电子器件。如图 3-4 所示，工业相机内部的功能模块主要由五大部分构成，分别为镜头接口、图像传感器、参数控制模块、数据传输接口，以及供电、I/O 信号接口。镜头接口的作用是接入镜头，不同的镜头接口，其物理结构也不同。随着相机分辨率的不断提升，镜头接口也一直在不断更新。在进行相机及镜头选型时，要注意接口适配的问题。图像传感器是相机的核心器件，工业相机的核心参数如分辨率、像元尺寸、帧率、彩色/黑白等都取决于其感光芯片。图像传感器主要有 CCD 与 CMOS 传感器两种，虽然两者结构不同，但是其工作原理类似，都是将像元接收到的光的强弱信号输出为数字图像信息。在相机的末端是相机的供电、I/O 信号接口及数据传输接口，分别负责相机的供电、I/O 触发以及图像数据传输。

如果在参数控制模块后端嵌入板载处理器，让工业相机自身能够实现对采集到的图像的处理，则这种带处理的相机称为智能相机，普通工业相机内部不会嵌入板载处理器。

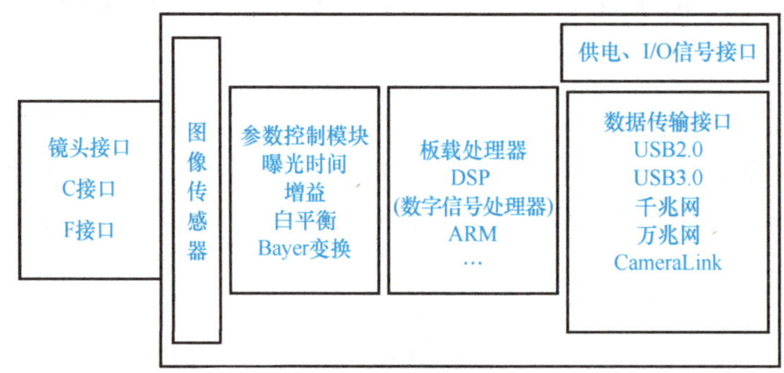

图 3-4 相机内部结构

智能相机如图 3-5a 所示，它在相机参数控制模块后加入了如 DSP、ARM 等的嵌入式处理器，并在处理器中写入如测量、识别等的图像处理算法。处理器的加入使得智能相机整体的功耗和散热相对普通工业相机（图 3-5b）更高，所以智能相机外壳会增加散热铝片，以降低智能相机工作时的温度，智能相机的外壳相对更大，镜头接口处通常也会配好环形光源接口。

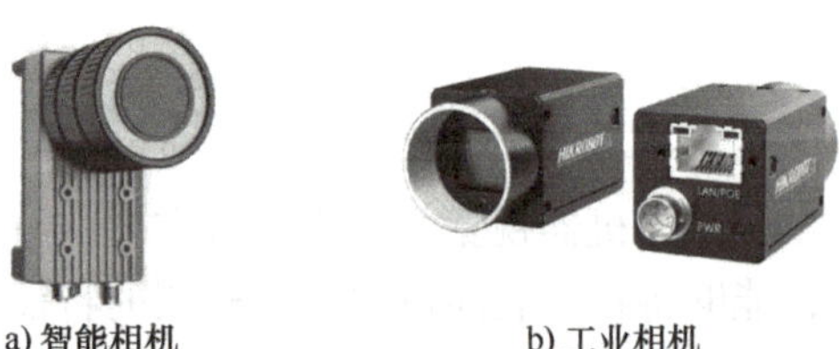

a) 智能相机　　b) 工业相机

图 3-5 智能相机与工业相机

在机器视觉系统中，如果采用的是工业相机，则系统中需要另外配置处理器，这可以是嵌入式处理器，也可以是计算机。图 3-6 所示为基于工业相机和计算机的视觉系统，该系统采用 PC Based 架构，其优势是可拓展性强、灵活性高。计算机可以接入多个工业相机，实现多视场、多工位、多功能的应用组合。

在图 3-6 所示系统中，主要器件或组件包括计算机、PLC、工业相机、镜头、光源控制器、LED 光源、传感器、执行机构。其中，传感器主要是用于判断工件的进入，在工业应用中，一般根据被检测工件的特性来决定采用何种传感器。而产线上的执行机构可以是气缸踢废装置，也可以是机械手分拣装置或者其他装置。系统的工作流程为：传送带上的工件运动到传感器工作范围内，传感器输出信号给 PLC。结合产线的运动速度或者位置信息，PLC 计算出工件运动到拍照位所需的时间，从接收到传感器信号起延时触发相机及光源控制器，点亮 LED 光源时工业相机拍照。获得的图像经由传输协议上传到计算机中，经过图像处理算法处理后，计算机将判断信号传递给 PLC。PLC 结合产线的运动速度或位置信息，在一定时延后，触发执行机构进行分拣或者踢废。

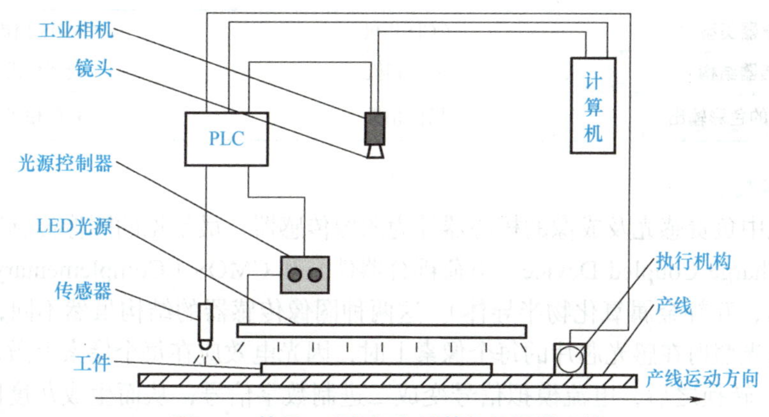

图 3-6　基于工业相机和计算机的视觉系统

图 3-7 所示为基于智能相机的视觉系统，该系统的工作流程与基于工业相机和计算机的视觉系统类似。唯一不同在于，该系统的图像处理在相机端直接完成，并将判断结果给 PLC，与图 3-6 所示系统相比，基于智能相机的视觉系统更简洁稳定。

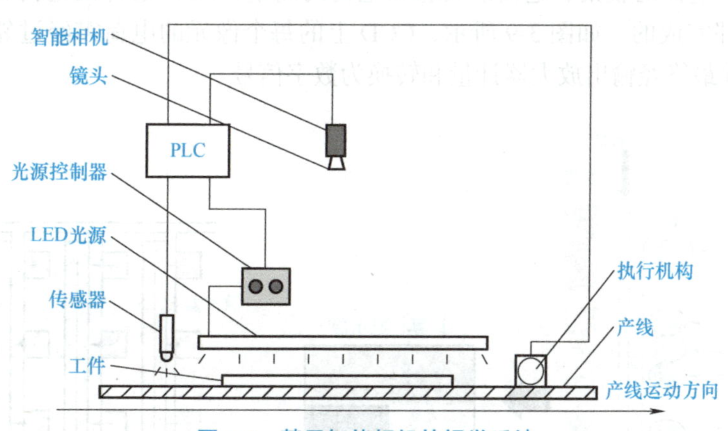

图 3-7　基于智能相机的视觉系统

在工业领域，智能相机与工业相机有着广泛的应用。相较而言，智能相机的优点如下：第一，防护等级高，适用于恶劣环境；第二，脱离了计算机独立工作，稳定性好，易于维护；第三，布置灵活，节约空间。但它的缺点也不少：第一，智能相机的处理速度有限，运算速度慢，以至于无法使用复杂的图像处理算法；第二，单个智能相机的成本远高于单个工业相机，多工位部署会使得成本更高；第三，受限于处理速度，智能相机不会采用高帧率高分辨率的图像采集芯片，所以不能适用于需要高性能相机进行阵列组合使用的场景，如光场相机阵列、高速相机阵列、高分辨率图像拼接阵列。因此，在工业项目中，要结合产线与实际需要，灵活选择智能相机或者工业相机。

3.2.2 工业相机的主要类型

根据图像传感器参数和特性的不同，可以将工业相机分为多种类型，见表 3-1。

表 3-1 工业相机的分类

传感器类型	CCD 相机	CMOS 相机
传感器结构	面阵相机	线阵相机
传感器的色彩输出	黑白相机	彩色相机

1. 传感器类型

工业相机中负责感光及成像的核心器件为图像传感器，最常见的图像传感器有两种，分别是 CCD（Charge Coupled Device，电荷耦合器件）和 CMOS（Complementary Metal Oxide Semiconductor，互补金属氧化物半导体）。这两种图像传感器的结构虽然不同，但是其工作原理类似。当光照射在感光芯片的每个像素上时，因光电效应在每个像素上激发电子，经过 A/D（模 / 数）转换之后，电流模拟信号变成二进制数字信号，从而生成灰度图像（黑白图像），如图 3-8 所示。

CCD 传感器是由美国贝尔实验室（Bell Labs）的维拉·波义耳与乔治·史密斯于 1969 年发明的，这两位科学家也于 2009 年与中国科学家高锟共同获得了诺贝尔物理学奖。CCD 的基本感光单元为 MOS（金属氧化物半导体）电容，CCD 的工作过程分为四个阶段，分别是电荷的生成、电荷的收集、电荷的转移及电荷的测量。CCD 芯片的电荷收集、转移及测量是在像元外部完成的。如图 3-9 所示，CCD 上的每个像元的电荷需经过邻近像元输出到读出寄存器，并最终经输出放大器计量和转换为数字信号。

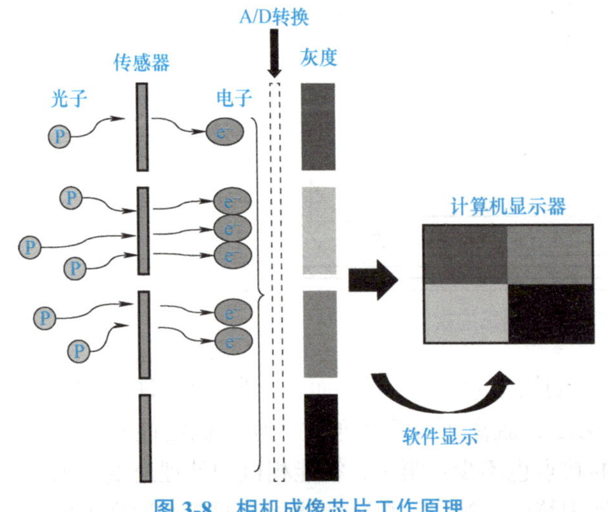

图 3-8 相机成像芯片工作原理

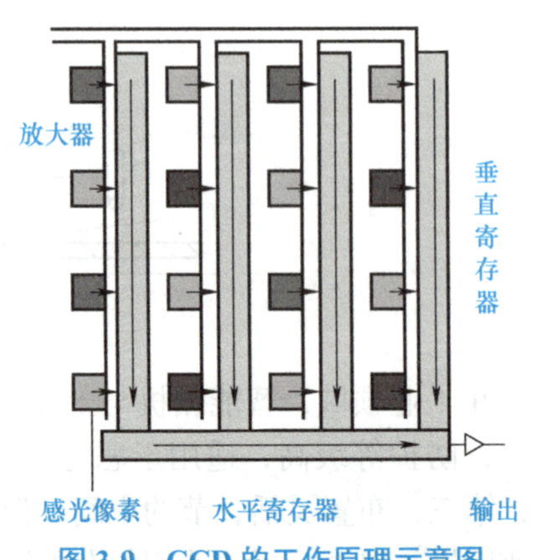

图 3-9 CCD 的工作原理示意图

CMOS 的结构与 CCD 不同，如图 3-10 所示，在 CMOS 传感器中，每个像素都有自己的电压转换，传感器通常还包括放大器、噪声校正和数字化电路，以便芯片输出数字位。这些其他功能增加了设计复杂性，减少了可用于光捕获的区域。由于 CMOS 每个像元独立完成 A/D 转换，因此将导致其输出图像均匀性较低，但因 A/D 转换是大规模并行处理的，所以 CMOS 能达到更高的输出总带宽。且 CMOS 制造工艺相对更简单，在大部分应用中，CMOS 传感器比 CCD 传感器更有成本优势。

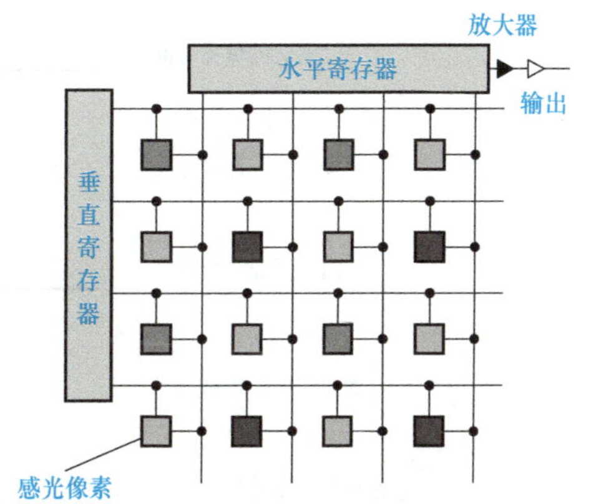

图 3-10 CMOS 的工作原理示意图

CCD 和 CMOS 的对比见表 3-2。CMOS 的结构更简单，制造成本更低，因此逐渐成为工业相机中主要使用的图像传感器，CCD 则更多地应用在天文、生物、军事等高端领域。

表 3-2 CCD 和 CMOS 的对比

特点	CCD	CMOS
优点	噪声小；成像均匀性好；灵敏度高	芯片集成度高；制造难度低；帧率高
缺点	芯片集成度低；制造难度高；帧率低	噪声大；成像均匀性差；灵敏度低

CMOS 与 CCD 决定相机的参数性能。相机的分辨率、快门类型、帧率、位深、像元、信噪比、动态范围、图像格式等参数主要由其采用的芯片决定。

1）分辨率：由横向分辨率和纵向分辨率两个参数构成，表示在图像传感器上横向与纵向像素点的数量。

2）快门类型：分为全局快门与卷帘快门，主要差别在于拍摄快速运动物体时，采用卷帘快门的相机输出的图像会有运动形变，如图 3-11 所示。

3）帧率：每秒相机采集图像的数量，相机帧率越高，每秒可采集图像的数量越多。

4）位深：将传感器像素感应到的电流信号转换为模拟信号时，要对其进行 A/D 转换，所采用的二进制位数，就是位深。位深越高，那么其蕴含的信息细节越多，但是也意味着要处理的数据越大，一般工业相机都采用 8/10bit 位深。

5）像元：指的是图像传感器上每一个像素点的尺寸，像元尺寸越大，则单个像素点感光越强。

6）信噪比：其英文全称为 Signal Noise Ratio（SNR 或 S/N），指的是图像中有用信号与噪声的比例，计算方法为 10lg（P_s/P_n），P_s 和 P_n 分别代表像素灰度值与噪声灰度值。信噪比越高，则意味着噪声抑制越好。

7）动态范围：以 8bit 位深的图像为例，动态范围是指在图像中，灰度值为 255 的像元中电子数与灰度值为 1 像元中电子数的比例，动态范围越大，意味着像元之间采样的差异越大，也就是说明暗度的细节更多，对于户外成像应用，如自动驾驶，一般要求相机的动态范围越大越好。

8）图像格式：图片的存储格式，按类别可分为彩色和黑白、8 位和 10 位。常见位

Mono8 代表 8 位的黑白照片，BayerGB8 则代表 8 位的彩色照片。

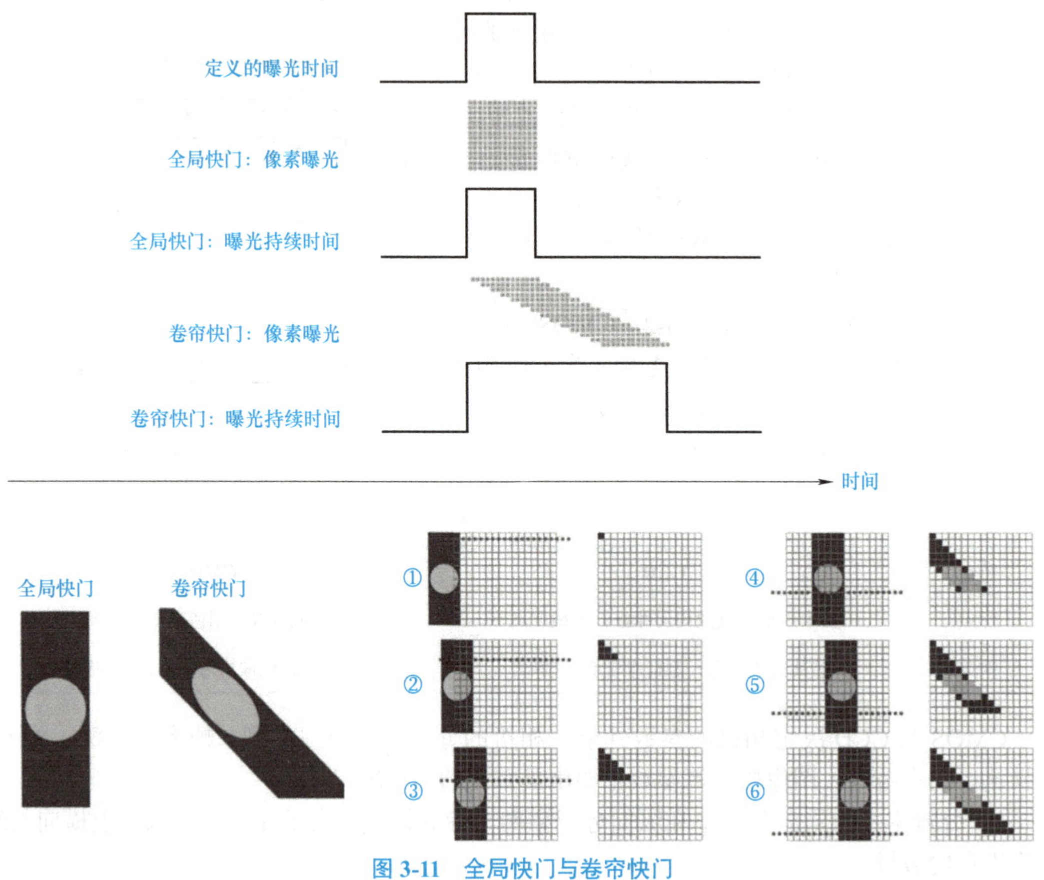

图 3-11　全局快门与卷帘快门

2. 传感器结构

按照传感器中像元的排列，可以将工业相机分为面阵相机和线阵相机两种，面阵相机的传感器像素排列是矩形的，面阵相机分辨率为其横向和纵向像元的个数，如 1920×1080，分辨率越高，成的像细节越多。线阵相机的传感器是线性的，有单线和多线两类，线阵相机的分辨率为横向像元数乘以像元的行数，如 4096×1 表示单线 4096 个像元。这两种相机的输出图像差异在于，面阵相机每次获取的是一个面的信息，如图 3-12a 所示，而线阵相机每次获取的是一条线的信息，如果线阵相机要成像，需要将输出的每行像素拼接起来，如图 3-12b 所示。

线阵相机的典型应用领域是检测连续的材料，如金属、塑料、纸和纤维等。被检测的物体通常匀速运动，如果物体运动为非匀速状态，一般需要接入产线的编码器等校正其运动速度，避免图像被压缩或者拉伸。因为线阵相机是输出单线的图像，适用于对圆柱形材料成像，可以直接将圆柱物体的侧面展开成像。线阵相机比面阵相机更适合对连续物体进行成像，在连续材料生产上的图像检测主要使用线阵相机，如钢板、玻璃、铝箔等。线阵相机在成像上还有个优点，即像元在物体的运动方向上成像很均匀，所以在精密瑕疵检测场景会选择使用线阵相机。

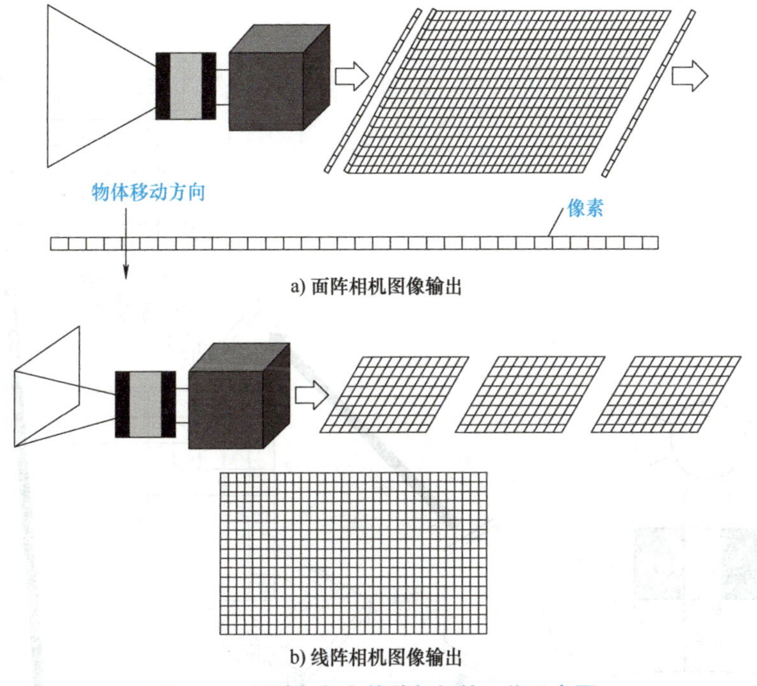

a) 面阵相机图像输出

b) 线阵相机图像输出

图 3-12 面阵相机和线阵相机的工作示意图

3. 传感器的色彩输出

前面讲述的都是黑白相机的成像原理，但是在实际应用中，需要输出彩色图像，在讲述彩色传感器的结构之前，首先要了解人眼是如何感知色彩的。

人的眼球底部分布着丰富的视网膜神经，这些神经细胞分为两种，一种叫作视杆细胞，另一种叫作视锥细胞。视杆细胞只能感应光的强弱，而视锥细胞主要感应光的颜色，对光的强弱不敏感。视锥细胞分为三种，各自吸收不同波段的光，分别是蓝 - 紫色、绿色、红 - 黄色。也就是说，人的肉眼感光主要分为三个通道，蓝色通道 B、绿色通道 G 以及红色通道 R。

早期为了模拟人眼感光，入射光线经过分光棱镜分为三束，分别采用三块图像传感器收集 R、G、B 通道的信息。如图 3-13 所示，物体的像经过分光棱镜分为三束，分别经过红色、绿色、蓝色滤光片后，成像在图像传感器上，并形成红色、绿色、蓝色通道的图像信息。三个通道的图像合成之后，输出的就是彩色图像。

基于分光结构的彩色工业相机成本较高，分辨率有限，目前只在印刷行业等色彩检测要求较高的场景应用。

柯达公司的 Bryce Bayer 于 1974 年提出了一种 Bayer 阵列方案。这种方案中，传感器的像素前方设置了一层彩色滤光片阵列（Color Filter Array，CFA），如图 3-14 所示，每个像素只感应滤光片允许通过的光波段，每个像素可以输出 RGB 三通道中一个通道的值。为了解决每个像素缺失另外两个通道值的问题，对邻近像素进行插值计算，从而得到 RGB 三通道的完整数据。采用 Bayer 阵列的彩色 CCD/CMOS 传感器采集的颜色信息是插值得到的，严格意义上来说是不精确的，采集到的图像边缘的对比度会比黑白相机差。

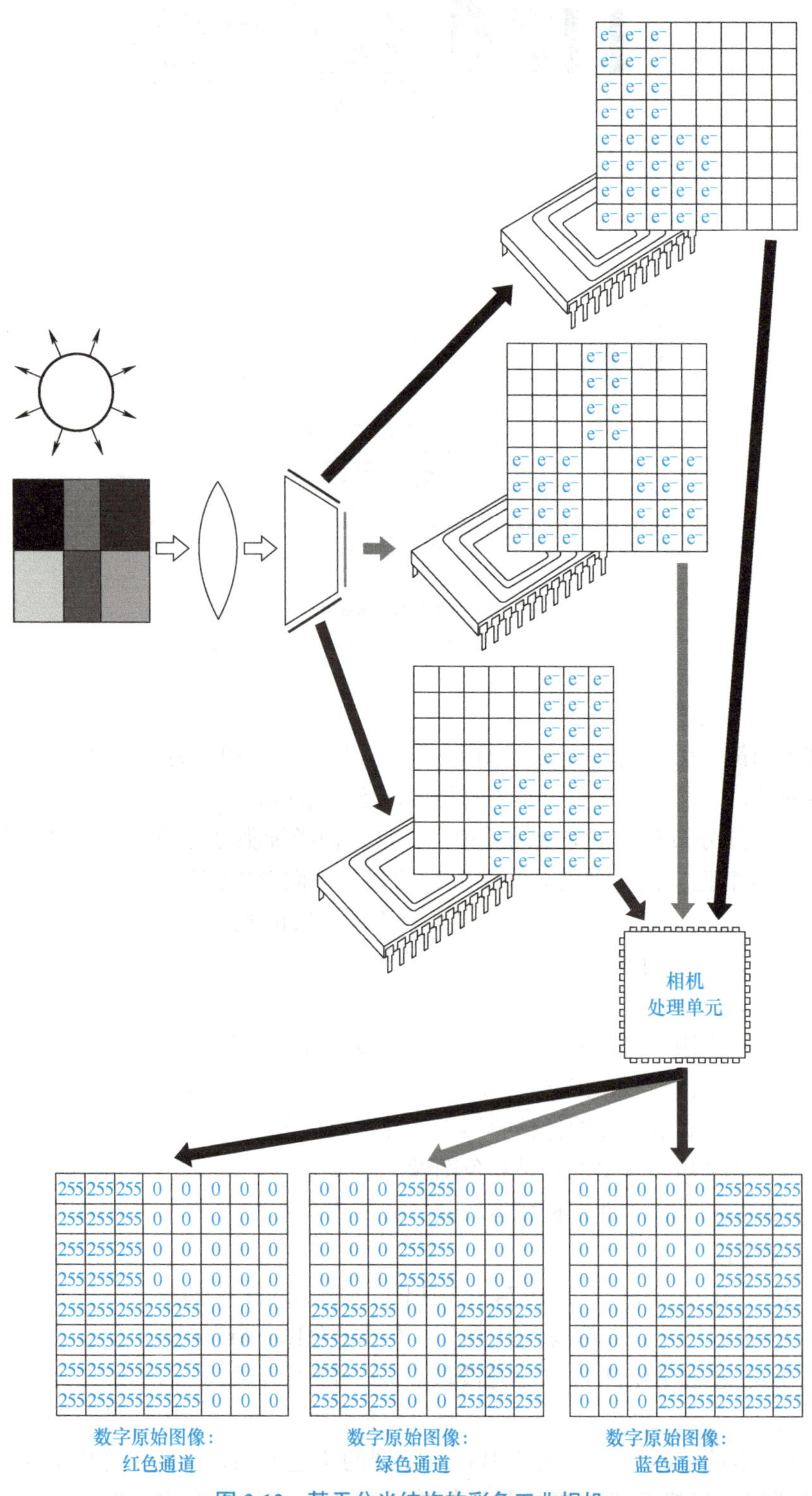

图 3-13 基于分光结构的彩色工业相机

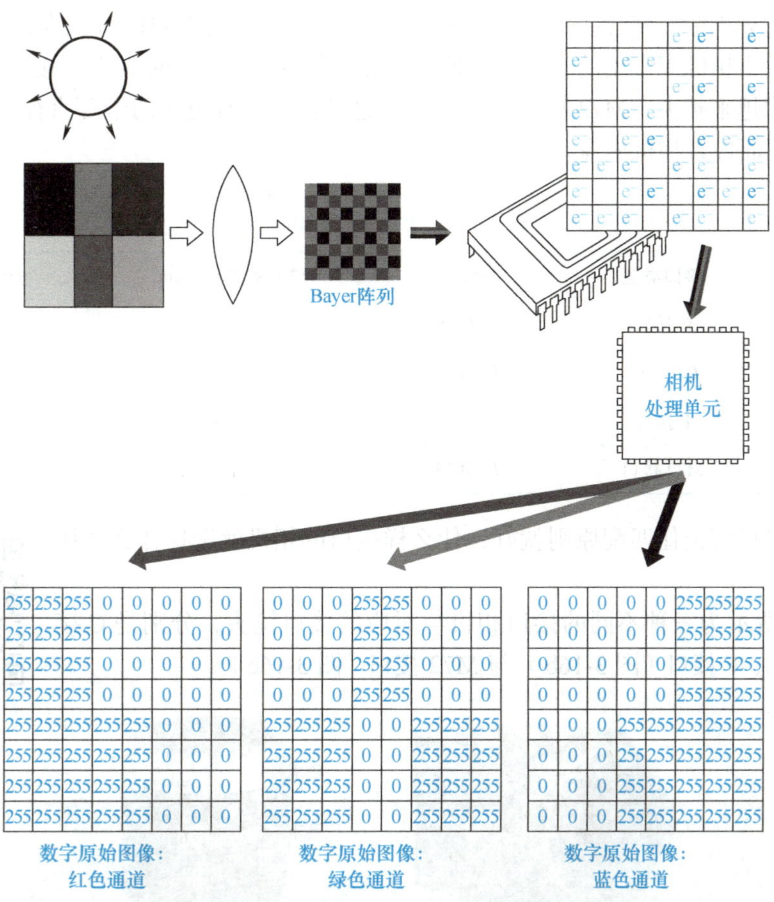

图 3-14　基于 Bayer 阵列的彩色相机

3.2.3　工业相机的镜头接口及数据接口

在相机的前端，是相机的镜头接口，如图 3-15 所示。相机的镜头接口有多种类型，传感器芯片越大，则镜头接口越大。镜头接口与相机必须互相匹配，这样镜头才能安装在相机上并且清晰成像。在进行相机及镜头选型时，需要注意阅读相机及镜头参数，其中会明确写明接口类型与兼容相机芯片尺寸大小。

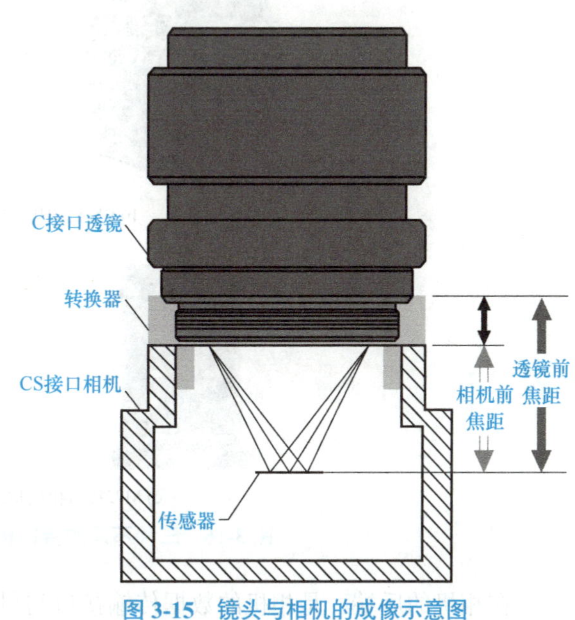

图 3-15　镜头与相机的成像示意图

表 3-3 列出了常见的四种镜头接口参数。C 接口和 CS 接口是工业相机最常见的国际标准接口，为 1in-32UN 寸制螺纹连接口，C 接口和 CS 接口的螺纹连接是一样的，区别在于 C 接口的法兰后截距为

17.5mm，CS 接口的法兰后截距为 12.5mm。F 接口是尼康镜头的接口标准，所以又称为尼康口，也是工业相机中常用的类型，一般工业相机靶面大于 1in 时需用 F 接口的镜头，随着相机靶面尺寸越来越大，M72 接口应运而生，这种接口具有更大的卡环直径与法兰后截距，可以匹配大靶面像素相机成像。

表 3-3　常见镜头的接口参数

序号	接口类型	螺纹	法兰后截距 /mm	卡环直径 /mm
1	C 接口	P=0.75	17.526	25.4
2	CS 接口	P =0.75	12.5	25.4
3	F 接口	—	46.5	47
4	M72 接口	P =0.75	31.8	72

镜头接口只需记住匹配原则就好，什么样接口的相机就选择什么样接口的镜头。

相机接口展示

图 3-16 所示为三种不同的接口相机与对应的接口镜头，分别是 C 接口（图 3-16a）、F 接口（图 3-16b）与 M72 接口（图 3-16c）。

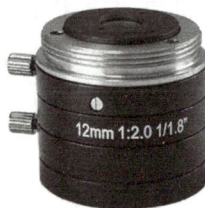

a) C接口相机与C接口镜头

b) F接口相机与F接口镜头

c) M72接口相机与M72接口镜头

图 3-16　三种不同的接口相机与对应的接口镜头

在相机的后端，是相机的数据传输接口与供电、I/O 信号接口。为了实现数据抓拍，工业相机都具备外部 I/O 信号触发采图的功能，如果工业相机采用的传输协议不带供电，则需要通过外接电源实现相机供电。USB 3.0 协议因本身供电，所以 USB 3.0 相机不用外接供电电源。

如图 3-17 所示，这是一个千兆网相机背部的结构图，包括 6 管脚电源及 I/O 接口、网络接口、锁紧螺孔以及指示灯。如表 3-4 所示，使用千兆网相机前需要对相机进行供电接线，将管脚 1 接入 12V 直流电源，将管脚 6 接入 GND。如果需要对相机进行外触发，就要将触发正信号输入接入管脚 2，将 I/O GND 接入管脚 5。

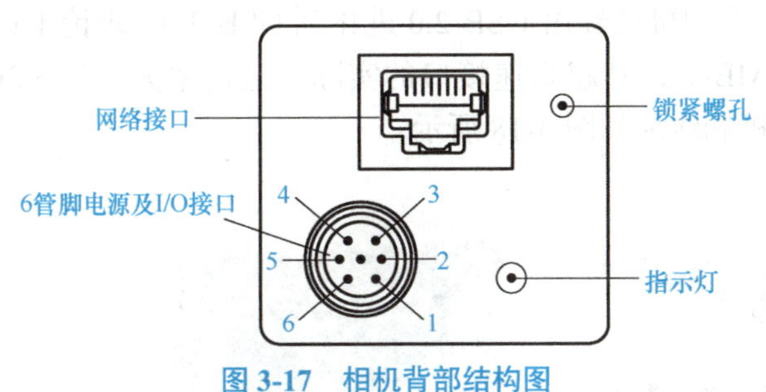

图 3-17　相机背部结构图

相机的电源线

表 3-4　I/O 接口定义

管脚	信号	说明
1	Power	+6~26V 直流电源
2	Line1	光耦隔离输入
3	Line2	可配置输入 / 输出口
4	Line0	光耦隔离输出
5	I/O GND	光耦隔离地
6	GND	直流电源地

工业相机因机身不带图像算法处理功能，所以需要将采集到的图像数据通过协议传输到处理平台，不同图像数据传输协议采用的物理接口样式和结构不同。以 PC Based 视觉系统为例，计算机中没有 CameraLink 数据接口，要在计算机中安装 CameraLink 图像采集卡，实现相机与计算机的物理连接和数据传输。

常见的几种相机传输协议为 USB 3.0、CameraLink、CoaXPress，它们各自有不同的特点，见表 3-5。

表 3-5　相机传输协议的特点

接口类型	带宽	距离	特点
USB 3.0	4.8Gbit/s	5m	常见，低成本，多相机扩展容易，传输速率高
GigE	1000Mbit/s	100m	常见，低成本，多相机组网，传输距离远

（续）

接口类型	带宽	距离	特点
CameraLink	255/510/680/850（Mbit/s）	10m	抗干扰能力强，传输带宽高，需配专用采集卡，配件成本高
CoaXPress	6.25Gbit/s × N	40m	传输速率高，传输距离长，需配专用采集卡，配件成本高

USB 即 Universal Serial Bus，中文名称为通用串行总线。这是近几年逐步在 PC 领域广为应用的新型接口技术。目前工业相机已经由 USB 2.0 进化到 USB 3.0，理论上的 USB 3.0 的最高速率是 5.0Gbit/s（即 640MB/s），其超高速接口的实际传输速率大约是 3.2Gbit/s（即 409.6MB/s）。USB 3.0 接口的相机和线缆如图 3-18 所示。

图 3-18　USB 3.0 接口的相机和线缆

千兆以太网是建立在以太网标准基础之上的技术。千兆以太网和大量使用的以太网与快速以太网完全兼容，并利用了原以太网标准所规定的全部技术规范，其中包括 CSMA/CD（带冲突检测的载波监听多路访问）协议、以太网帧、全双工、流量控制以及 IEEE 802.3 标准中所定义的管理对象。作为以太网的一个组成部分，千兆以太网也支持流量管理技术，它保证在以太网上的服务质量，这些技术包括 IEEE 802.1P 第二层优先级、第三层优先级的 QoS（服务质量）编码位、特别服务和资源预留协议（RSVP）。目前光纤信道技术的数据运行速率为 1.063Gbit/s，使数据速率达到完整的 1000Mbit/s，千兆以太网分为 5 类、超 5 类、6 类 UTP（非屏蔽双绞线），传输距离为 100m。GigE 接口的相机和线缆如图 3-19 所示。

图 3-19　GigE 接口的相机和线缆

CameraLink 是适用于视觉应用数字相机和图像采集卡间的通信接口。这一接口扩展了 ChannelLink 技术，提供了视觉应用的详细规范。它是由自动成像协会（AIA）推出的数字图像信号通信接口协议，是一种串行通信协议；它是在NSM（National Semiconductor，美国国家半导体制造商）的接口协议ChannelLink基础上发展而来的；采用LVDS（低电压差动信号）接口标准，该标准具有速度快、抗干扰能力强、功耗低的优点，CameraLink接口的相机和线缆如图3-20所示。

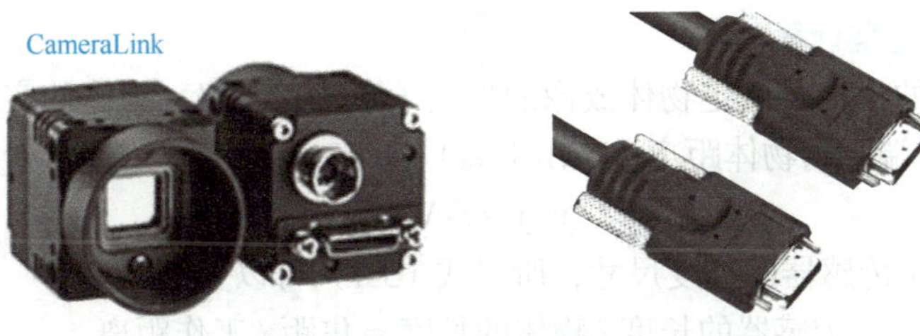

图 3-20　CameraLink 接口的相机和线缆

CoaXPress（CXP）于2008年推出，用于替代CameraLink技术。CameraLink一直是高分辨率和高帧速率传输的标准。CameraLink的最大传输速率为850MB/s。由于85MHz的总线频率相对较低，CameraLink需要使用不同的并行传输通道，称为“接线”，这就使得所需的线材非常厚重、灵活度差，此外，线材的长度最大只能达到10m，并且价格昂贵。而CoaXPress的数据传输量更高，单根线缆可达6.25Gbit/s，4根线缆可达25Gbit/s；传输距离更长，可超过100m（不使用集线器和中继器）；线缆材料更加稳定，可以使用标准的同轴线缆，例如RG-59和RG-6；支持热插拔，CoaXPress接口的相机和线缆如图3-21所示。对于许多应用而言，在更远的距离上实现相机和计算机之间的桥接具有更高的应用价值，能够实现更复杂的图像处理解决方案。CoaXPress非常受市场欢迎，在半导体行业尤为如此。例如，在自动光学检测（AOI）系统中，必须以高分辨率获得大数据量，并且不能出现明显的延迟，其他应用领域还包括印刷检查、食品检测、智能交通（ITS）和医疗。

图 3-21　CoaXPress 接口的相机和线缆

3.3　认识工业镜头

人的眼睛有角膜、晶状体、视网膜神经等结构，角膜和晶状体对入射光进行折射，并在视网膜神经上形成物体的倒像。同理，在机器视觉系统中，要用镜头将物体发出的光汇聚到CCD/CMOS上成像。在工业应用中，匹配的工业相机成像的镜头称为工业镜头。

镜头简介

3.3.1 工业镜头的选型计算

镜头设计和制造的主要理论依据为几何光学。无论是手机镜头，还是工业镜头，或者天文望远镜、显微镜，它们运用的光学原理都是一致的，只是不同类型的镜头采用了不同的设计模式。工业中常用的镜头可以分为普通镜头与远心镜头。

1. 普通镜头的选型计算

对于普通镜头的成像，假定物体成像的长度（像长）为 y'，物体的实际长度为 y，镜头的焦距为 f，镜头前端距离物体距离（工作距离）为 WD，则有

$$y'/y=f/\mathrm{WD} \tag{3-1}$$

像长实际上等于传感器的长度尺寸，所以式（3-1）可以变形为

$$传感器的长度 / 物体的长度 = 焦距 / 工作距离 \tag{3-2}$$

传感器的长度可以通过分辨率乘上像元得到。举个例子，给定要拍摄的物体是正方形，尺寸是 100mm × 100mm。相机分辨率为 1920 × 1200，像元尺寸为 4.8μm，则图像传感器大小为 9.2mm × 5.8mm，因相机芯片为长方形，而物体为正方形，那么需要相机的短边罩住物体投影的像，才能对整个物体成像。如果指定工作距离为 500mm，根据计算公式 f=WD × y'/y，代入实际值，可以算出 f=29mm。如果选择 25mm 的镜头，则成像效果如图 3-22a 所示。假设选择 35mm 的镜头，则如图 3-22b 所示，长边满足而短边不满足，即物体拍不全。为什么呢？因为根据式（3-1），在物体大小恒定且工作距离恒定时，焦距越大，成像越大，但是相机芯片尺寸是恒定的，所以像会超出相机芯片的范围，原本可以看到整体，现在只能看到一个局部。

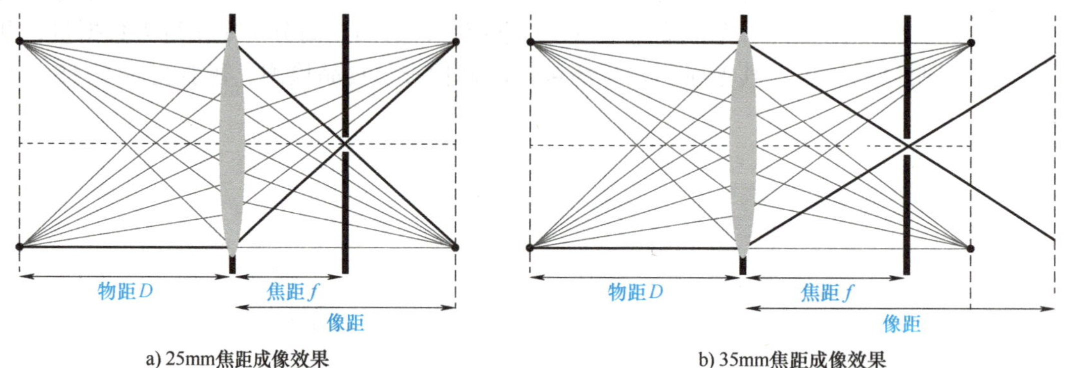

a) 25mm焦距成像效果　　b) 35mm焦距成像效果

图 3-22　不同焦距的成像效果

2. 远心镜头的选型计算

远心镜头与普通镜头的根本差异是远心镜头可以消除透视差，如图 3-23 所示。普通镜头的成像规律是近大远小（图 3-23a），远心镜头的成像规律是无论远近，大小一致（图 3-23b）。远心镜头的工作距离是恒定的，镜头前端到物体的距离不能改变，常见的远心镜头的工作距离是 65mm 及 110mm。

远心镜头不存在焦距的概念，主要参数为工作距离、靶面、分辨率、放大倍率、畸变率等。其中，放大倍率决定镜头的视野范围，如图 3-24 所示，已知图像传感器长度为 Y'，物

体长度为 Y，镜头放大倍率 =Y′/Y。举例说明，已知相机分辨率为 1920×1200，像元尺寸为 4.8μm，选用 0.5 倍的镜头，那么可以拍摄的视野范围是多少呢？首先计算出相机芯片的大小为 9.2mm×5.8mm，选用放大倍率为 0.5 的镜头，代入公式 Y= Y′/ 放大倍率，即可得到拍摄的视野范围是 18.4mm×11.6mm。

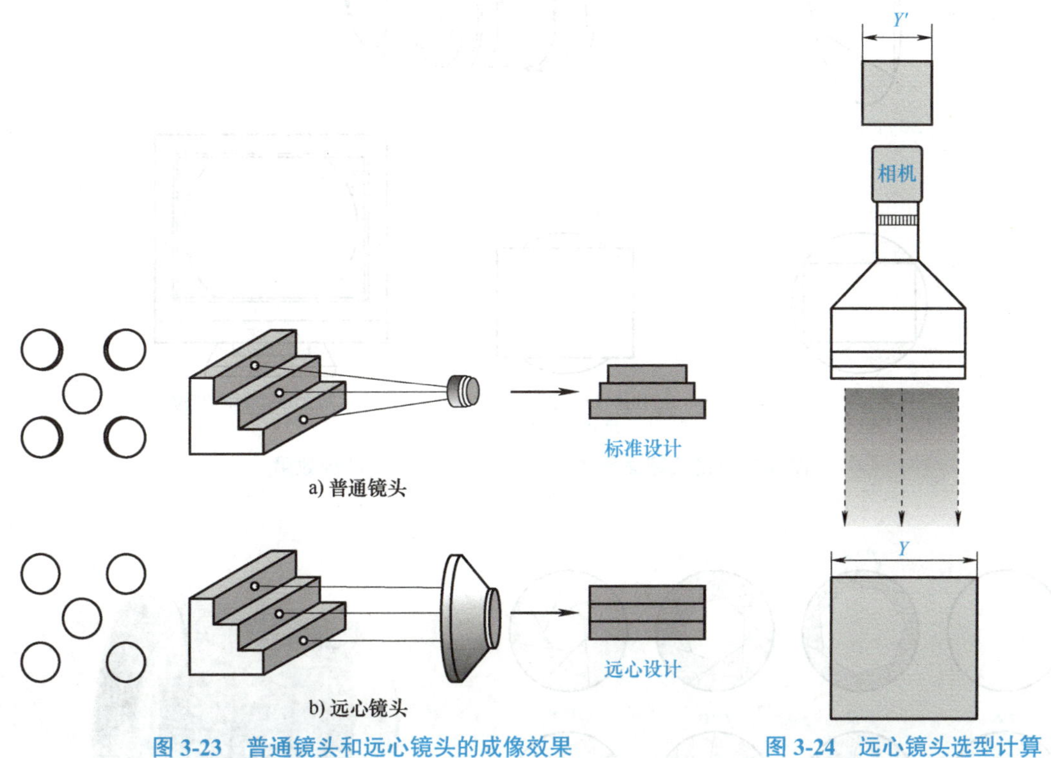

图 3-23　普通镜头和远心镜头的成像效果

图 3-24　远心镜头选型计算

3.3.2　镜头的主要参数

工业镜头有一系列的参数，分别是靶面尺寸、光圈、工作距离、景深、分辨率和畸变率等。

1. 靶面尺寸

镜头成像的本质，是将物方的圆形视野聚焦，并在像方成一个圆形像，这个像圆的直径，在镜头参数中叫作靶面尺寸。如图 3-25 所示，如果镜头靶面匹配于图像传感器尺寸，那么成像为正常图像。假如镜头的成像圆小于相机的芯片对角线，那么会出现图 3-25 所示的类似于暗房画面的效果，即四个角出现黑边。

2. 光圈

光圈值是用以描述镜头通光量的参数，光圈越大，镜头通光量越多。镜头的光圈值 F 与镜头中孔径光阑的直径 D 以及焦距 f 有关，F=f/D，镜头的孔径光阑是可以调节的，它可以扩大或者缩小，从而改变光圈值和光通量，如图 3-26 所示。

如图 3-27 所示，镜头有两个调节环，第一个是镜头的聚焦环，它的数值表示镜头聚焦于离镜头前端多远的距离；第二个是镜头光圈的调节环，刻度为 F2.8、F4、F8、F16，分别对应光圈的不同状态，因此镜头的通光量也对应发生变化。

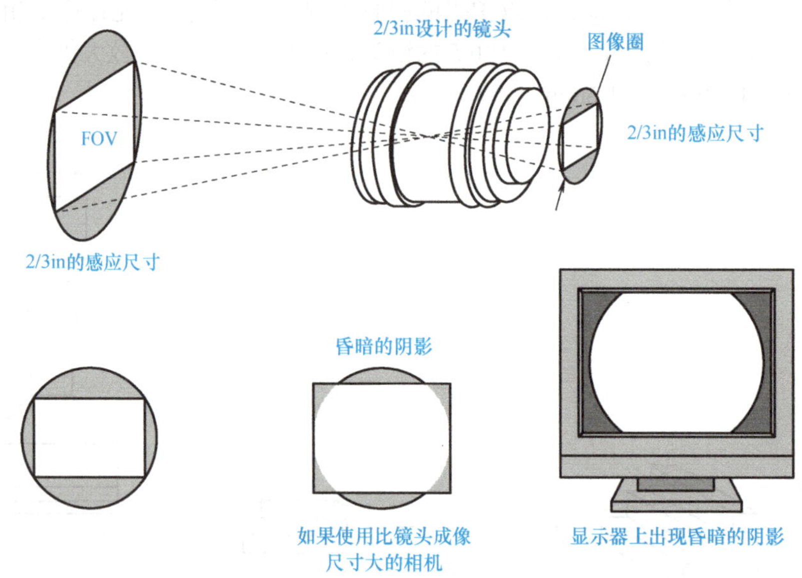

图 3-25　镜头靶面尺寸与图像传感器尺寸的匹配效果

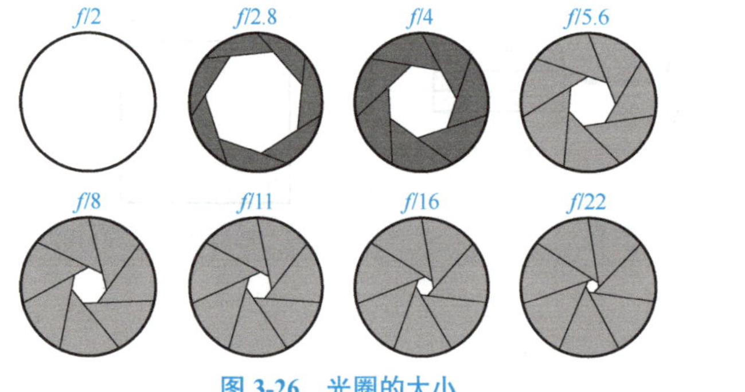

图 3-26　光圈的大小

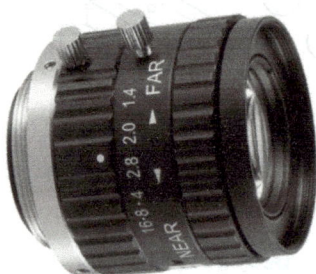

图 3-27　镜头光圈的刻度显示

3. 镜头的聚焦范围和景深

镜头距离物体有效工作距离的范围称为聚焦范围，超出该范围则不能清晰成像。镜头的景深是指在摄像机镜头或其他成像器前沿能够取得清晰图像的成像所测定的被摄物体前后距离范围。

镜头的光圈和对焦

镜头的景深与光圈、工作距离相关。光圈越大，工作距离越近，镜头的景深越小；光圈越小，工作距离越远，镜头的景深越大。如图 3-28 所示，聚焦在某个目标时，光圈设置越大，景深范围越小，光圈设置越小，则聚焦目标前后的物体也变得清晰可见，景深就越大。

4. 镜头的分辨率

分辨率是评价镜头质量的一个重要参数，定义为在像面处镜头在单位毫米内能够分辨开的黑白相间的条纹对数，如图 3-29 所示，一个线对就是一条黑线与一条白线，100 线对 /mm 是指在 1mm 之内存在 100 对黑白线。像元分辨率定义为单位毫米内像素单元数的一半，即如果像元尺寸为 5μm，则其像元分辨率为 1/（2 × 0.005）=100lp/mm，lp 即 line pair。

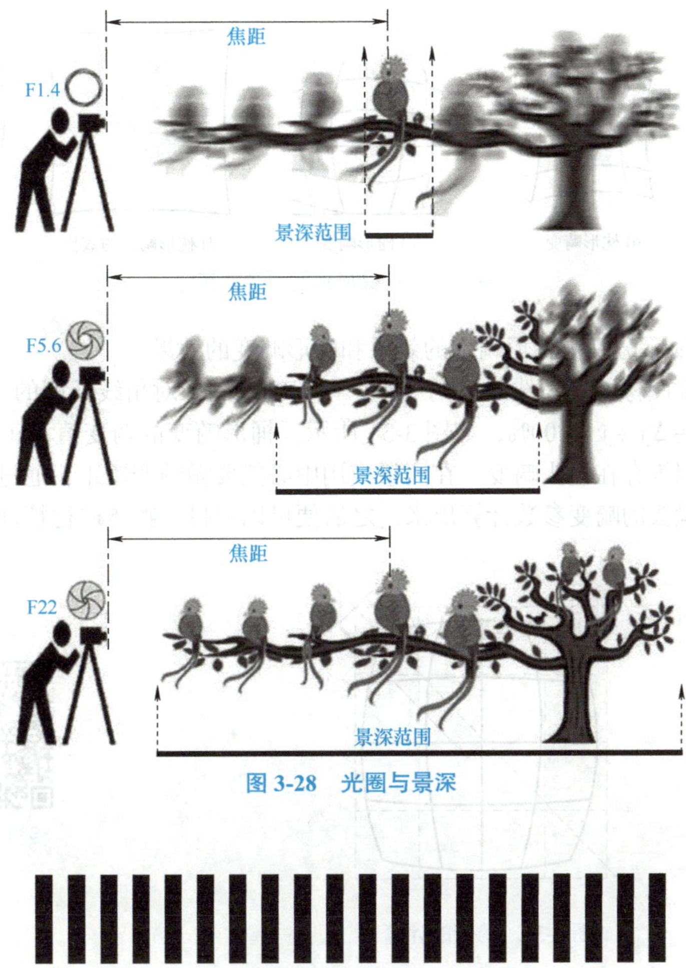

图 3-28　光圈与景深

图 3-29　镜头分辨率与像元尺寸的关系

工业上为了便于镜头选型，镜头标称分辨率按照匹配的相机分辨率来表述，表 3-6 给出了镜头标称分辨率与线对分辨率的关系，如果选择 500 万像素的镜头，这个镜头的实际线对分辨率就是 160lp/mm。

表 3-6　镜头标称分辨率与线对分辨率的关系

镜头标称分辨率	100 万像素	200 万像素	500 万像素
线对分辨率	90lp/mm	110lp/mm	160lp/mm

5. 镜头的畸变率

现实中由于设计和加工，拍摄物体时会产生形变。被摄物平面内的主轴外直线，经光学系统成像后变为曲线，则此光学系统的成像误差称为畸变。畸变像差只影响成像的几何形状，而不影响成像的清晰度。

如图 3-30 所示，畸变可以分为枕形畸变（图 3-30b）与桶形畸变（图 3-30c）。

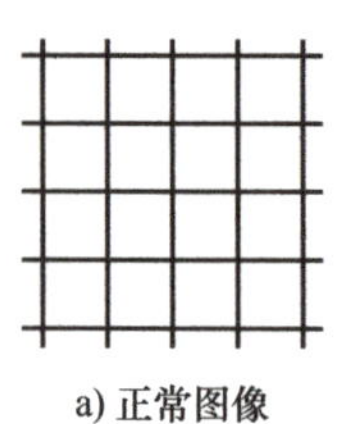
a) 正常图像

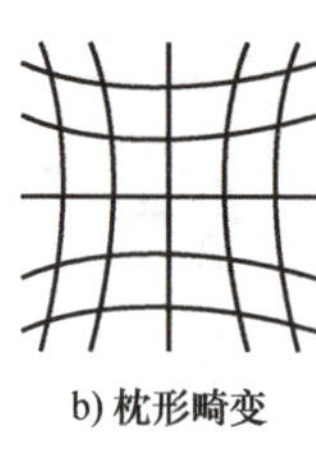
b) 枕形畸变

c) 桶形畸变

d) 枕形畸变的效果

e) 桶形畸变的效果

图 3-30　镜头成像的两种畸变

图 3-30d、e 所示分别为枕形畸变的效果和桶形畸变的效果。

定义 y 为正常图像的对角线长度的一半，y' 为畸变图像对角线长度的一半，$\Delta y= y-y'$，镜头的光学畸变 $=\Delta y \div y \times 100\%$，如图 3-31 所示。桶形畸变的畸变值为正数，枕形畸变的畸变值为负数。因为存在镜头畸变，在测量应用中必然要做畸变矫正，通过使用标定板与标定算法，可以将镜头的畸变参数计算出来，之后便可以对目标物体进行精确测量。

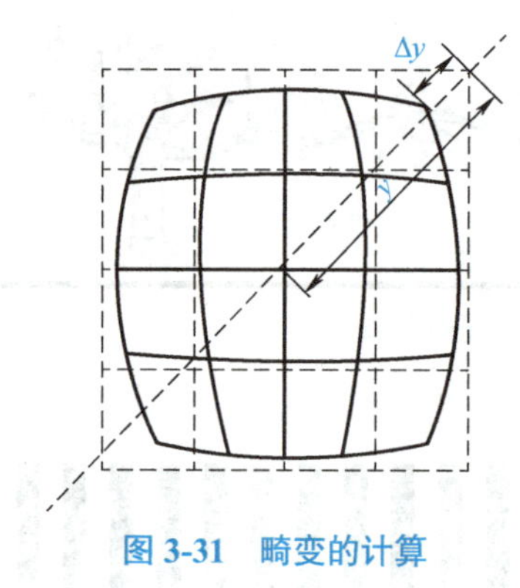

图 3-31　畸变的计算

相机与镜头的连接

3.4　认识工业光源

在机器视觉系统中，光源的作用是提供稳定的照明条件，使被拍摄物待查找特征具备明显而稳定的灰度值差异，并降低环境及物体其他部分的干扰，实现高对比度的物体特征图像，从而降低图像处理算法的难度，提高系统的识别精度及鲁棒性。如果说机器视觉是给设备装上“眼睛”，那么好的打光就是将这双“眼睛”变成“火眼金睛”，工业现场的条件往往是复杂的、多变的，好的打光方案可以令视觉系统完全不受环境因素的影响，从而得以获取稳定的、高对比度的图像。

在了解工业光源之前，首先要了解光的基础知识。光是由单一的或多种成分的光谱组成的，例如日光的光谱就是由从红外到紫外的所有光谱组成的，人眼能感觉到的光谱范围在 380nm（紫色）~750nm（红色）之间。另外，光在传播中也有一些基本物理特性，包括镜面反射、漫反射、折射、透射、吸收等。

1）镜面反射：镜面反射是指若反射面比较光滑，当平行入射的光线射到这个反射面时，仍会平行地向一个方向反射出来。

2）漫反射：是指投射在粗糙表面上的光向各个方向反射的现象。当一束平行的入射光线射到粗糙的表面时，表面会把光线向四面八方反射，所以入射光线虽然互相平行，但由于各点的法线方向不一致，因此使得反射光线无规则地向不同的方向反射。

3）折射：光从一种透明介质斜射入另一种透明介质时，传播方向一般会发生变化，这种现象叫作光的折射。

4）透射：入射光经过折射穿过物体后的出射现象叫作光的透射。

5）吸收：在光照下原子会吸收光子的能量，由低能态跃迁到高能态的现象叫作光的吸收。

3.4.1 工业光源分类

常见的机器视觉系统光源主要有荧光灯（图 3-32a）、LED 光源（图 3-32b）和卤素灯（图 3-32c）三种，它们的优缺点对比见表 3-7。最初的机器视觉系统通常采用卤素灯，随着照明技术的发展，荧光灯也逐渐使用在机器视觉系统中。工业 LED 光源成本的降低极大地促进了机器视觉技术的普遍应用，因为 LED 光源可以实现更加灵活的结构和颜色设计，这也意味着出射光线的角度和颜色可以被灵活定制。而 LED 光源的优点还不止于此，它的亮度可控、可以频闪，亮度大且频谱丰富，所以 LED 光源的普及极大地提高了相机获得的图像对比度，使得机器视觉系统更加稳定、高效。在工业案例中，实现稳定高效的光照本身就意味着系统成功了一半。

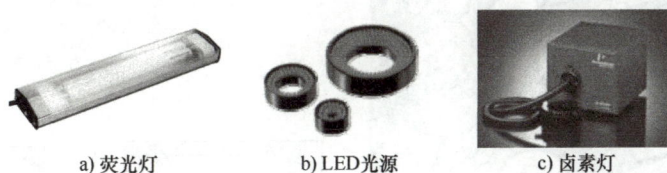

a) 荧光灯　　b) LED光源　　c) 卤素灯

图 3-32　常见的三种光源

表 3-7　三种常见光源的优缺点对比

特点	高频荧光灯	卤素灯	LED 光源
价格	低	高	中
亮度	低	高	中
稳定性	低	中	高
频闪控制	无	无	有
寿命	中	低	高
均匀度	高	中	低
多色光	无	无	有
打光灵活性	低	中	高
温度影响	中	低	高

LED 光源具有装配灵活、光谱范围宽、工作时间长的优点，其在机器视觉系统中使用最广泛。

1）LED 光源可制成各种形状、尺寸及照射角度；

2）可根据需要制成各种颜色，并可以随时调节亮度；

3）通过散热装置，散热效果更好，光亮度更稳定，使用寿命更长；

4）LED 可以做到快速开关控制，因此可在 10μs 或更短的时间内达到最大亮度；

5）LED 的供电电源带有外触发，可以通过计算机进行控制，启动速度快，可以用作频闪灯；

6）可根据客户的需要，设计出不同形状的 LED 光源，以满足不同的应用场景。

3.4.2　LED 光源的种类

根据 LED 光源颗粒的排列，可以将 LED 光源分为环形光源、背光源、同轴光源、AOI 光源等，如图 3-33 所示。

1. 环形光源

环形光源指的是环状外观结构的 LED 光源，是最常见的光源种类之一，成本低，维护简单，根据照明的角度可以将环形光源分为高角度环形光源和低角度环形光源，如图 3-34 所示。

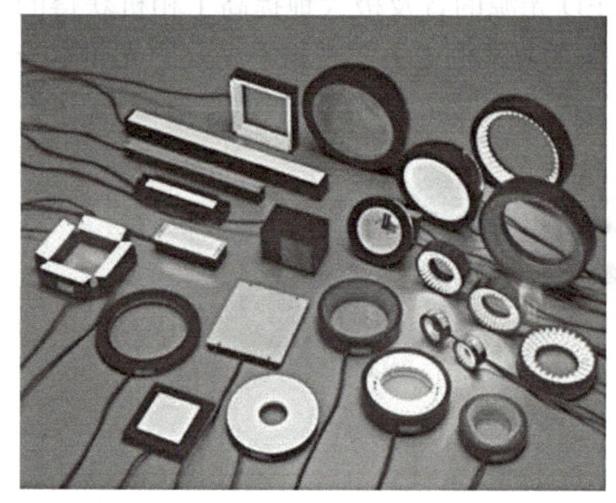

图 3-33　LED 光源集合

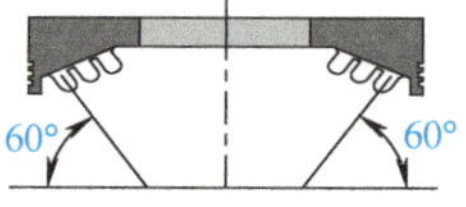

a) 高角度环形光源

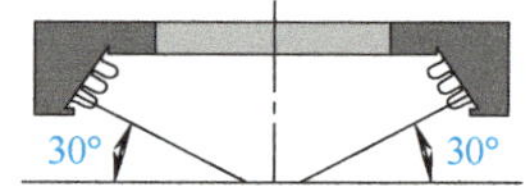

b) 低角度环形光源

图 3-34　高角度环形光源和低角度环形光源

图 3-35 所示为使用高角度环形光源照明的零件检测案例。图 3-35a 所示为光源和相机镜头的安装位置，图 3-35b 所示为打光前后效果图。可见，用高角度环形光源对零件进行打光后，提高了零件边缘对比度。

低角度环形光源的 LED 发光角度主要朝水平方向，发光角度与被测表面形成了一个小的夹角，即低角度照明。

在玻璃外观检测案例中（图 3-36），需要拍摄到玻璃外壳的表面划痕等外观瑕疵，在高角度环形光源的照射下，图像中无法显示出明显的划痕，采用低角度环形光源时，由于玻璃表面正常处是光滑的，接近平行的光源绝大部分都是镜面反射，因此无法被上方相机接收到，而划痕处的凹凸不平使得光能通过漫反射进入相机，从而能拍摄到较为明显的白色痕迹，如图 3-36b 所示。

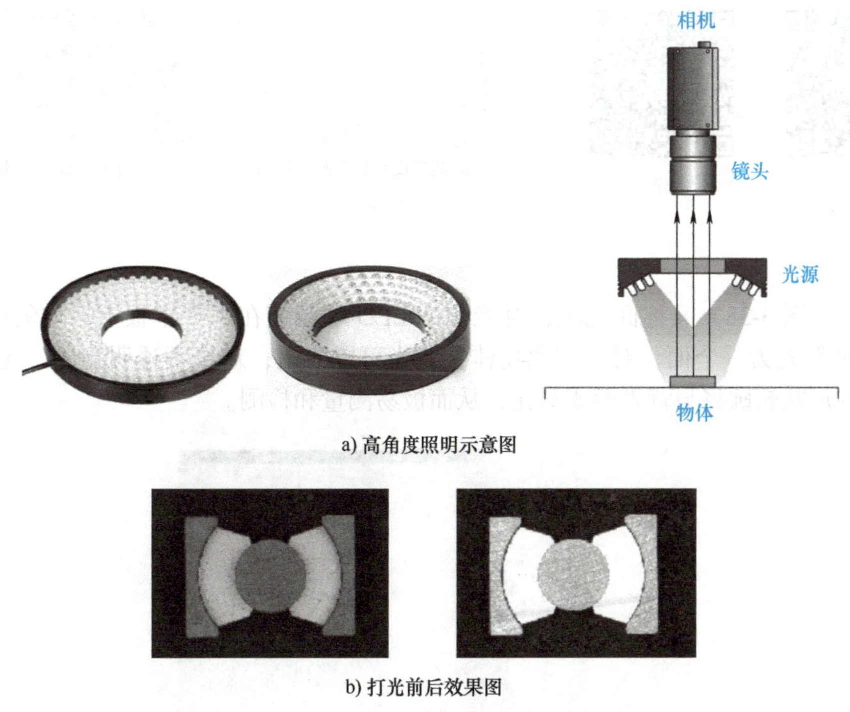

a) 高角度照明示意图

b) 打光前后效果图

图 3-35　高角度环形光源照明案例

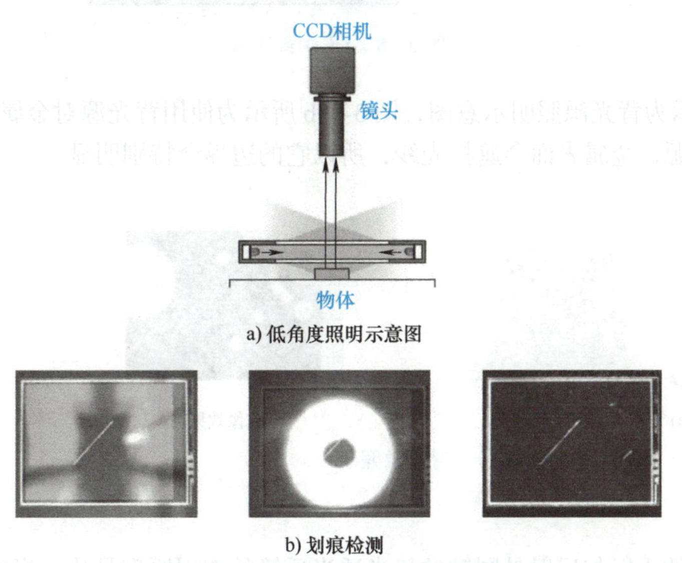

a) 低角度照明示意图

b) 划痕检测

图 3-36　低角度环形光源照明案例

图 3-37 给出了金属工件字符检测案例。图 3-37a 显示了使用高角度环形光源照射金属工件表面的效果。可见，金属表面呈现白色，金属上的字体呈现黑色。图 3-37b 为使用低角度环形光源照射金属工件表面的效果。可见，当使用低角度环形光源时，金属工件表面呈现黑色，而金属上的字体呈现白色。基于上面知识的理解，请尝试解释一下这个现象。

大环形光源展示　小环形光源展示

a) 高角度环形光源的效果

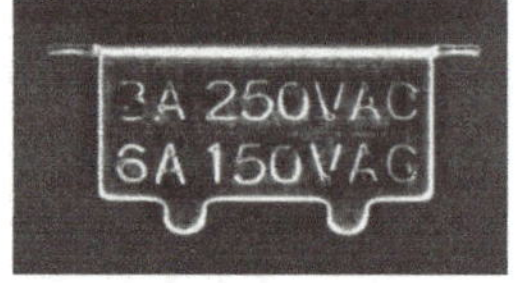

b) 低角度环形光源的效果

图 3-37　金属工件字符检测案例

2. 背光源

背光源（图 3-38）又称面光源，背光源的 LED 颗粒装在水平基板上，均匀朝上发光。它的特点是发光为一个面，对于透明物体，背光可以穿透；对于不透明物体，光源无法穿透，物体的形状轮廓将与背光形成对比，从而极易测量和检测。

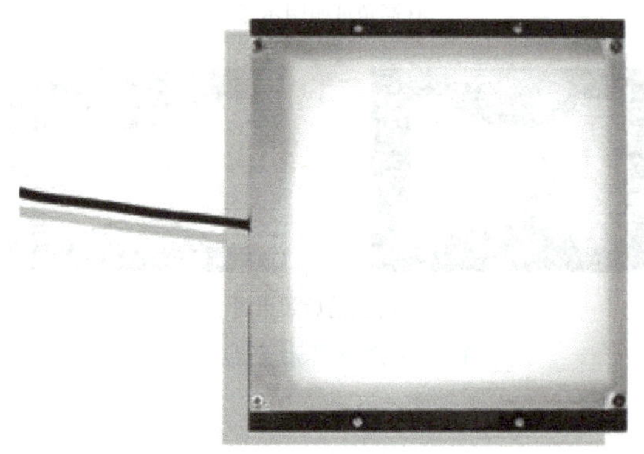

图 3-38　LED 背光源

图 3-39a 所示为背光源照明示意图，图 3-39b 所示为使用背光源对金属零件成像的效果。由于使用了背光源，金属表面会遮挡光线，所以它的边界会特别明显。

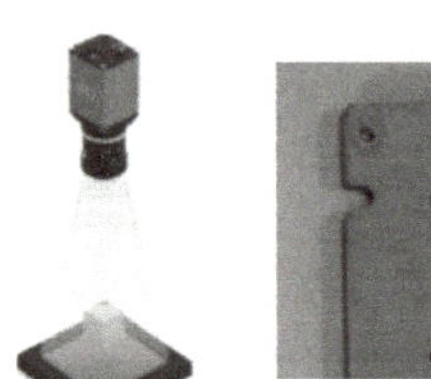

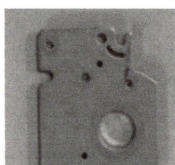

a) 背光源照明示意图

b) 成像效果图

背光源展示

图 3-39　背光源照明

3. 同轴光源

同轴指光源的入射与反射是同轴的。半透半反镜的作用原理是让一半的光通过，一半的光反射，如图 3-40a 所示。直接通过的光照射在黑色的基板上，无法进入相机视野。而一半的光垂直向下反射到物体表面，再垂直向上进入相机，因为光线入射与反射是同轴的，所以称为同轴照明，如图 3-40b 所示。

4. AOI 光源

AOI 光源的成像原理和技术与其他光源略有不同，它是用不同颜色的光以不同角度照射到物体表面，因物体表面的高度起伏不同，导致其反射的光线颜色和光路产生较大差异，从而使相机拍摄的图像中呈现的颜色有很大差异，进而得到可检测的图像信息。AOI 光源适用于检测表面立体特征有镜面反光的物体。AOI 光源广泛应用于 PCB（印制电路板）缺件、漏焊、虚焊、多锡等检测领域。

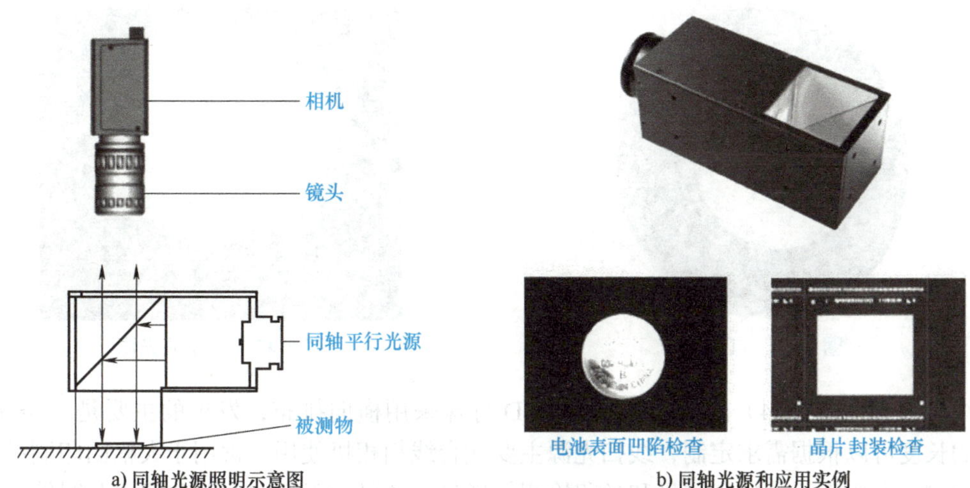

a) 同轴光源照明示意图　　b) 同轴光源和应用实例

图 3-40　同轴光源照明

如图 3-41 所示，在被检测物表面有三个点，由上到下分别是 *A*、*B*、*C*，因为三个点的空间高度和位置不同，而且三种颜色的 LED 空间高度和位置不同，所以导致每个点反射不同颜色的光线角度不一致。以点 *A* 为例，蓝色 LED 发出的蓝光经由镜面反射进入相机内，与此同时，红色 LED 发出的红光经由镜面反射直接偏离了镜头所在位置，因此对于点 *A* 而言，相机接收蓝光最多，从而在图像中，点 *A* 呈现蓝色。同理，点 *B* 在图像中为绿色，点 *C* 在图像中为红色。

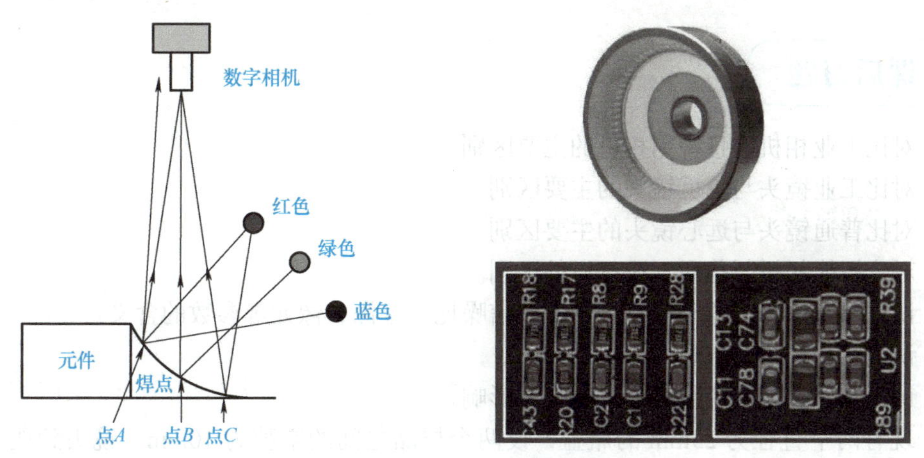

图 3-41　AOI 光源照明实例

5. 点光源、球积分光源及线扫光源

点光源（图 3-42）采用大功率的 LED 灯珠，发光强度高，经常配合远心镜头使用，常用于微小元器件的检测、Mark 点定位、晶片和液晶玻璃底基校正等场景。

球积分光源（图 3-43）采用半球结构设计，空间 360° 漫反射，光线打到被拍摄物上很均匀，常用于曲面、弧形表面的检测场景，表面存在凹凸的检测场景，金属以及玻璃等表面反光强烈的物体表面检测场景等。

图 3-42　点光源

图 3-43　球积分光源

线扫光源（图 3-44）的大功率高亮 LED 灯珠采用横向排布，发出的主要是一条光带。光源的长度可以根据需求定制，线扫光源主要配合线扫相机使用，常用于大幅面印刷品表面缺陷检测、大幅面尺寸精密测量和丝印检测等场景，还可用于前向照明和背向照明等。

图 3-44　线扫光源

课后习题

1. 对比工业相机与日常用相机的主要区别。
2. 对比工业镜头与单反镜头的主要区别。
3. 对比普通镜头与远心镜头的主要区别。
4. 对比智能相机与普通工业相机的区别。
5. 请列出工业相机的分辨率、帧率、信噪比、位深、像元等参数的含义。
6. 请说明全局快门与卷帘快门的含义。
7. 请说明什么是畸变，对成像有什么影响。
8. 现有两个直径为 23mm 的瓶盖，设两个样品之间的空隙为 10mm，镜头到瓶盖表面距离为 210mm ± 20mm，视野范围设定为 70mm × 52mm，在选用 500 万彩色相机（分辨率为 2592 × 1944，像元尺寸为 2.2μm）的前提下，请选择合适的镜头。

第4章 机器视觉软件

知识目标

1）掌握连接相机的方法和步骤。

2）掌握手动调节相机光圈和对焦的方法。

3）掌握图像采集的方法和步骤。

技能目标

1）能够自行下载软件安装包并正确安装软件。

2）能够使用MVS软件正确连接相机并设置相机参数。

3）能够使用VM软件采集并保存图像。

4）能够使用帮助文档解决常见问题。

5）熟练使用图像源和输出图像工具。

素养目标

1）培养学生自主学习和自主探究的能力。

2）在实操过程中，培养学生提出问题的能力。

3）在实操过程中，培养学生借助工具（如操作手册、说明书、搜索引擎、AI助手等）解决问题的能力。

4.1 VisionMaster算法简介

VisionMaster（VM）算法平台是海康机器人自主研发的机器视觉软件，致力于为客户提供快速搭建视觉应用、解决视觉检测难题的算法工具，能满足尺寸测量、信息识别、视觉定位以及缺陷检测等机器视觉方面的应用。

4.1.1 测量

通过边缘检测、圆弧拟合、直线查找等方式，VM 算法平台能够获取被测物的几何信息，基于像素与物理实体之间的单位转换，再将像素信息转换成被测物实际的尺寸，可实现高速、高精度、高稳定性的测量，在各种行业中均有应用。

4.1.2 识别

VM 算法平台提供的识别算法有一维码识别、二维码识别、字符识别、物体分类等。识别算法的应用场景有快速条形码识别分拣、图书条形码识别分拣、自动扫码上下料、条形码绑定产品信息、车牌号自动检测、生产日期检测校对以及商场产品种类识别等。

4.1.3 定位

VM 算法平台通过寻址物体或工件的特征，获取工件在相机坐标系下的像素坐标，再通过标定转换，将像素坐标转换到执行机构坐标系中，赋予执行机构“眼睛”（执行机构可为三轴或四轴模组、四轴或六轴机器人等），最终实现高精度纠偏、定位、引导贴合等应用。

4.1.4 检测

检测一般指缺陷检测，针对具体被检测物体，缺陷有划痕、刮伤、白点、脏污、油污等不同种类。缺陷检测目前是机器视觉应用中最难的应用场景，因为缺陷往往不明显，而且变化多样，常规算法在这类应用中很难胜任。为了获得好的检测效果，通常可采用深度学习算法或传统算法与深度学习结合的方法来解决。

目前市面上的机器视觉算法平台五花八门，例如，学习门槛较高的开源算法库 OpenCV，学习门槛次之的德国 MVTec 公司的 Halcon，还有诸如美国康耐视公司的 VisionPro 等，我国的海康、大华、维视、奥普特、汇川等公司均有开发相关视觉算法平台，之所以使用海康算法平台，主要有以下原因：

1）价格方面的考虑。企业为了控制成本，同样的产品采购价格越低越好。在一般的应用场景下，VM 算法平台完全能够满足项目的需求，而且 VM 算法平台的价格在众多平台中具有一定的成本优势。

2）学习方面的考虑。VM 算法平台有基础版和进阶版，基础版可实现零代码的开发，对新手友好，学习成本低，适宜快速开发部署；而进阶版具备足够的开放性，可结合高级语言进行二次开发，实现定制化开发，学习成本相对较高。

3）服务方面的考虑。VM 算法平台背靠海康，售后和技术支持有保障。

4.2 图像采集

图像采集是获取图像的过程，包括如下两个步骤：

步骤一：使用 MVS 软件连接相机和调整镜头参数。

步骤二：使用 VM 算法平台连接相机并获取图像。

4.2.1 MVS 软件的使用

1. 准备操作

使用 MVS 软件采集图像的准备操作见表 4-1。

表 4-1　MVS 软件的准备操作

图示	操作说明
	使用 MVS 采集图像，必须先在计算机上安装好 MVS 软件，MVS 软件的快捷方式如左图所示
	在连接相机之前要保证相机的网线和计算机的网线都插在同一个交换机上
	设置好计算机的本地 IP 地址在 192.168.125.X 网段

2. 连接相机

使用 MVS 软件采集图像前要先连接好相机，操作说明见表 4-2。

表 4-2　MVS 软件连接相机的操作

图示	操作说明
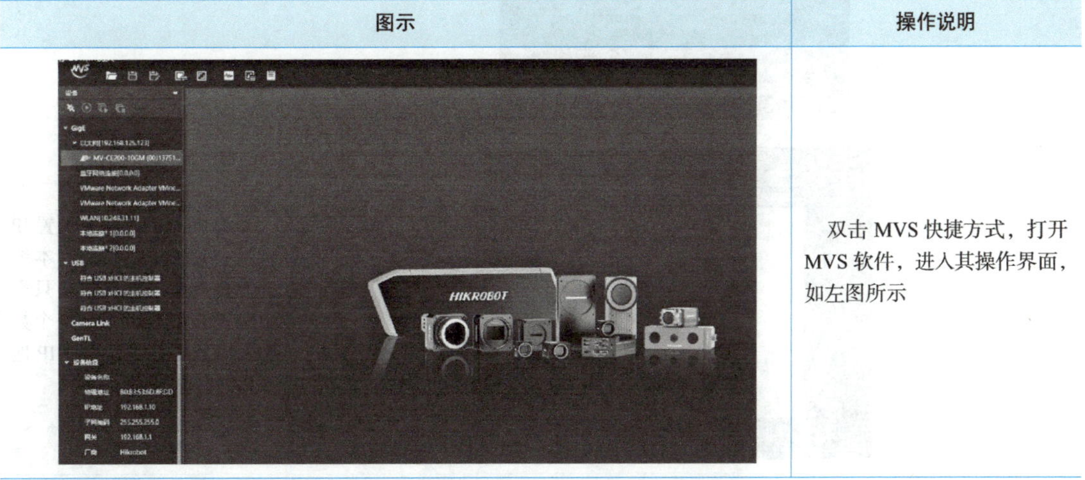	双击 MVS 快捷方式，打开 MVS 软件，进入其操作界面，如左图所示

（续）

图示	操作说明
	当 MVS 检测到系统中有待连接的相机时，会出现左图方框中的图标
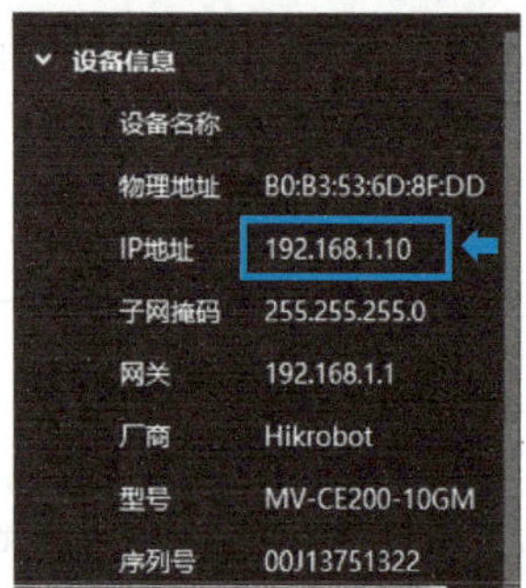	选中这个相机，可以在下方窗口查看相机的 IP 地址信息，如果相机的 IP 地址与本地计算机不在同一网段内，请先修改相机的 IP 地址
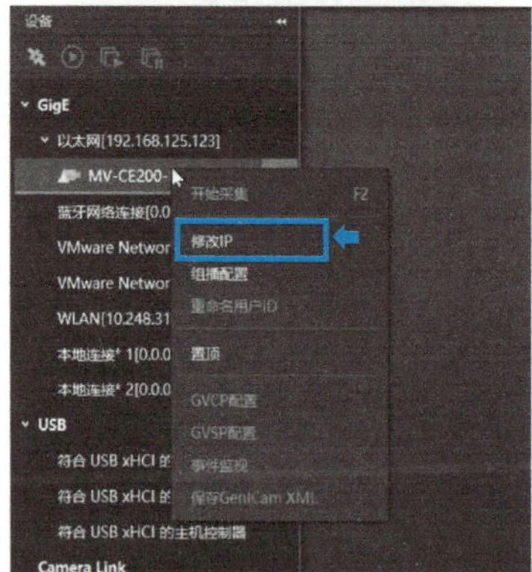	修改相机 IP 地址的方法是，右击相机，在弹出的菜单中选择“修改 IP”
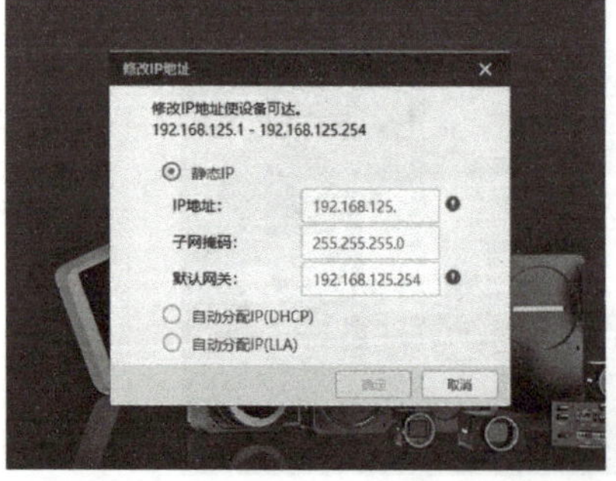	在弹出的对话框中配置 IP 地址。为了保证相机和本地计算机在同一网段内，只需要配置 IP 地址的最后一个数字。该数字不能与本地 IP 地址相同，也不能是 254

（续）

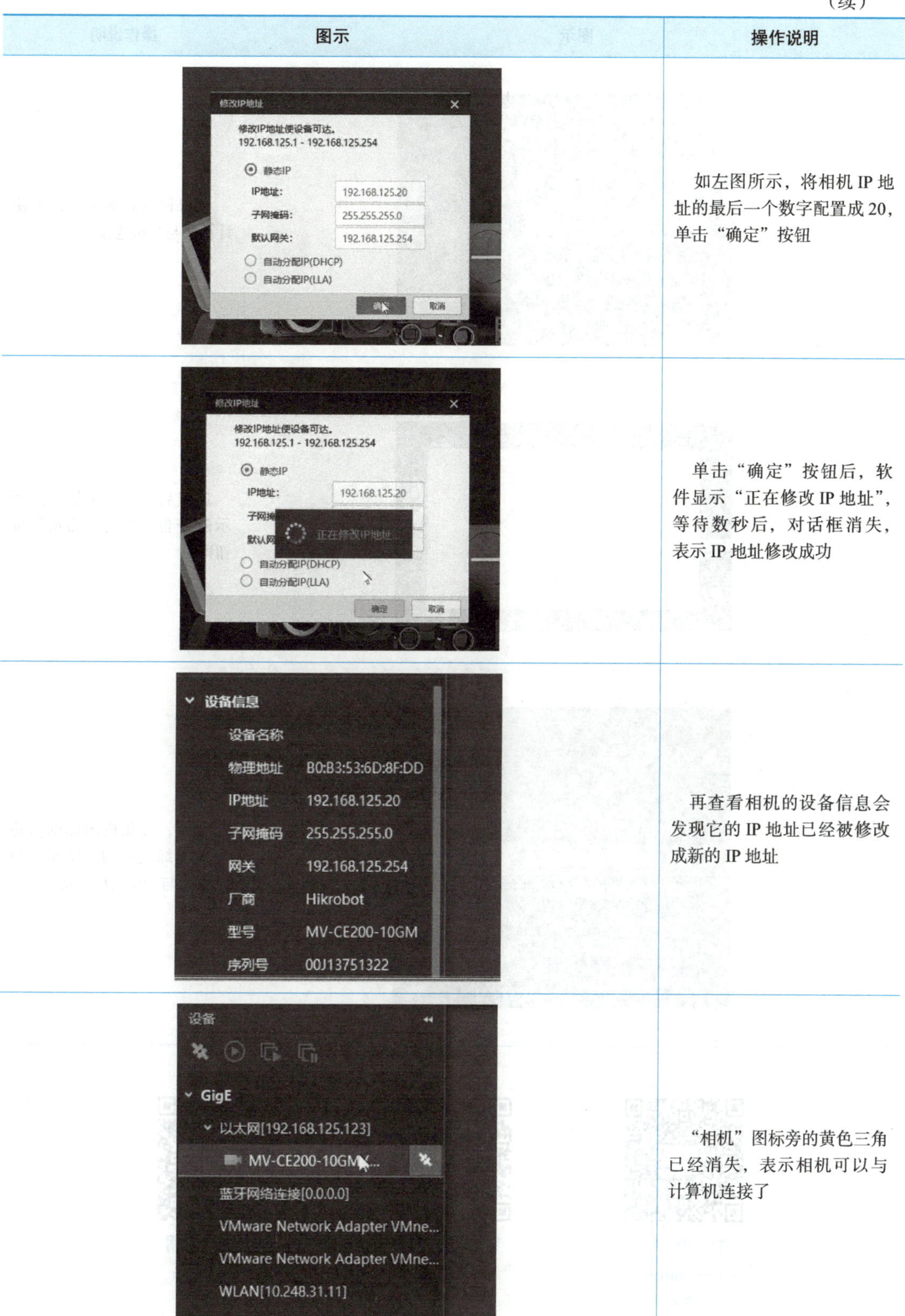

图示	操作说明
	如左图所示，将相机 IP 地址的最后一个数字配置成 20，单击“确定”按钮
	单击“确定”按钮后，软件显示“正在修改 IP 地址”，等待数秒后，对话框消失，表示 IP 地址修改成功
	再查看相机的设备信息会发现它的 IP 地址已经被修改成新的 IP 地址
	“相机”图标旁的黄色三角已经消失，表示相机可以与计算机连接了

（续）

图示	操作说明
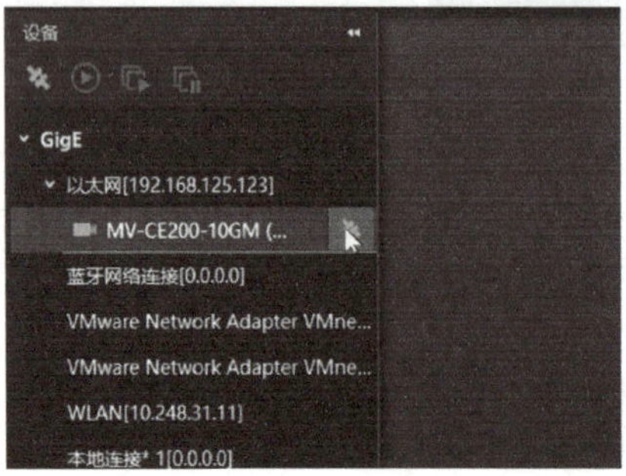	单击相机右侧图标，可使计算机与相机连接
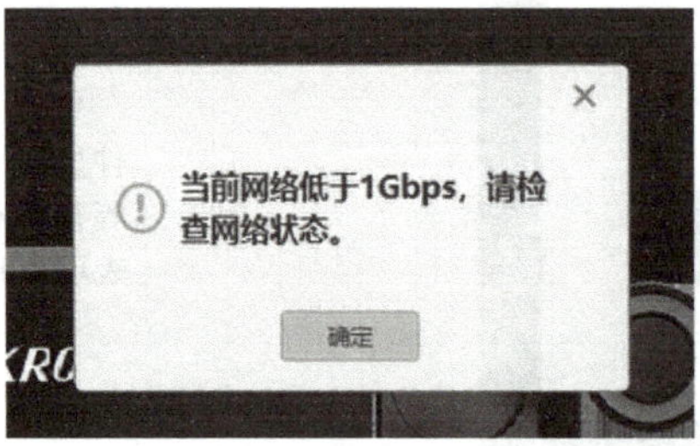	连接后，会弹出如左图所示的警告，单击“确定”按钮即可
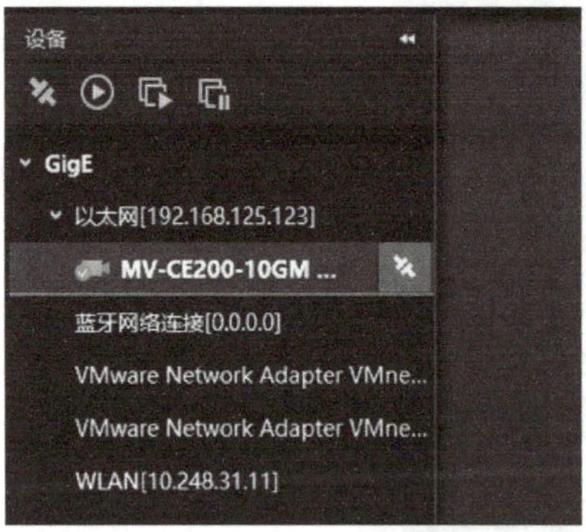	此时，在相机图标的旁边出现了绿色的勾，说明本地计算机与相机连接成功

MVS 的使用——6mm 镜头

MVS 的使用——12mm 镜头

MVS 的使用——25mm 镜头

3. 调试相机

使用 MVS 软件调试相机参数的操作见表 4-3。

表 4-3 使用 MVS 软件调试相机参数的操作

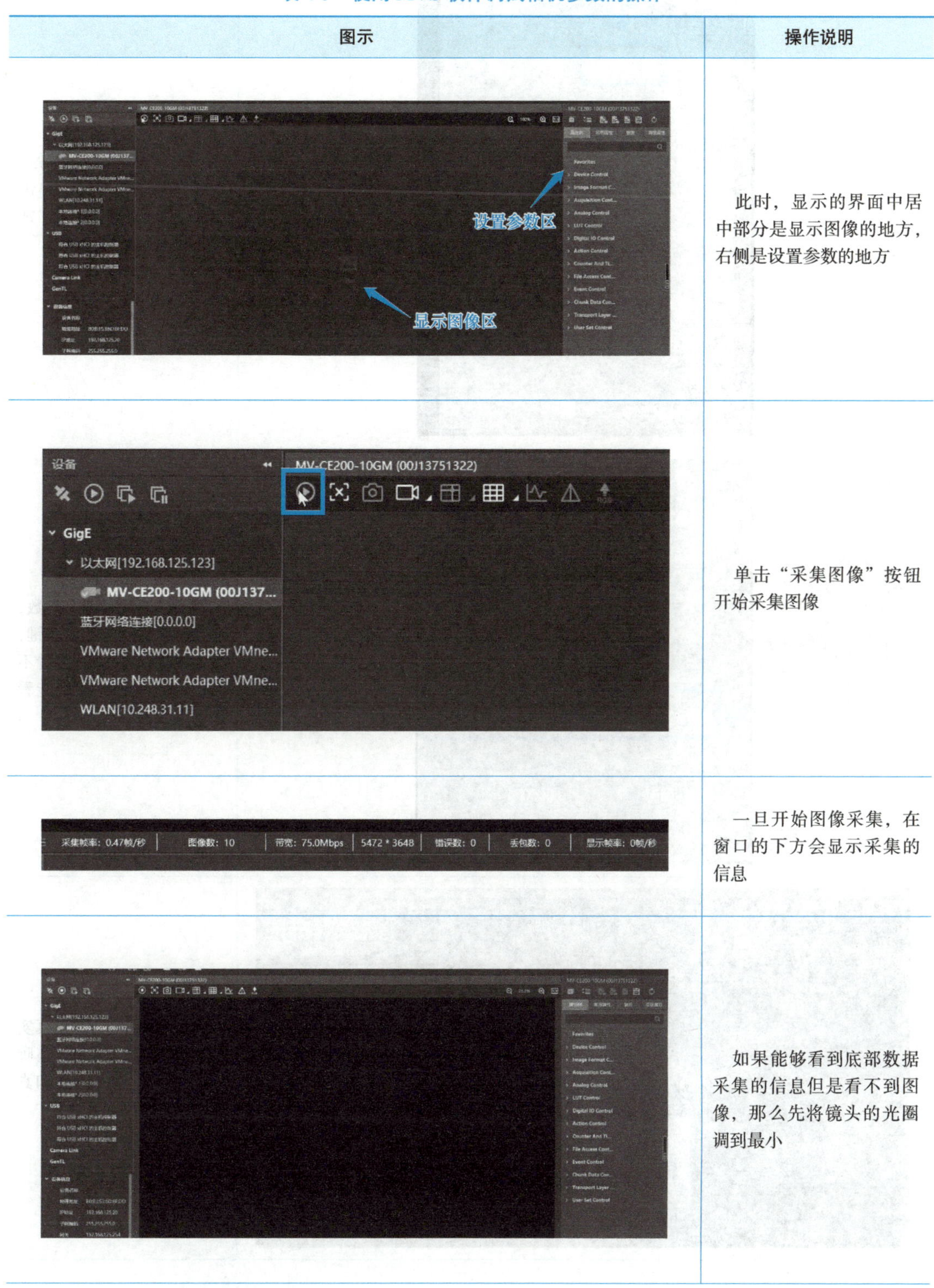

图示	操作说明
	此时，显示的界面中居中部分是显示图像的地方，右侧是设置参数的地方
	单击“采集图像”按钮开始采集图像
	一旦开始图像采集，在窗口的下方会显示采集的信息
	如果能够看到底部数据采集的信息但是看不到图像，那么先将镜头的光圈调到最小

（续）

图示	操作说明
	如果依然看不到图像，就要调整曝光时间。单击右侧参数配置区中的“常用属性”选项卡
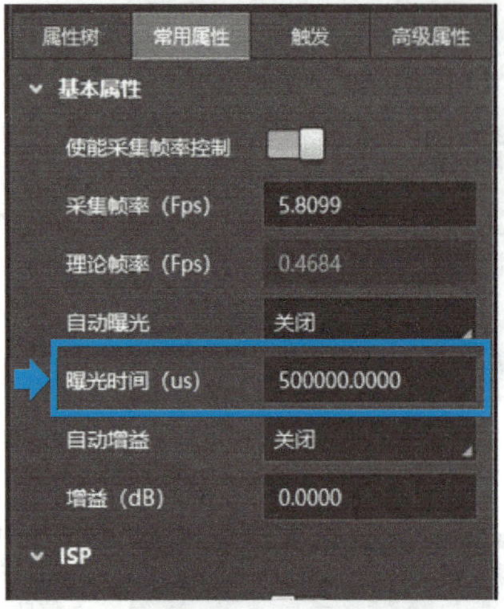	找到“曝光时间”参数，增加曝光时间后按回车键，查看图像。如果仍然看不到就继续增加，直到能看到图像为止
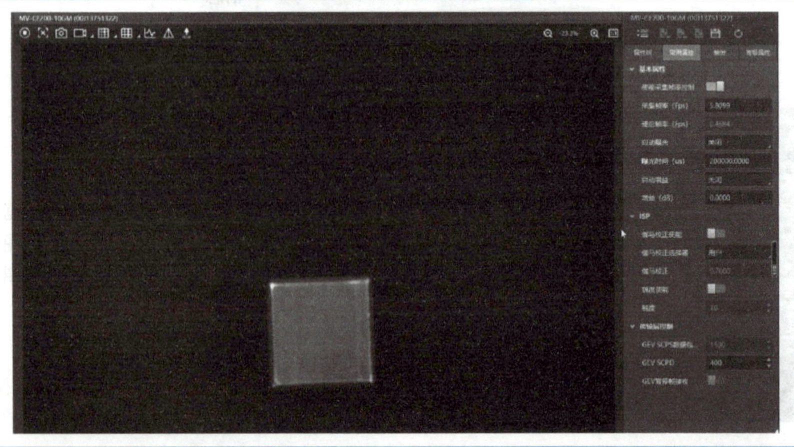	观察图像的亮度和真实场景的亮度，尽量调整曝光时间让图像的亮度和真实场景的亮度相当

（续）

图示	操作说明
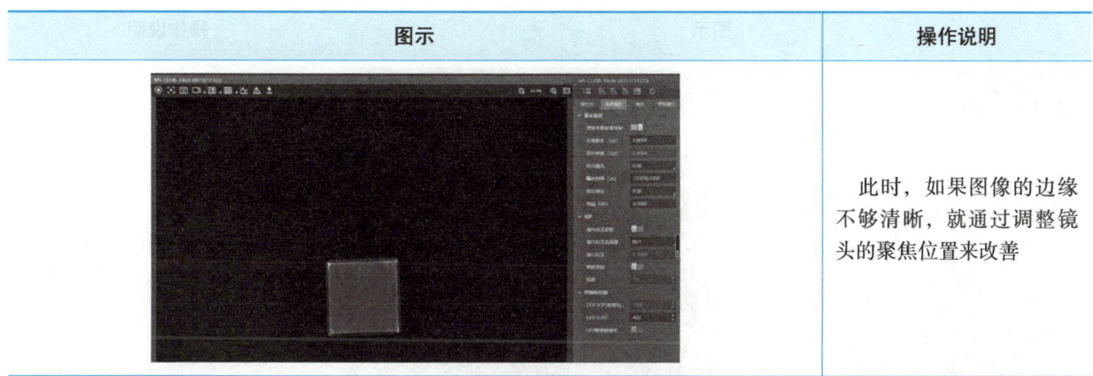	此时，如果图像的边缘不够清晰，就通过调整镜头的聚焦位置来改善

至此，使用 MVS 软件进行图像采集的工作就结束了。MVS 软件的功能是配置相机的 IP 地址，确保相机与本地计算机的连接，以及通过配置参数，调节镜头旋钮保证采集图像的质量可靠。

4.2.2　使用 VM 软件获取图像

1. 准备操作

使用 VM 软件采集图像的准备操作见表 4-4。

表 4-4　使用 VM 软件采集图像的准备操作

图示	操作说明
VisionMas... 4.2.0	使用 VM 采集图像，必须先在计算机上安装好 VM 软件。VM 软件的快捷方式如左图所示
HIKROBOT	在启动软件之前，将软件的加密狗插入计算机的 USB 接口

2. 配置相机

使用 VM 软件采集图像前要先配置好相机，操作见表 4-5。

表 4-5　VM 软件配置相机的操作

图示	操作说明
vision master 通用方案　定位测量　最近打开方案 缺陷检测　用于识别	双击快捷方式打开 VM 软件，进入软件后的界面如左图所示。单击“通用方案”

（续）

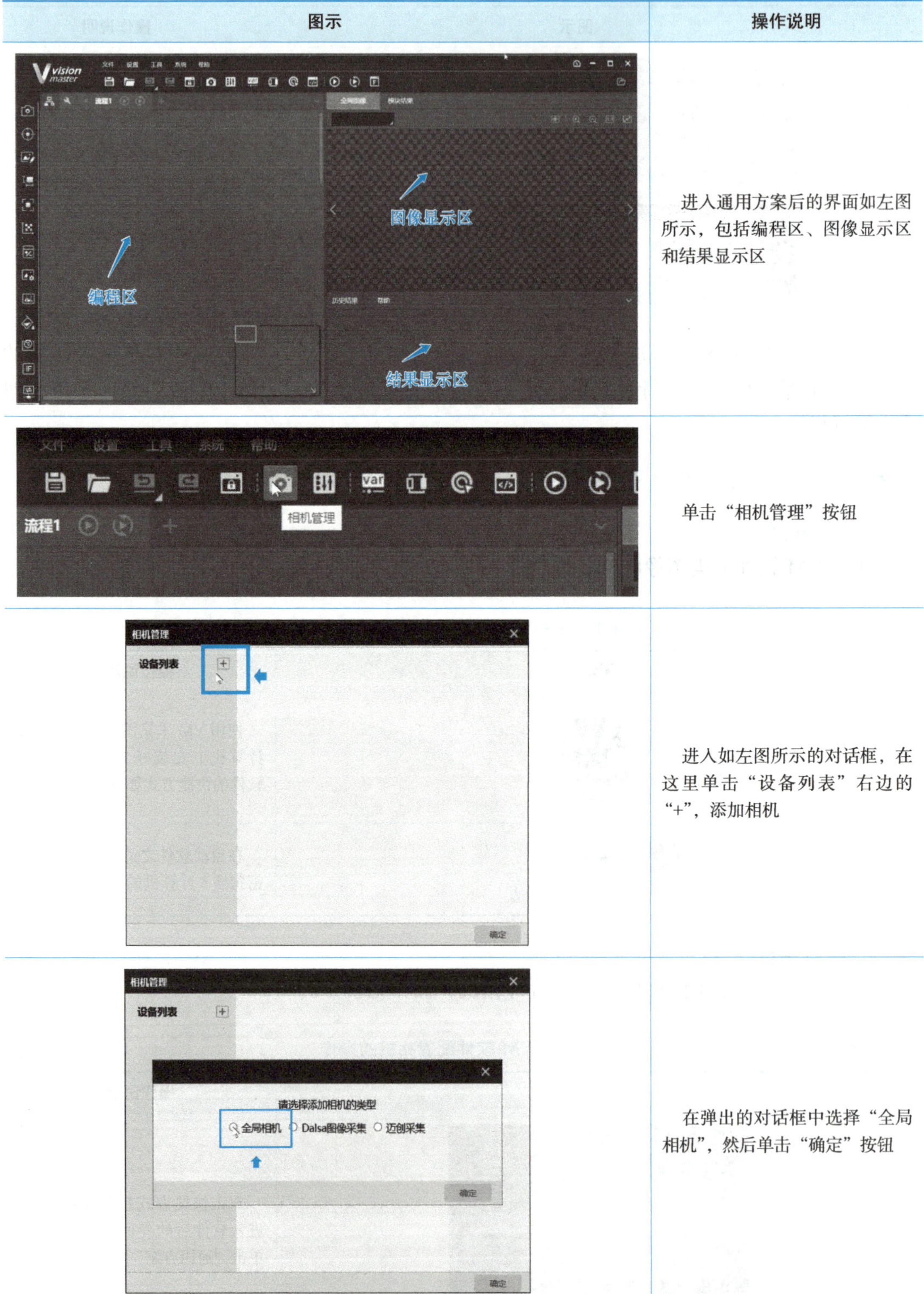

图示	操作说明
	进入通用方案后的界面如左图所示，包括编程区、图像显示区和结果显示区
	单击“相机管理”按钮
	进入如左图所示的对话框，在这里单击“设备列表”右边的“+”，添加相机
	在弹出的对话框中选择“全局相机”，然后单击“确定”按钮

（续）

图示	操作说明
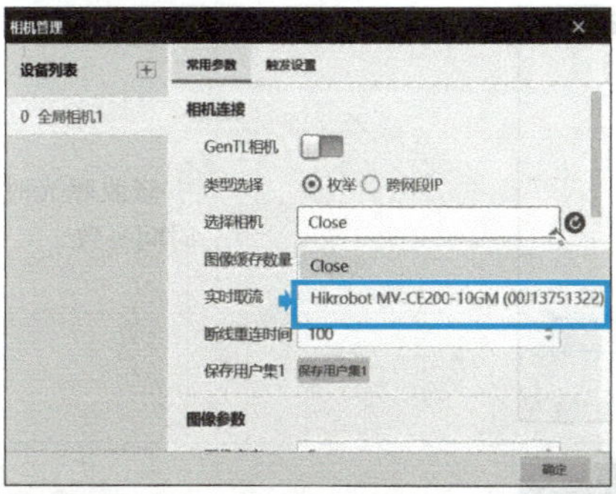	在“0 全局相机 1”选项卡中找到“选择相机”，在其下拉列表框中找到要连接的相机，并单击这个相机
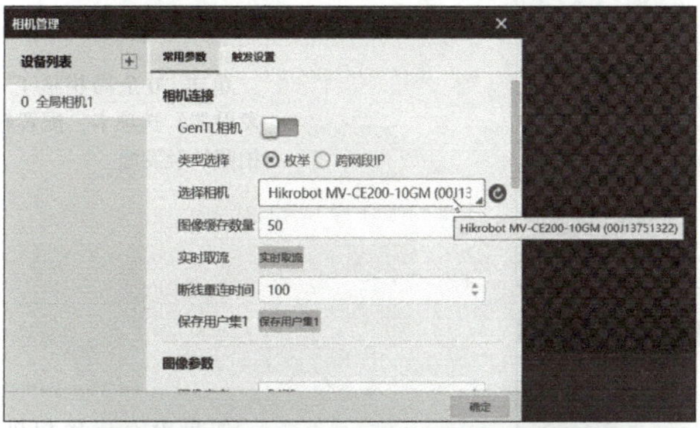	得到如左图所示的界面
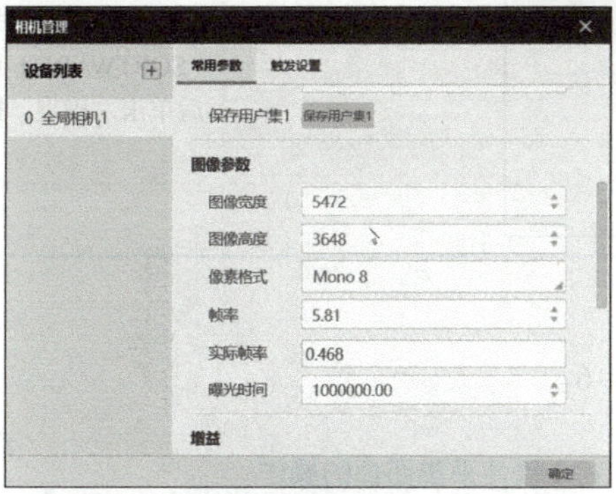	滑动鼠标滚轮或下拉右侧滑块，可以看到图像参数。这里有图像的宽度、高度和像素格式等
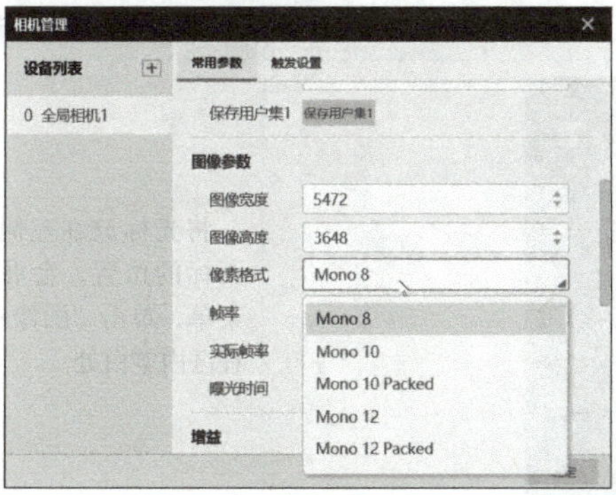	默认输出灰度图像。在“像素格式”的下拉列表框中选择 Mono 8 可以输出灰度图像

（续）

图示	操作说明
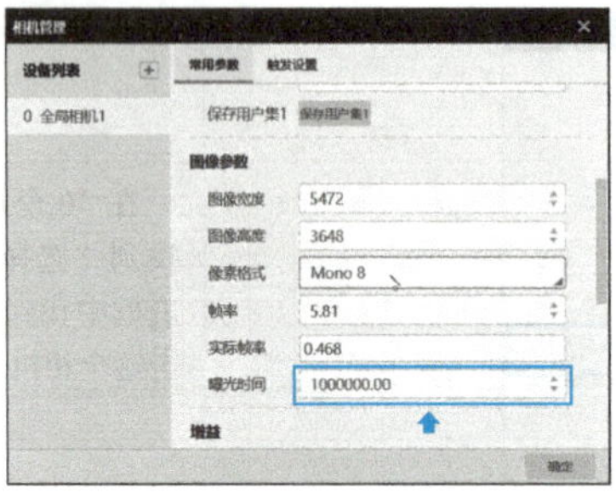	修改曝光时间与 MVS 的曝光时间一致
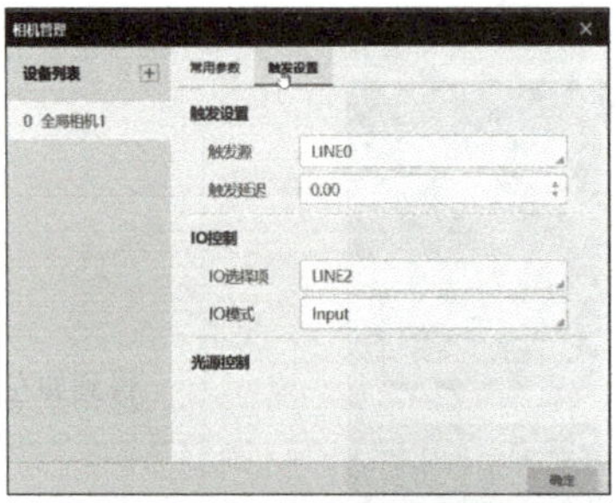	单击“0 全局相机 1”的“触发设置”选项卡，配置触发相机拍照的触发源
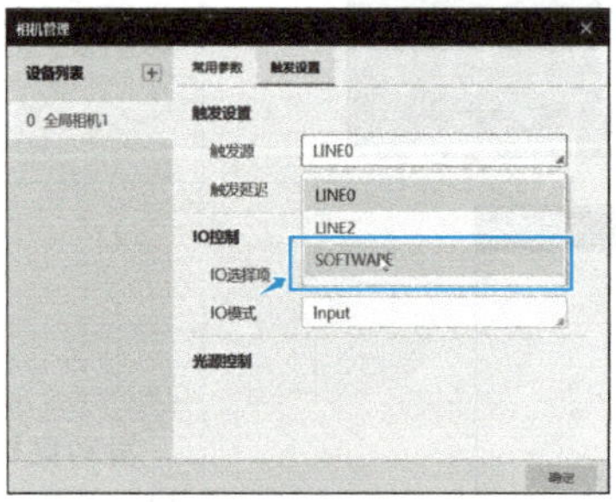	如果没有连接相机信号线中的触发信号线，可使用软件（SOFTWARE）触发方式，选择后单击“确定”按钮

3. 图像采集

使用 VM 软件采集图像的操作见表 4-6。

表 4-6　使用 VM 软件采集图像的操作

图示	操作说明
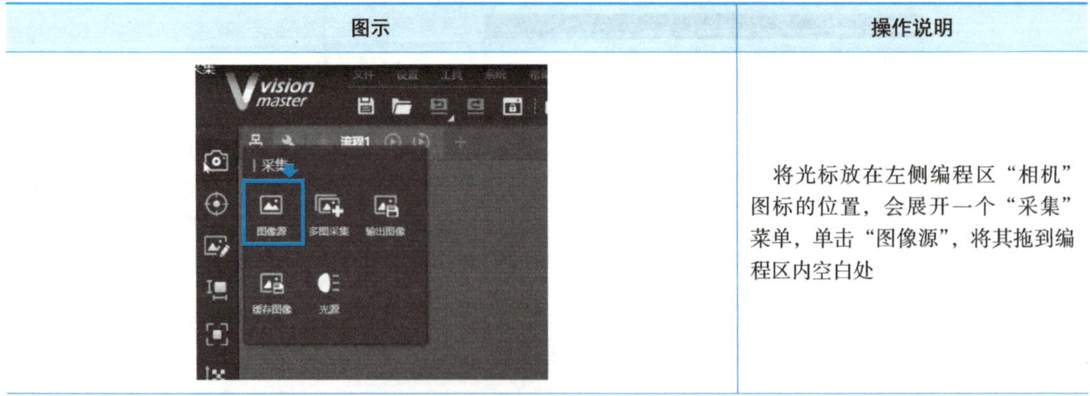	将光标放在左侧编程区“相机”图标的位置，会展开一个“采集”菜单，单击“图像源”，将其拖到编程区内空白处

（续）

图示	操作说明
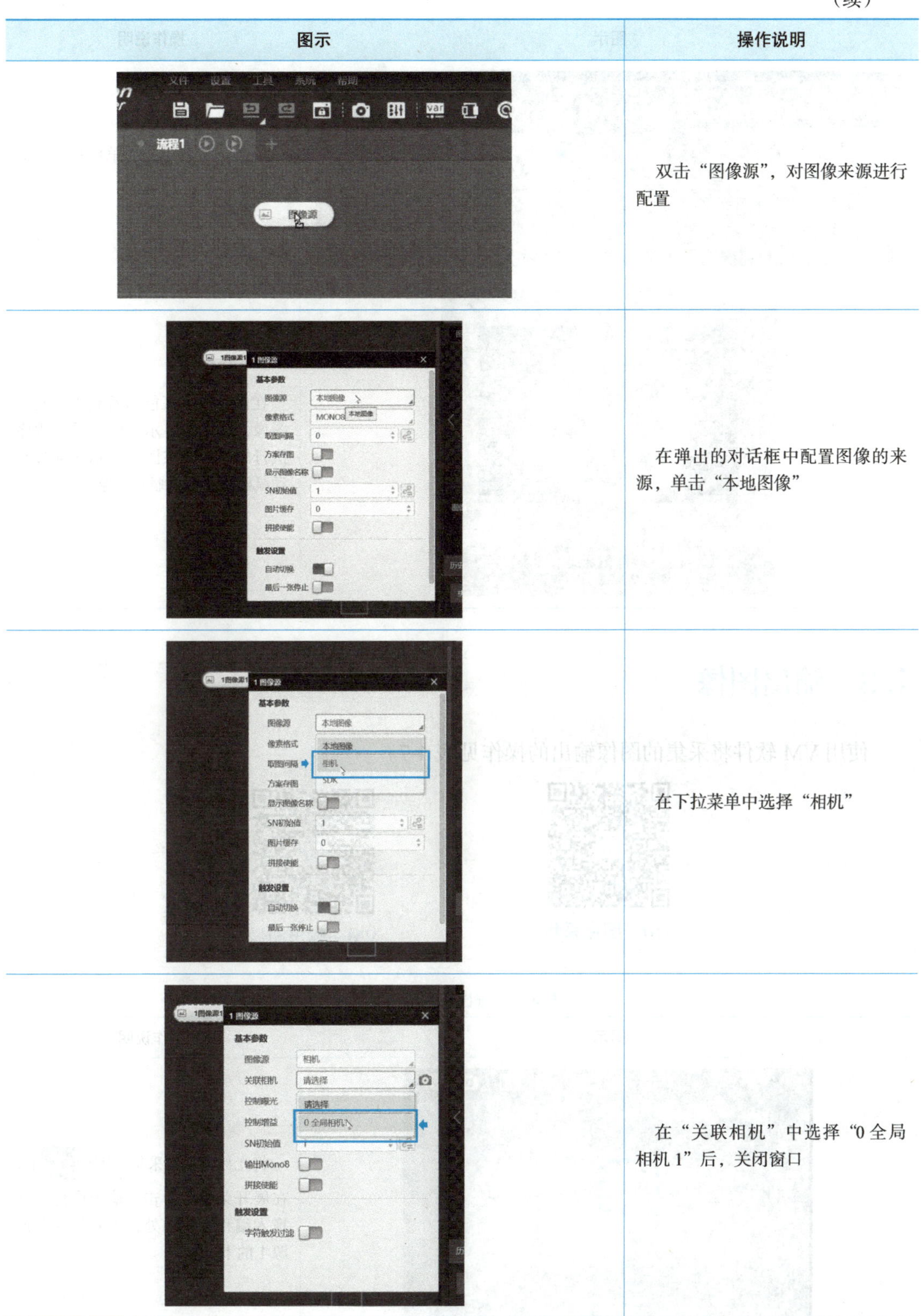	双击“图像源”，对图像来源进行配置
	在弹出的对话框中配置图像的来源，单击“本地图像”
	在下拉菜单中选择“相机”
	在“关联相机”中选择“0 全局相机 1”后，关闭窗口

（续）

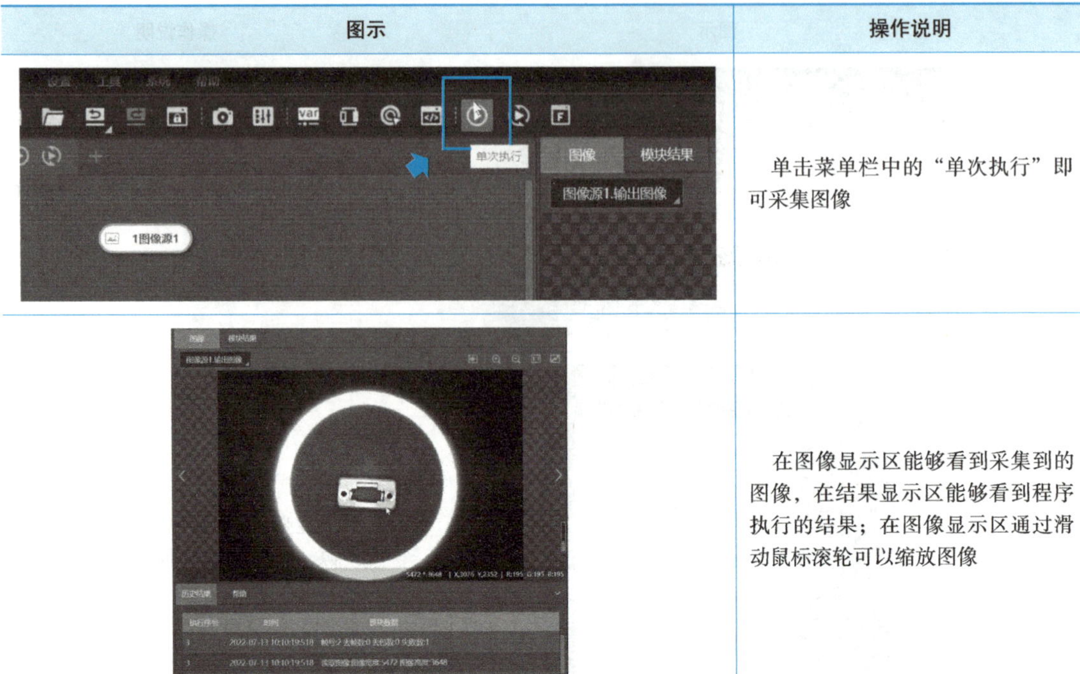

图示	操作说明
	单击菜单栏中的“单次执行”即可采集图像
	在图像显示区能够看到采集到的图像，在结果显示区能够看到程序执行的结果；在图像显示区通过滑动鼠标滚轮可以缩放图像

4.3　输出图像

使用 VM 软件将采集的图像输出的操作见表 4-7。

VM—图像采集

VM—输出图像

表 4-7　输出图像的操作

图示	操作说明
master 采集 图像源　多图采集　输出图像 缓存图像　光源 流程1 1图像源1	将光标放在“采集”图标上，在展开菜单中单击“输出图像”并拖入编程区空白处，将其放在图像源 1 的下方

（续）

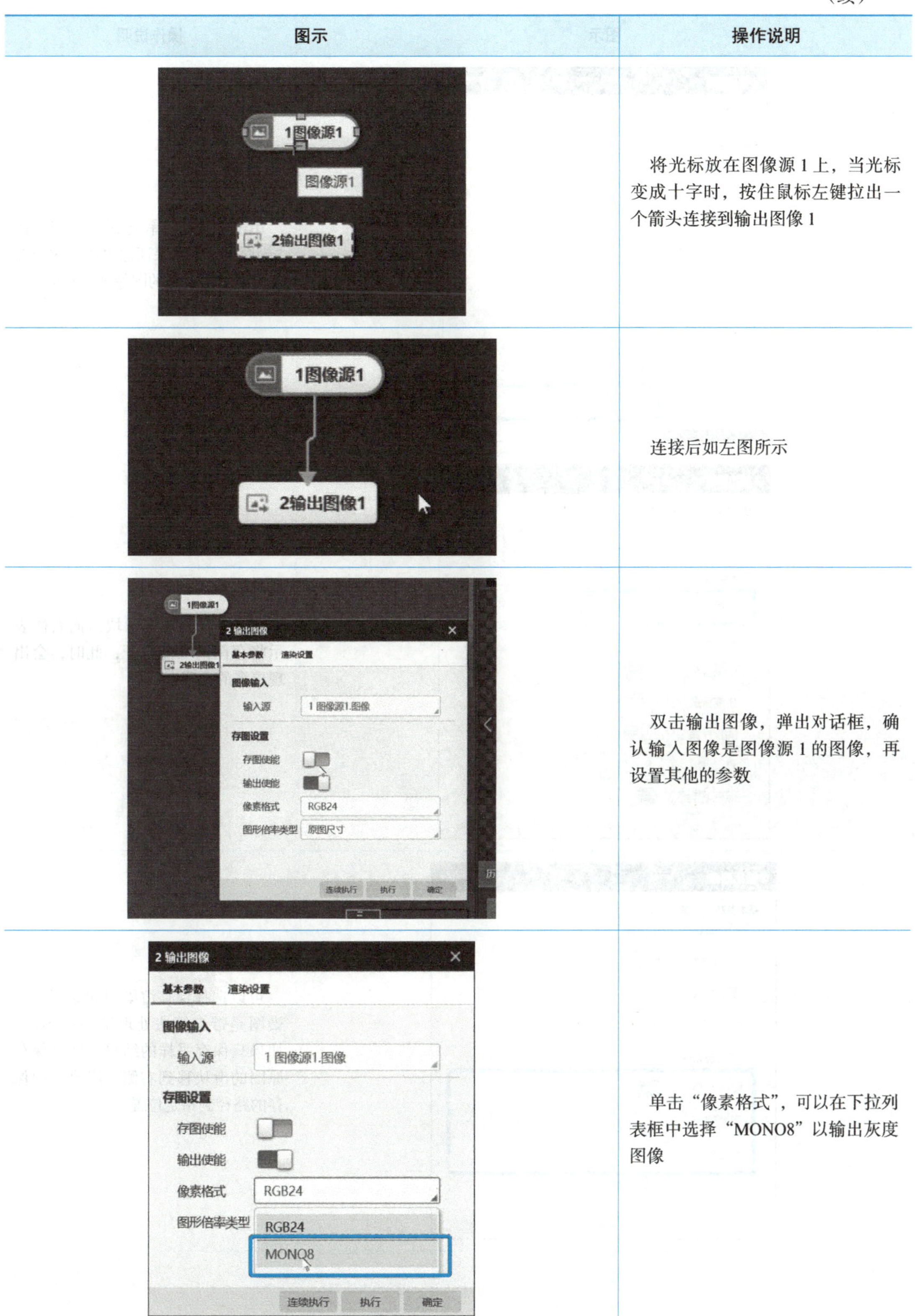

图示	操作说明
	将光标放在图像源 1 上，当光标变成十字时，按住鼠标左键拉出一个箭头连接到输出图像 1
	连接后如左图所示
	双击输出图像，弹出对话框，确认输入图像是图像源 1 的图像，再设置其他的参数
	单击“像素格式”，可以在下拉列表框中选择“MONO8”以输出灰度图像

（续）

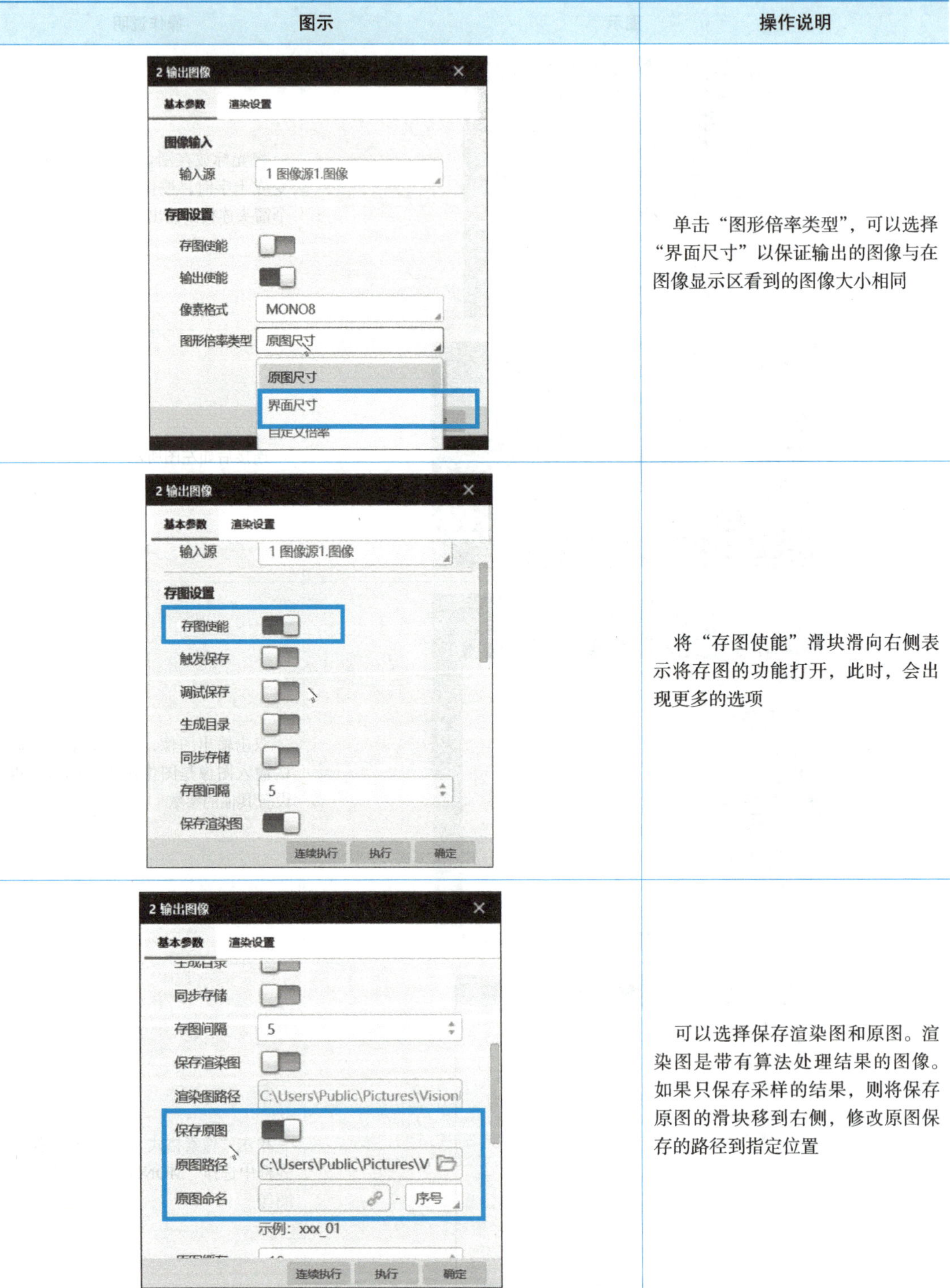

图示	操作说明
	单击“图形倍率类型”，可以选择“界面尺寸”以保证输出的图像与在图像显示区看到的图像大小相同
	将“存图使能”滑块滑向右侧表示将存图的功能打开，此时，会出现更多的选项
	可以选择保存渲染图和原图。渲染图是带有算法处理结果的图像。如果只保存采样的结果，则将保存原图的滑块移到右侧，修改原图保存的路径到指定位置

（续）

图示	操作说明
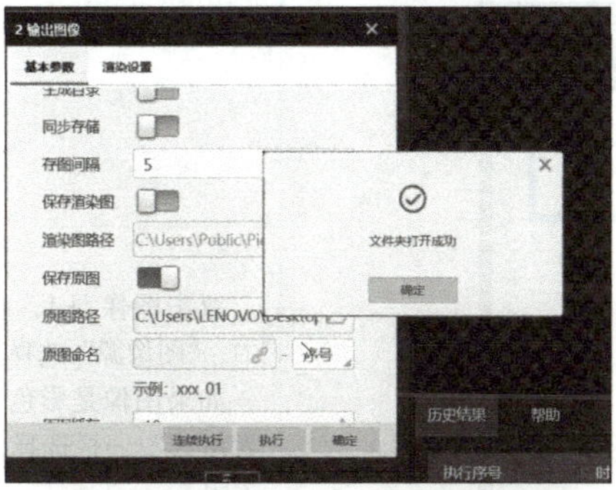	更换路径后单击“确定”按钮，会弹出“文件夹打开成功”对话框，单击“确定”按钮，表示路径切换成功
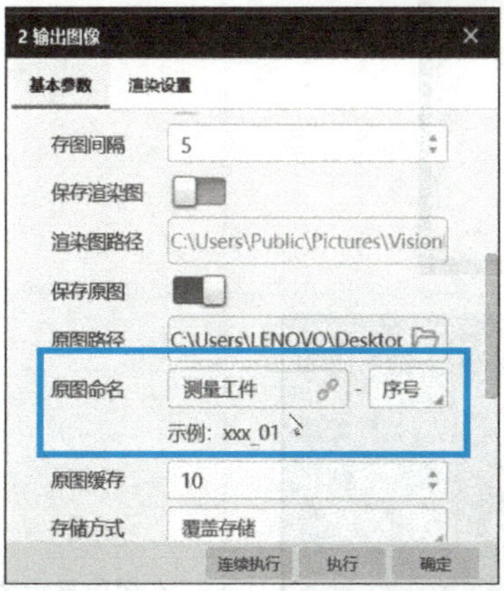	在“原图命名”中给保存的图像命名。例如给图像命名成“测量工件”，那么程序每运行一次都会保存一张图，为了避免由于文件名相同而相互覆盖，文件名后面用数字加以区分，即保存的文件是测量工件_01、测量工件_02。最后单击“执行”按钮，再单击“确定”按钮关闭对话框

4.4　本地图像

为了节省能源，在调试 VM 程序时，不需要工业应用场景一直启动。为此，可以将工业场景的图像事先拍摄后保存下来供调试程序时使用。因此，VM 软件处理的图像还可以是本地图像。获取本地图像的操作见表 4-8。

VM—本地图像

表 4-8　获取本地图像的操作

图示	操作说明
	将光标放在“采集”图标之上，在展开菜单中单击“图像源”并拖入编程区空白处 

（续）

图示	操作说明
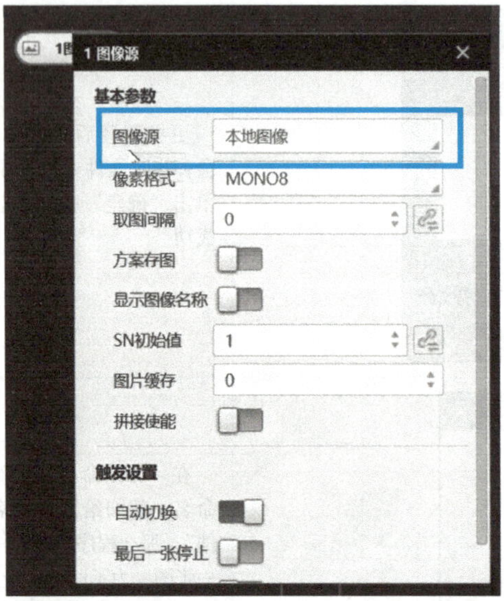	双击图像源 1，在弹出的对话框中，“图像源”选择“本地图像” 如果图像是彩色图像，则在“像素格式”一栏选择，然后将对话框关闭
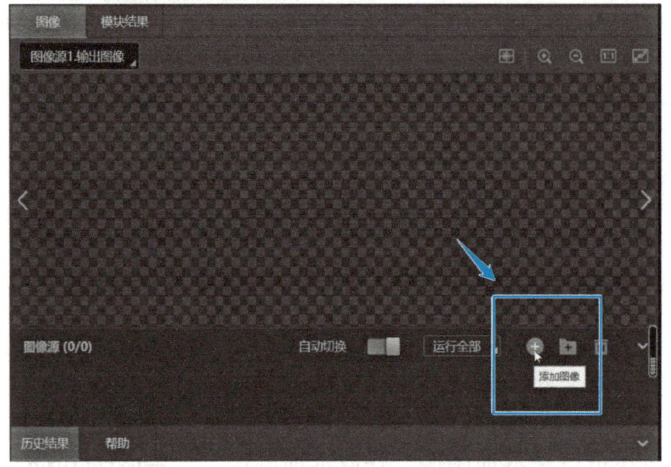	在图像显示区右下角找到带“+”的“添加图像”图标，单击“添加图像”
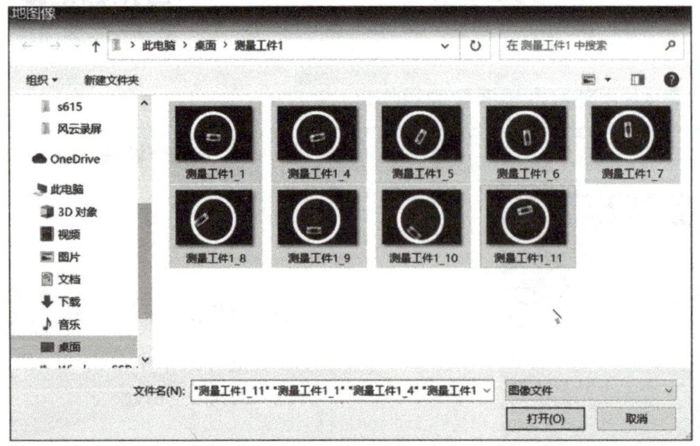	在弹出的对话框中可选择一张图像，或者同时选择多张图像，然后单击“打开”按钮

（续）

图示	操作说明
	这时被选中的图像都会被打开并显示在图像显示区的下方，本例中共打开 9 张图像
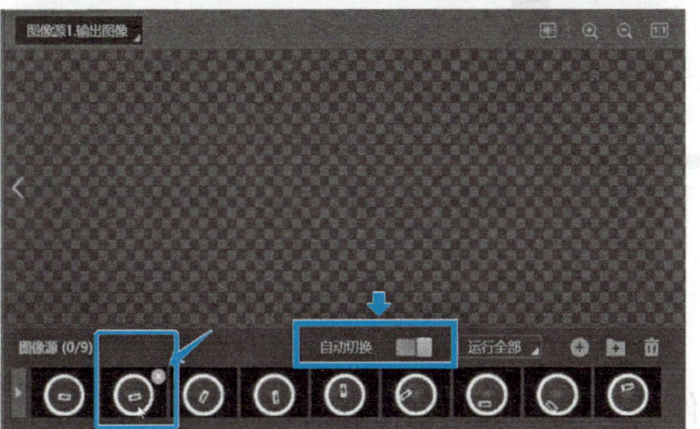	当光标放在某个图像上时，图像的右上方出现“×”，单击“×”可将图像从队列中清除。“自动切换”开关打开时，程序重新运行时都会自动将下一张图作为输入图像进行处理 如果不打开“自动切换”开关，则保持对一张图像进行处理
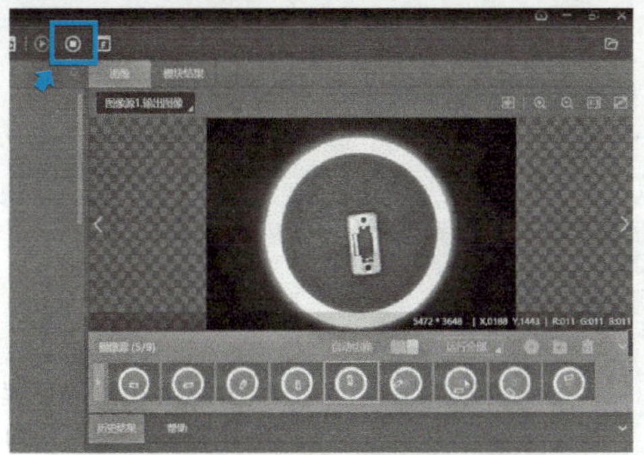	当“自动切换”开关打开时，单击“连续执行”按钮，将会看到在图像显示区按顺序逐个的显示图像
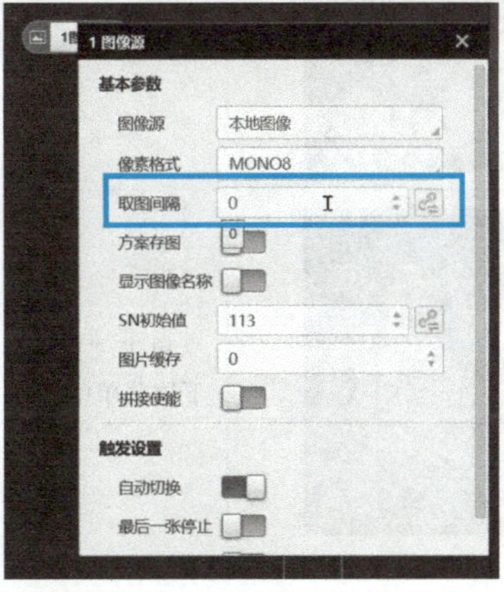	如果觉得图像显示太快而来不及看清楚每张图像的效果，那么回到编程区域，双击图像源，单击“取图间隔”

（续）

图示	操作说明
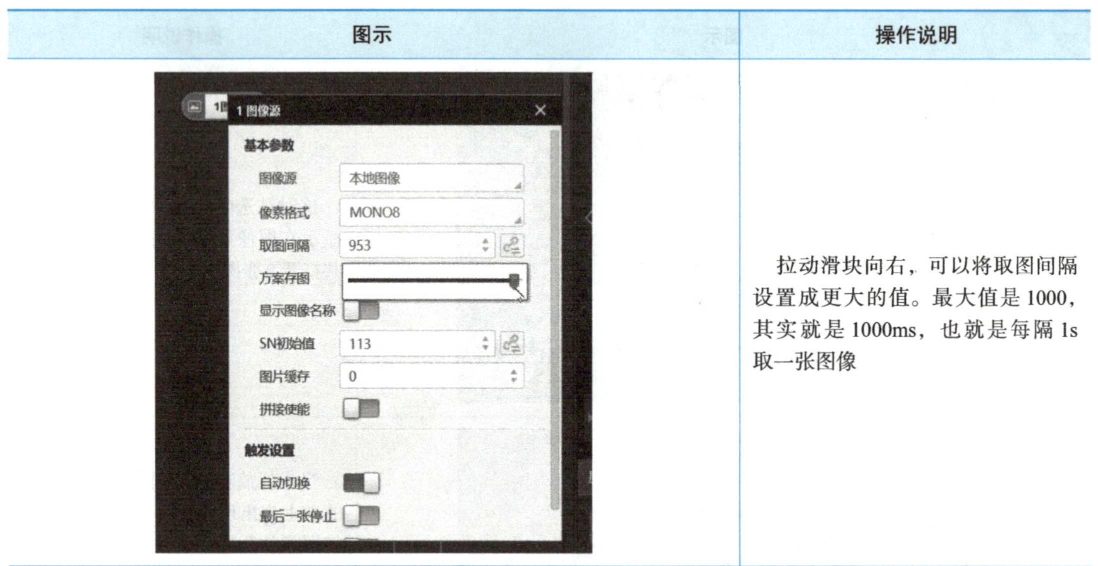	拉动滑块向右，可以将取图间隔设置成更大的值。最大值是 1000，其实就是 1000ms，也就是每隔 1s 取一张图像

4.5　帮助文档的使用

VM—帮助文档

在使用 VM 软件的过程中，对控件或工具有任何疑问要学会查看帮助文档。使用帮助文档的操作见表 4-9。

表 4-9　使用帮助文档的操作

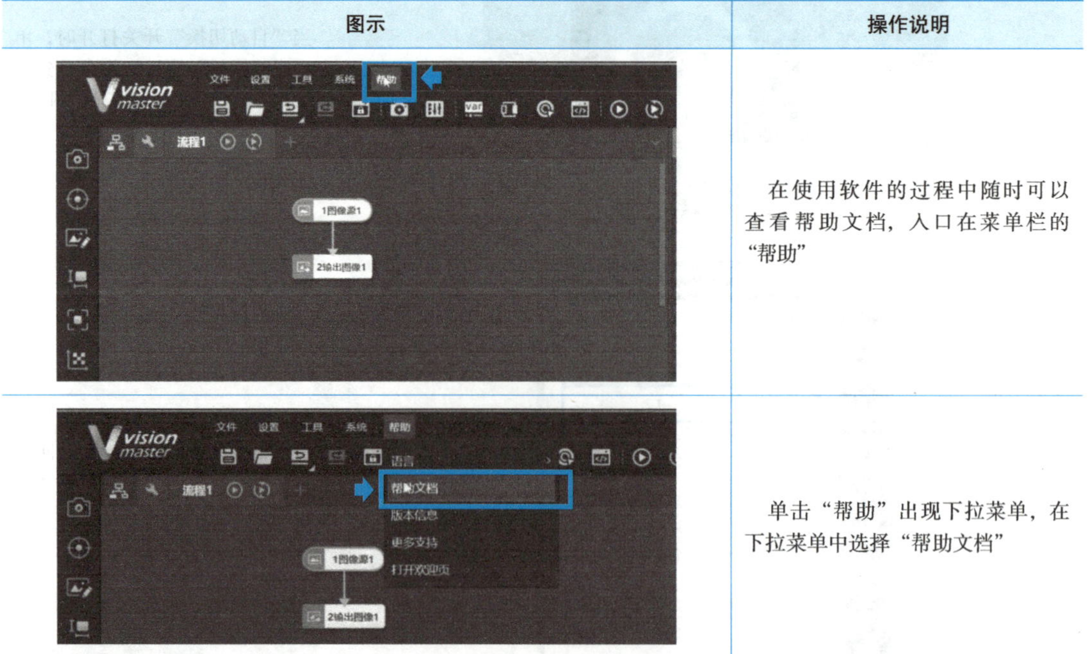

图示	操作说明
（图）	在使用软件的过程中随时可以查看帮助文档，入口在菜单栏的“帮助”
（图）	单击“帮助”出现下拉菜单，在下拉菜单中选择“帮助文档”

（续）

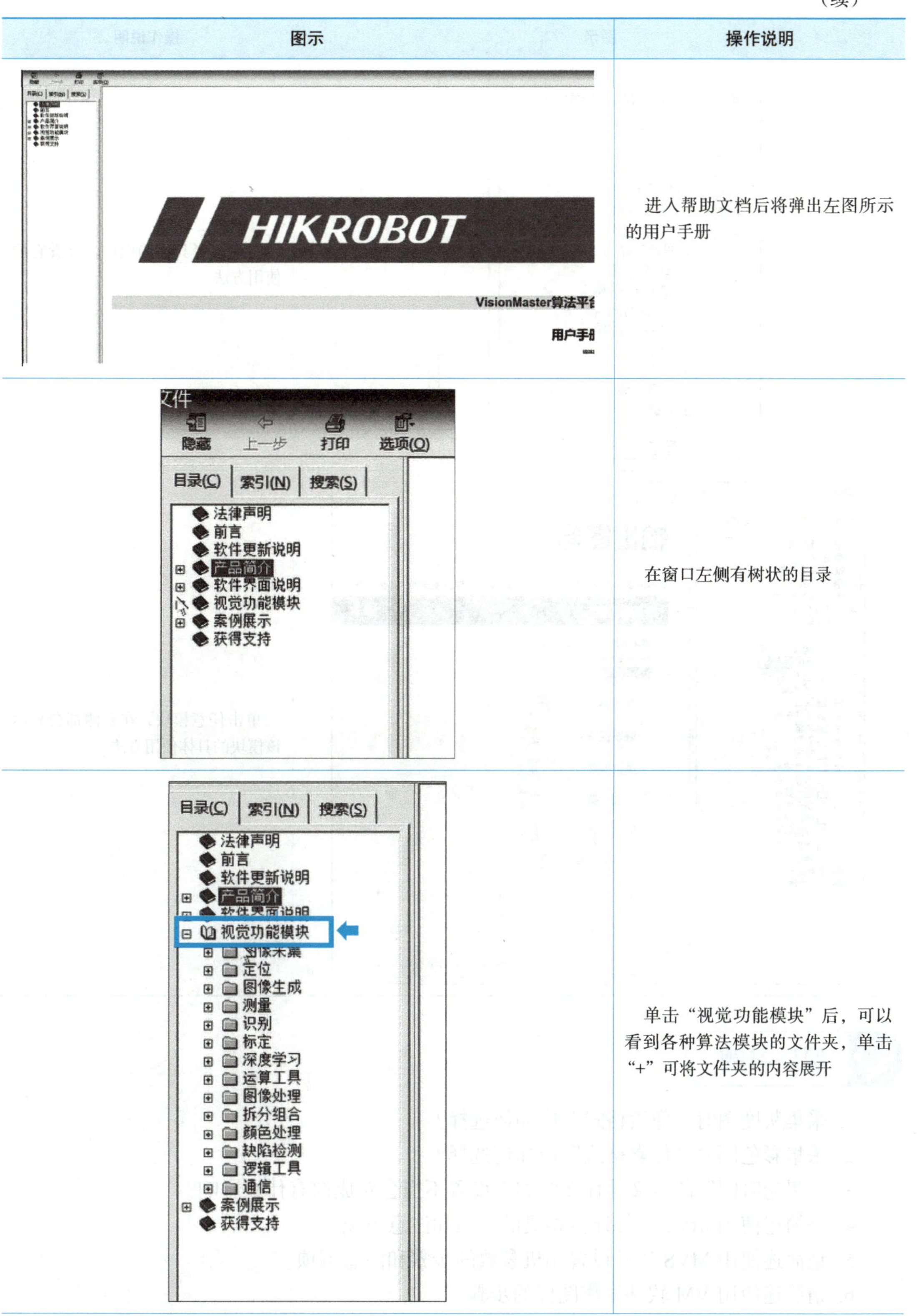

图示	操作说明
	进入帮助文档后将弹出左图所示的用户手册
	在窗口左侧有树状的目录
	单击“视觉功能模块”后，可以看到各种算法模块的文件夹，单击“+”可将文件夹的内容展开

（续）

图示	操作说明
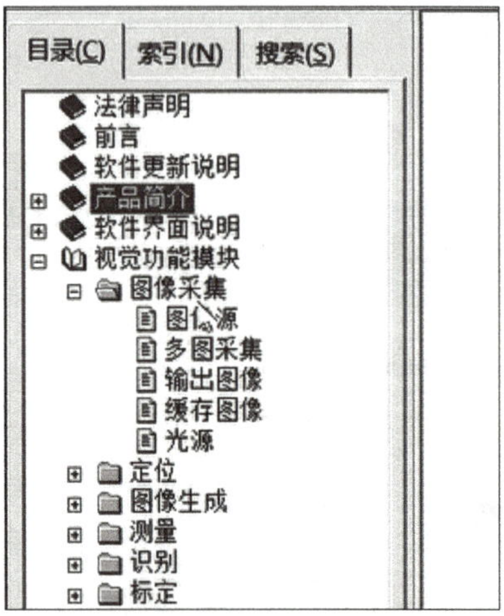	可以选择具体的模块，查看它的使用方法
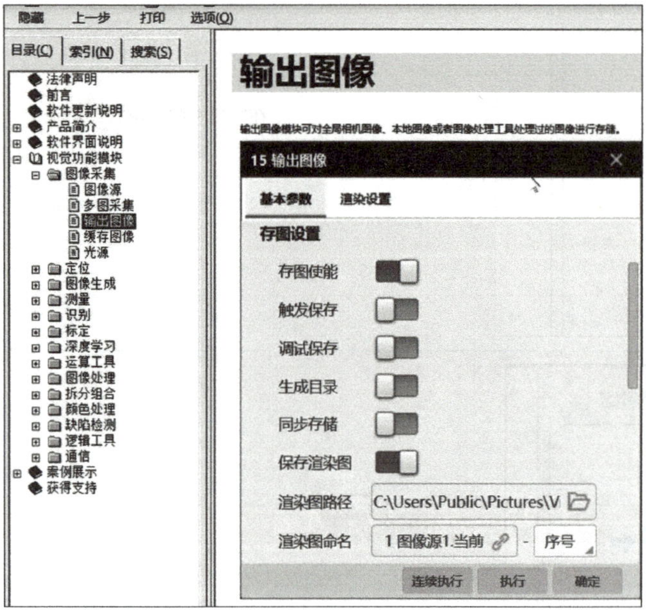	单击任意模块，在右侧都会显示该模块的具体使用方法

课后习题

1. 采集灰度图时“像素格式”应如何选择？
2. 采集彩色图时“像素格式”应如何选择？
3. “曝光时间”的含义是什么？如果设置不当会对成像有什么影响？
4. 请简述使用 MVS 软件连接相机的步骤和注意事项。
5. 请简述使用 MVS 软件设置相机参数的步骤和注意事项。
6. 请简述使用 VM 软件采集图像的步骤。

第 5 章 图像处理概述

知识目标

1）掌握模拟图像、数字图像和像素的概念。

2）了解常用的数字图像处理算法的应用场合。

3）了解滤波的原理。

4）了解形态学处理的原理。

技能目标

1）能够理解并说明矩阵、图像和视频之间的关系。

2）能够说明 ROI 的作用。

3）能够基于具体的场景正确选择极性。

4）能够理解灰度、彩色、颜色通道之间的关系。

5）能够理解像素距离的概念。

6）能够理解邻域的概念。

素养目标

1）在学习中，培养学生从宏观（图像）和微观（像素）两个视角看问题，在关注大局的同时处理具体的细节问题。

2）通过图像处理算法的演进过程，说明创新的多种形式。培养学生的创新思维与创新意识，以及敢于创新的精神。

3）通过区分前景和背景，培养学生处理问题的思维方法。

5.1 图像的基本概念

图像信号是人类重要的信息来源，是数字图像处理的目标信号。本节简要介绍图像的相关概念及表示方法。

5.1.1 视觉与图像

视觉是人类观察世界和认知世界的重要手段，人类从外界获得的信息绝大部分是由视觉获取的。图像是视觉信息的重要表现方式，是对客观事物的相似、生动的描述。人的视觉系统十分完善，灵敏度高，作用距离远，传播速度快，再加上大脑的思维和联想能力，使得图像信息具有直观形象、信息量大、利用率高的特点；而且除了可见光以外，红外线、紫外线、微波、X 射线等非可见光也能够成像。图像技术拓展了人类视觉，如图 5-1 所示。

a) 可见光成像

b) 红外热成像

图 5-1　可见光成像与红外热成像

5.1.2 图像的表示

从信息论角度来看，图像是一种二维信号，可以用二维函数 $I(x,y)$ 来表示，其中，(x, y) 是空间坐标，$I(x,y)$ 是点 (x,y) 的幅值。

视频又称为动态图形，是多帧位图的有序组合，如图 5-2 所示，可以用三维函数 $I(x,y,t)$ 来表示，其中，(x,y) 是空间坐标，t 为时间变量，$I(x,y,t)$ 是 t 时刻某一帧上点 (x,y) 的幅值。

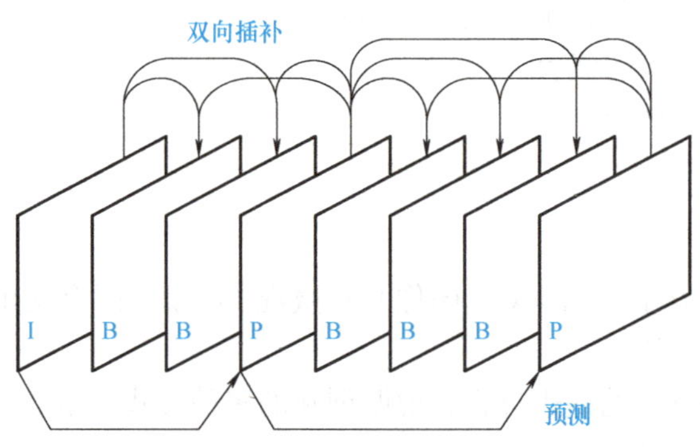

图 5-2　视频帧与图像的关系

图像可以分为两种类型：模拟图像和数字图像。

模拟图像是指通过客观的物理量表现颜色的图像，如照片、底片、印刷品、画等，其空间坐标值 x 和 y 连续，在每个空间点 (x,y) 的光强也连续，无法用计算机处理。对模拟图像进行数字化得到的数字图像，才可以用计算机存储和处理。

数字图像由有限的元素组成，每一个元素的空间位置（x, y）和强度值 I 都被量化成离散的数值，这些元素称为像素。因此，数字图像是具有离散值的二维像素矩阵，能够存储在计算机的存储器中，如图 5-3 所示。

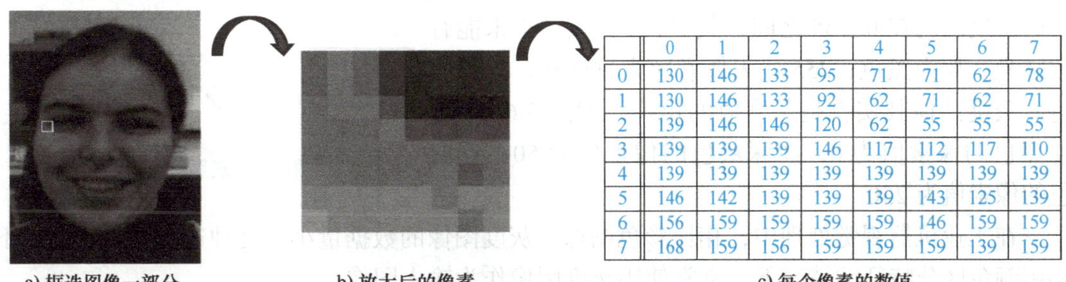

	0	1	2	3	4	5	6	7
0	130	146	133	95	71	71	62	78
1	130	146	133	92	62	71	62	71
2	139	146	146	120	62	55	55	55
3	139	139	139	146	117	112	117	110
4	139	139	139	139	139	139	139	139
5	146	142	139	139	139	143	125	139
6	156	159	159	159	159	146	159	159
7	168	159	156	159	159	159	139	159

a) 框选图像一部分　　b) 放大后的像素　　c) 每个像素的数值

图 5-3　数字图像数据形式示意图

图 5-3a 的白色方框内有 8 行 8 列共 64 个像素点，图 5-3b 将白色方框放大后可以看到 8×8 个小方块用来表示这 64 个像素点，图 5-3c 是对应 64 个像素点的数值。可以看出，数字图像就是一个二维的像素矩阵。

5.2　数字图像的类型

经过采样和量化后，图像表示为离散的像素矩阵。根据量化层次的不同，每个像素点取值也表示为不同范围的离散取值，对应不同的图像类型。

5.2.1　二值图像

二值图像是指每个像素值为 0 或 1 的数字图像，一般表示为黑白两色，如图 5-4 所示。

由于只有两种颜色，只能表示简单的前景和背景，二值图像一般用来表示检测到的目标模板，如图 5-5 所示。

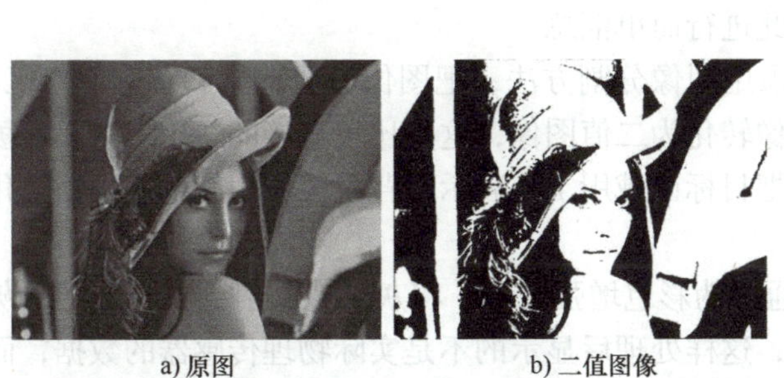

a) 原图　　b) 二值图像

图 5-4　二值图像

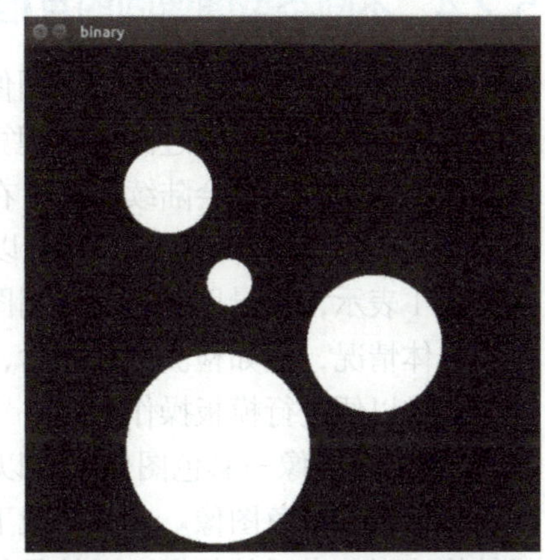

图 5-5　视觉软件中显示的二值图像

5.2.2 灰度图像

灰度是介于纯白与纯黑之间的过渡色。在计算机图像中一般采用256阶划分纯白到纯黑之间的灰色。由于256阶色要用8个比特表示，因此也称为8位灰度。灰度图像中每个像素的灰度值均在0~255之间。其中，0代表像素未能有效感光，故为黑色；255代表像素感光过饱和，故为白色。灰度图像其实就是灰度值的矩阵，如图5-6所示，纯黑色的像素值为0，而深灰色的像素值为50，近白色的像素值为250。

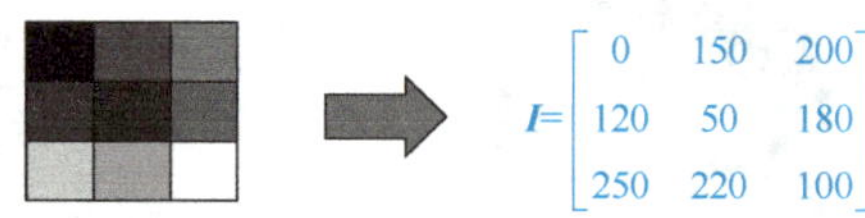
$$I=\begin{bmatrix}0 & 150 & 200\\120 & 50 & 180\\250 & 220 & 100\end{bmatrix}$$

图5-6 灰度图像示例

在工业机器视觉处理中，相比彩色图像，灰度图像的数据量小，处理速度快，所以在不必用颜色区分特征的情况下，常常使用灰度图像作为输入图像。

5.2.3 彩色图像

彩色图像中每个像素值为包含三个分量的向量，分别为组成该色彩的RGB值。把一幅图像中各点的RGB分量对应提取出来，则转变为3幅灰度图像。图5-7所示为一幅3×3的彩色数字图像的3个色彩通道的数值，实际上是3幅灰度图像。

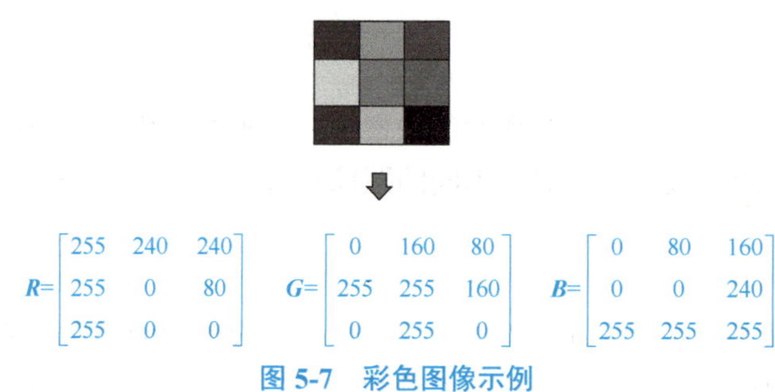
$$R=\begin{bmatrix}255 & 240 & 240\\255 & 0 & 80\\255 & 0 & 0\end{bmatrix}\quad G=\begin{bmatrix}0 & 160 & 80\\255 & 255 & 160\\0 & 255 & 0\end{bmatrix}\quad B=\begin{bmatrix}0 & 80 & 160\\0 & 0 & 240\\255 & 255 & 255\end{bmatrix}$$

图5-7 彩色图像示例

彩色图像色彩丰富，信息量大，目前数码产品所获取的图像一般为彩色图像。

5.2.4 不同类型图像间的互相转化

在图像处理系统中，从输入图像到最终结果，图像的表示形式也在不断地发生变化，即不同类型的图像可以通过图像处理算法来转换，以满足图像处理系统的需求。这些图像处理算法在后面的学习中会陆续讲到，在此进行简单汇总。

1）灰度图像→二值图像。可以采用图像分割方法，把图像分成前景和背景两个区域，前景用1表示，背景用0表示，则图像转化为二值图像，这是比较直接的转化方法。也可以根据具体情况，例如检测到目标后，把目标区域用1来表示，背景区域用0来表示，转化为二值图像以便进行模板操作。

2）灰度图像→彩色图像。可以通过伪彩色增强技术，将灰度值映射到彩色空间，灰度图像将转变为彩色图像。一般情况下，这样处理后显示的不是实际物理传感器的数据，而是经转换或者分类后的数据，目的是能够进行更好的观察。例如将图像中不同属性的材料或图像中不同的区域表示为不同的色彩，卫星图像的像素根据人的假设做标记，河流是蓝色的，郊区是紫色的，道路是红色的，如图 5-8 所示。

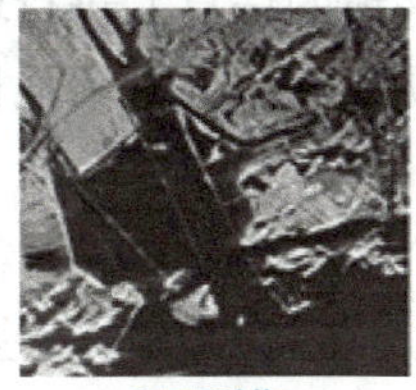

SAR影像

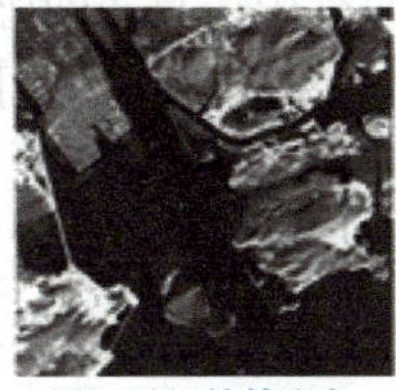
绿红近红外伪彩色合成影像

融合后伪彩色影像

图 5-8　伪彩色图像示例

3）彩色图像→灰度图像。可以采用灰度化的方法将彩色图像转化为灰度图像。彩色图像信息量大，但数据量也大，在某些情况下，为了简化算法，需要进行这种转化。灰度化一般是用像素点的亮度值作为像素值，亮度值的计算可以通过变换颜色模型来计算，如

$$Y=0.299R+0.587G+0.114B \tag{5-1}$$

$$I=(R+G+B)/3 \tag{5-2}$$

式中，$Y, I\in[0, 255]$。记录每个像素点的 Y 值或 I 值，则可把彩色图像转化为灰度图像，也可以采用保留彩色图像不同色彩通道数据的方法。

5.3　数字图像基础处理技术

数字图像处理（Digital Image Processing）是利用计算机对图像进行降噪、增强、复原、分割、提取特征等的理论、方法和技术，是信号处理的子类，相关理论涉及通信、计算机、电子、数学、物理等多个学科，已经成为一门发展迅速的综合性学科。

数字图像的基础处理技术包括图像变换、图像增强、图像平滑、边缘检测与图像锐化以及图像复原等。

5.3.1　图像变换

图像变换是对图像进行某种正交变换，将空间域中的图像信息转换到如频域、时域等变换域，并进行相应的处理分析，如图 5-9 所示。经过变换后，图像信息的表示形式发生变化，某些特征突显出来，以方便后续处理，如低通滤波、高通滤波、变换编码等。图像变换常用的正交变换有离散傅里叶变换、离散余弦变换、K-L（Karhunen-Loeve）变换、离散小波变换等，不同变换具有不同的特点及应用。

a) 原图

b) 频谱图

图 5-9　图像离散傅里叶变换示例

5.3.2 图像增强

图像增强的目的是将一幅图像中的有用信息（即感兴趣的信息）进行增强，同时将无用信息（即干扰信息或噪声）进行抑制，以提高图像的可观察性。根据增强目的的不同，图像增强技术涵盖对比度增强、图像平滑及图像锐化。

传统的图像对比度增强方法有灰度变换、基于直方图的增强等。随着技术的发展，一些新型技术被用于增强处理，如模糊增强、基于人类视觉的增强等。增强处理也被用于特定情形下的图像，并衍生出一系列的新方法，如去雾增强、低照度图像增强等，如图 5-10 所示。

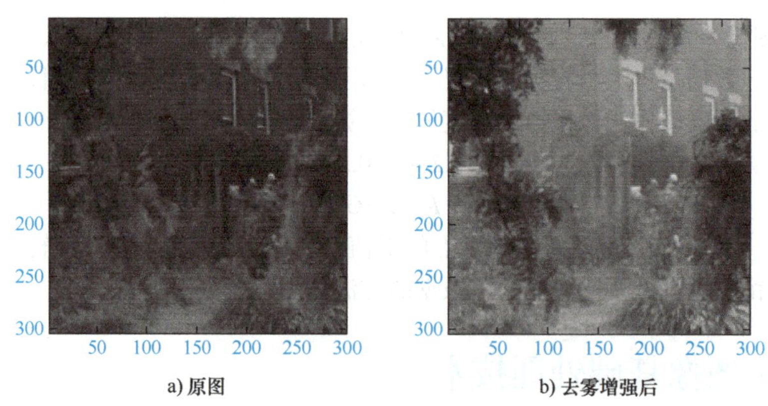

图 5-10 图像去雾增强示例

5.3.3 图像平滑

图像在获取、传输和存储过程中常常会受到各种噪声的干扰和影响，导致图像质量下降，这对分析图像十分不利。图像平滑是指通过抑制或消除图像中存在的噪声来改善图像质量的处理方法，其示例如图 5-11 所示。

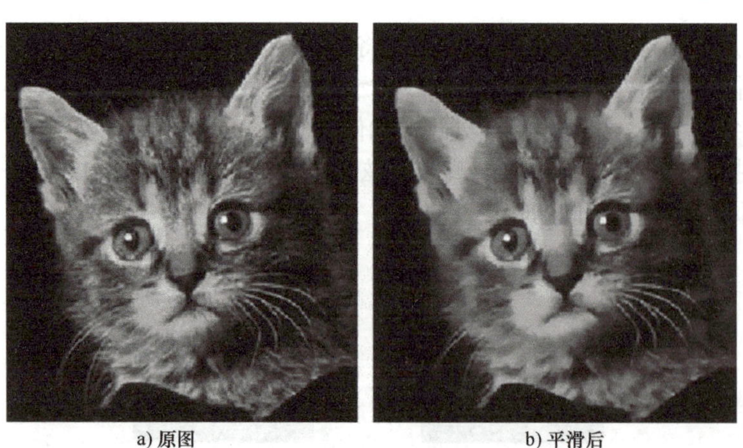

a) 原图　　b) 平滑后

图 5-11 图像平滑示例

5.3.4　边缘检测与图像锐化

边缘检测是指通过计算局部图像区域的亮度差异，检测出不同目标或场景各部分之间的边界，是图像锐化、图像分割、区域形状特征提取等技术的重要基础。图像锐化的目的是加强图像中目标物体的边缘和轮廓，突出或增强图像中目标物体的细节。图像边缘检测示例如图 5-12 所示。

图 5-12　图像边缘检测示例

5.3.5　图像复原

图像复原是将退化了的图像的原有信息复原，以达到清晰化的目的。图像复原是图像退化的逆过程，通过估计图像的退化过程，建立数学模型并补偿退化过程造成的失真。根据图像退化产生原因的不同，采用不同图像复原方法可使图像变得清晰，其示例如图 5-13 所示。

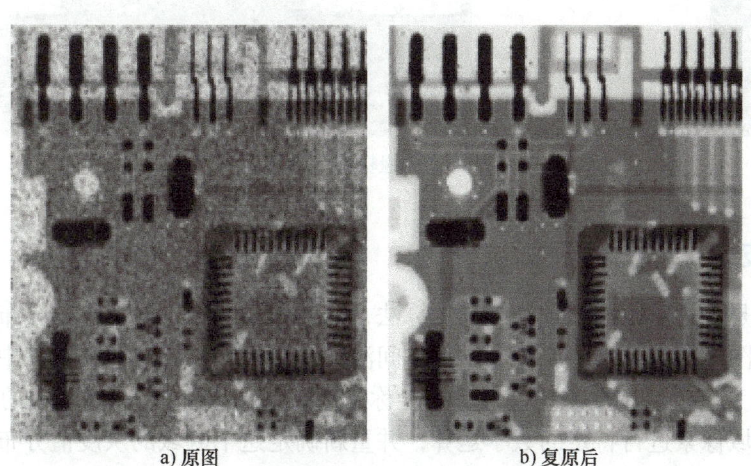

a) 原图　　b) 复原后

图 5-13　图像复原示例

5.4 数字图像的常用算法

5.4.1 感兴趣区

在图像处理中，感兴趣区（Region of Interest，ROI）是指从图像中选择一个像素区域，将该区域的像素从整体的图像中分割出来进行独立处理。在图像中设置ROI，可以减少图像处理时间，提高运行效率。例如，在高精度匹配工具中可以设置ROI，如图5-14所示，用鼠标单击“旋转”图标可使该ROI旋转，单击四个角，可以将其放大或缩小。

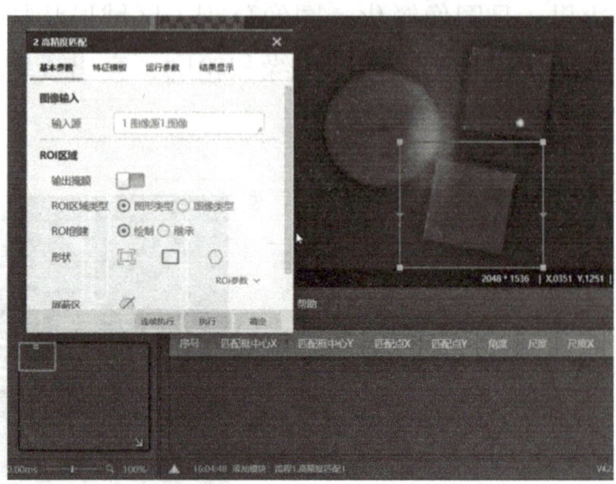

图 5-14 ROI 设置示例

5.4.2 灰度变化

在使用定位工具（如找点、找线、找圆）时，软件会根据ROI的搜索方向进行灰度变化（即两个相邻像素点之间的灰度差异）的搜索。例如，在找线工具中，“边缘极性”有“从白到黑”和“从黑到白”两种，可根据实际搜索方向选择。如图5-15所示，若要识别黑色区域与白色区域的分界线，则当ROI的箭头由黑色指向白色时，“边缘极性”为“从黑到白”，反之亦然。

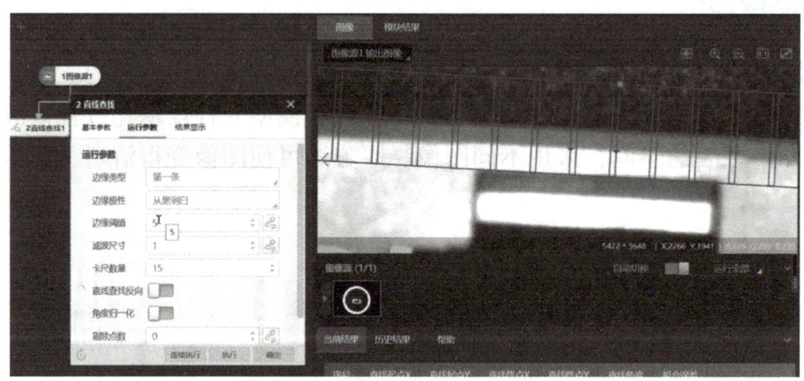

图 5-15 “边缘极性”选择示例

5.4.3 滤波

滤波主要是指运用不同原理和结构的算法，将图像中各种不同形态和分布的噪点干扰降低或者去除。图像滤波技术主要分为图像空间滤波和图像频域滤波两种，其中图像空间域滤波技术应用更为广泛，主要采用滤波器（也称为模板、掩膜和核），以卷积的计算方法对像素及其周边邻域像素进行特定的数学运算，并重新确定这个区域的灰度值分布。其工作原理如图5-16所示。当将原图像转换为一个数值矩阵时，滤波器逐次在原图与滤波器同等规模的矩阵上做计算，并输出一个值作为处理后图像中的灰度值，最终滤波器将原图中的每个像素都处理完之后，输出一张处理后的图片。

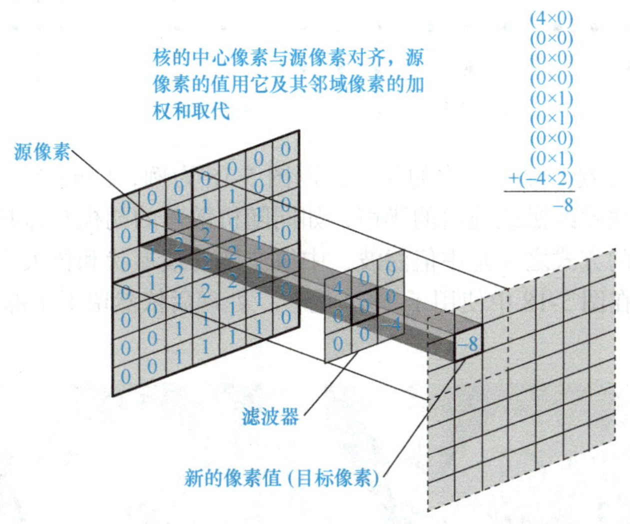

图 5-16　滤波器的工作原理

以 3 阶滤波器为例，其具体计算方式如图 5-16 所示，将原始图像中的像素按行与列的位置定义为 $\{A_{11}, A_{12}, \cdots, A_{mn}\}$，将 3 阶滤波器中的像素定义为 $\{B_{11}, B_{12}, \cdots, B_{33}\}$，将处理后的图像的像素定义为 $\{C_{11}, C_{12}, \cdots, C_{mn}\}$，则滤波后的图像像素值为

$$C_{ij} = \sum_{q=j-1}^{j+1} \sum_{p=i-1}^{i+1} A_{pq} \times B_{pq} \tag{5-3}$$

滤波器矩阵值的不同决定了滤波效果的不同，而滤波器矩阵的阶数即为掩膜大小，掩膜越大，参与计算的像素值越多，理论上滤波效果就越好，同时去除掉的细节也就更多。

根据滤波器矩阵值和计算方式的不同，可将滤波器进行如下区分。

1. 均值滤波与高斯滤波

均值滤波的滤波器矩阵中每个值的大小都是相同的，而高斯滤波的滤波器矩阵中每个值的权重不同，由高斯分布决定。以 3 阶滤波器为例，其均值滤波见式（5-4），高斯滤波见式（5-5）。

$$\frac{1}{9}\begin{bmatrix} 1 & 1 & 1 \\ 1 & 1 & 1 \\ 1 & 1 & 1 \end{bmatrix} \tag{5-4}$$

$$\frac{1}{16}\begin{bmatrix} 1 & 2 & 1 \\ 2 & 4 & 2 \\ 1 & 2 & 1 \end{bmatrix} \tag{5-5}$$

2. 中值滤波

中值滤波的滤波器是一种对图像矩阵进行逻辑取值的滤波器，它先对掩膜区域中所有的像素值按从大到小的顺序排列，然后取中间值作为中值滤波的结果。以 3 阶中值滤波器为例，对 A_{ij} 进行处理后，得到了 $A_{i-1,\ j-1} \times B_{i-1,\ j-1}$，$A_{i-1,\ j} \times B_{i-1,\ j}$，$\cdots$，$A_{i+1,\ j+1} \times B_{i+1,\ j+1}$ 共 9 个值，取中间值（即取排第五的值）作为 C_{ij} 的最终值。其中值滤波核具备多种形态，如图 5-17 所示。

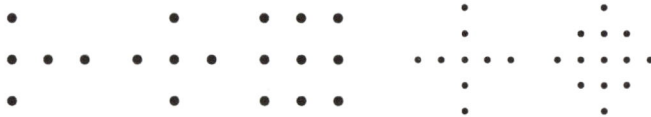

图 5-17 不同形态的中值滤波核

采用滤波器可有效去除图片中的噪声，以图 5-18 为例，Lena 图像中随机出现了不少白点。这种随机出现的纯黑或纯白的噪声，如同随机散落的胡椒与盐粒，故而称为椒盐噪声。处理椒盐噪声的方式之一是中值滤波，中值滤波的核形状和核大小都会对滤波的结果产生影响。例如，在图 5-18 中使用了 1×3 的核，处理后依然留下了部分噪声的痕迹。

a) 含椒盐噪声的Lena图像

b) 中值滤波后

图 5-18 中值滤波示例

由此可见，滤波处理的结果完全取决于其采用的滤波器结构。不同滤波器的处理结果千差万别。在实际项目中，对于不同的图像处理需求，需要采用不同的滤波器。滤波器起到的作用主要有两种，分别是消除噪声和突出特征，比如均值滤波和中值滤波，就是典型的噪声消除滤波方法，它们可以消除某些图像的噪声。而拉普拉斯锐化滤波就是典型的突出特征滤波的方法，它可以强化图像中灰度发生变化的边缘，从而有利于提取出图像中物体的轮廓线，如图 5-19 所示。

a) 原图

b) 拉普拉斯锐化滤波后

图 5-19 图像拉普拉斯锐化滤波示例

5.4.4 图像分割

图像分割技术主要用于分割不同灰度分布的区域，以便进行后续图像处理。待分割区域应具备外部不连续性以及内部连续性。外部不连续性指的是不同待分割区域之间存在灰度的变化性与突变性，而内部连续性指的是在单一待分割区域中，不同像素灰度值是连续变化的。

图像分割方法主要有三种：一是基于阈值的分割；二是基于边缘的分割；三是基于区域的分割。其中基于阈值的分割方法（即阈值法）是一种应用广泛的图像分割方法，适用于目标和背景处于不同灰度值的情况。阈值法的基本思想是基于图像的灰度特征来计算一个或多个灰度阈值，并将图像中每个像素的灰度值与阈值进行比较，最后将像素根据比较结果分到合适的类别中。

阈值法按照阈值的确定准则可以分为全局阈值法、局部阈值法和自适应阈值法。全局阈值法是指在整幅图像中都采用固定的阈值；局部阈值法是指原始图像被分割成若干个互不重叠的子图像，再分别对每个子图像采用一个固定的阈值；自适应阈值法是根据图像信息的具体情况，自适应地确定合适的阈值。

设图像 $I(x, y)$ 的灰度值范围为 [0, 255]，在 0 和 255 之间选择一个合适的灰度阈值 T，则基于阈值的图像分割法的计算方法为

$$I(x,y)=\begin{cases}255, & I(x,y)\geqslant T\\ 0, & I(x,y)<T\end{cases} \tag{5-6}$$

这样得到的 $I(x, y)$ 是二值图像，图像中像素的灰度值非黑即白，以图 5-20 为例，在 HELLO WORLD 字符中，H、L、W、R 字符的灰度值为 0，而 E、O、D 字符的灰度值为 118。若设定全局阈值分割的“灰度下限”为 100，“灰度上限”为 255，则在图像中的所有像素，若灰度值大于或等于 100，则它的灰度值变为 255；若灰度值小于 100，则它的灰度值全部变为 0。因为 E、O、D 的灰度值大于 100，所以其灰度值被转化为 255，从而与背景白色一致，淹没在背景中（背景的灰度值为 255，即纯白），所以画面上只剩 H、W、R、L 字符样。若设定“灰度下限”的值为 119，“灰度上限”的值为 255，则在图像中若所有像素的灰度值小于 119，则其会转化为 0。因为 E、O、D 字符中像素的灰度值为 118，小于“灰度下限”，则分割之后其像素灰度与 H、W、R、L 一致，即为 0，从而呈现出统一的黑色字样。

图 5-20 图像阈值分割示例

图像分割主要是将图像中需要进行视觉检测的部分与其他部分区分开，比如需要的特征变纯黑而其他部分图像变为纯白或者相反。

5.4.5 图像形态学

图像形态学是使用具有一定形态结构的元素，来对图像中的信息做度量和提取，从而分析和识别图像中的形态信息。其处理工具包括腐蚀、膨胀、开运算、闭运算四种。运用这些处理工具，可以在保持图像中图形基本形态的前提下，去除一部分冗余结构，或增强视觉检测需要的特征结构。

在实际应用中，进行形态学运算之前，图像通常已经完成了二值化，将图像中需要处理的特征转为白色，其他部分转为黑色。形态学运算通常针对白色区域进行，其中腐蚀表现为消除边界点，使图像内缩；膨胀则表现为扩张边界点，使图像扩大。

1. 腐蚀

腐蚀的工作原理为采用结构元素在图像中做逻辑运算，如图 5-21 所示，***A*** 为待处理的图像，***B*** 为结构元素，***B*** 中黑色的点为原点。遍历图像 ***A*** 的每个像素，每当在图像 ***A*** 中找到一个与结构元素 ***B*** 相同的子图像时，就把该子图像中与 ***B*** 的原点位置对应的那个像素置为 1，否则置为 0，在图像 ***A*** 上标注出的所有这样的像素组成的集合，即为腐蚀运算的结果。腐蚀运算的实质就是在图像中标出那些与结构元素相同的子图像的原点位置的像素。需要注意的是，当结构元素在图像上平移时，需要结构元素与目标区域完全覆盖，结构元素中的任何元素不能超出图像的范围，具体过程如图 5-21 所示。在最后一次腐蚀之后，剩下的红色部分就是腐蚀后的形态。由此可见，腐蚀过程是逐渐消去形状外轮廓的过程。

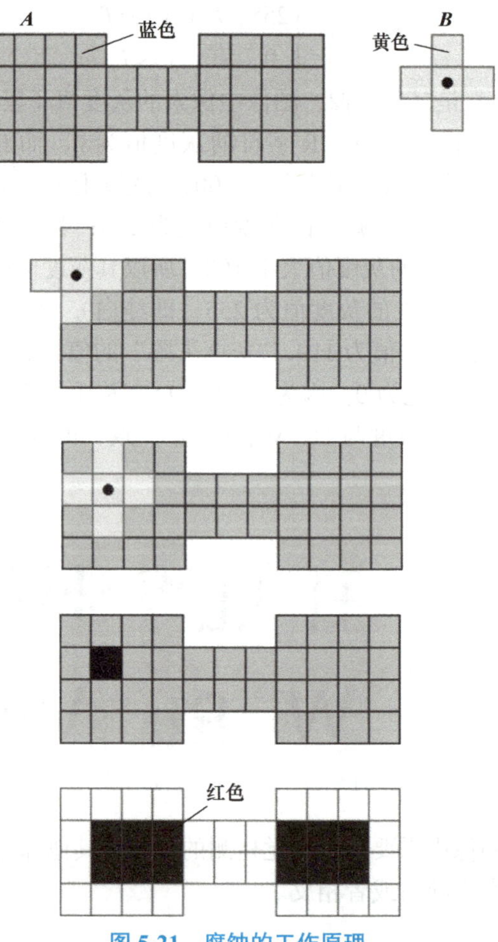

图 5-21 腐蚀的工作原理

对图像进行腐蚀处理后，凸出的角在腐蚀后保持不变，凹陷的角在腐蚀后具有结构元素的形状，如图 5-22 所示。

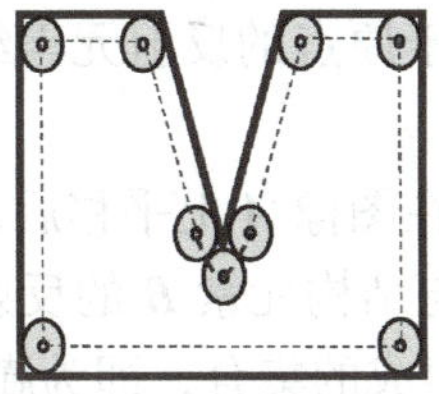
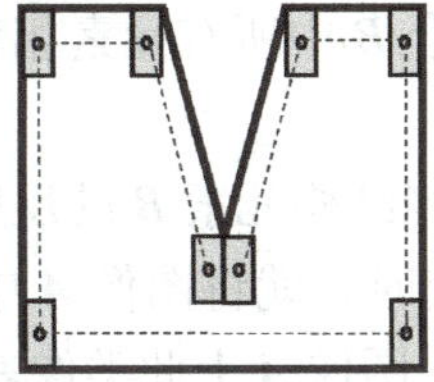
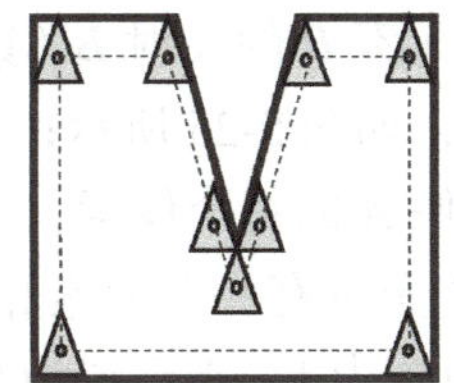

图 5-22　腐蚀轮廓

若图像仅有部分区域小于结构元素，则腐蚀后的图像会在细连通处断裂，分离为两个区域。如果图像本身小于结构元素，则腐蚀后物体将完全消失，可采用腐蚀消除物体之间的黏结，如图 5-23 所示。

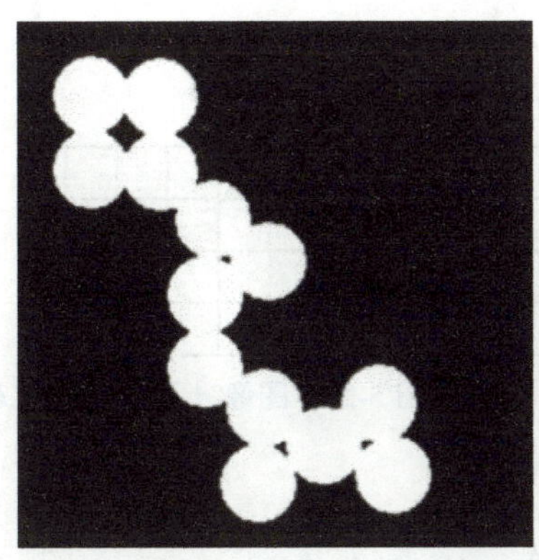
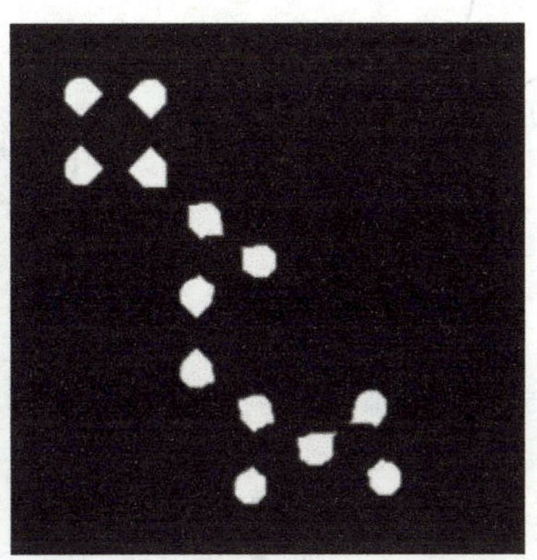

图 5-23　腐蚀应用之消除物体之间的黏结

通过对原图进行腐蚀处理后，将其结果与原图进行差运算，可以提取目标的边界，如图 5-24 所示。

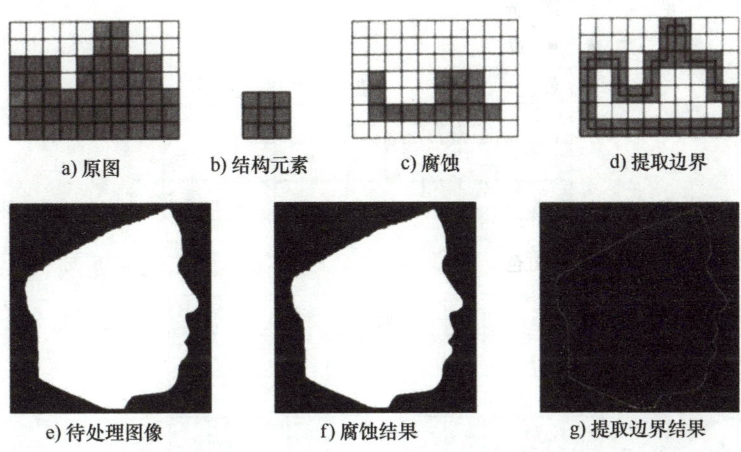

图 5-24　腐蚀应用之提取边界

2. 膨胀

膨胀的作用方式与腐蚀类似，膨胀也通过结构元素对图像进行作用，结构元素 **B** 对图像 **A** 膨胀的具体步骤如下：

① 求结构元素 **B** 的反射 $\hat{B}$（集合 **B** 中所有元素相对于原点的反射元素组成的集合称为集合 **B** 的反射），如图 5-25 所示；

② 遍历图像 **A** 的每个像素，每当结构元素 **B** 的反射在图像 **A** 上平移后，结构元素与其覆盖的子图像中至少有一个元素相交时，就将图像 **A** 中与结构元素 **B** 的反射原点对应的那个位置的像素值置为 1，否则置为 0，图像 **A** 上此类像素组成的集合，即为膨胀运算的结果。需要注意的是，当结构元素在目标图像上平移时，允许结构元素中的非原点像素超出目标图像范围，图像 **A** 及结构元素 **B** 如图 5-26 所示，结构元素的膨胀过程如图 5-27 所示。

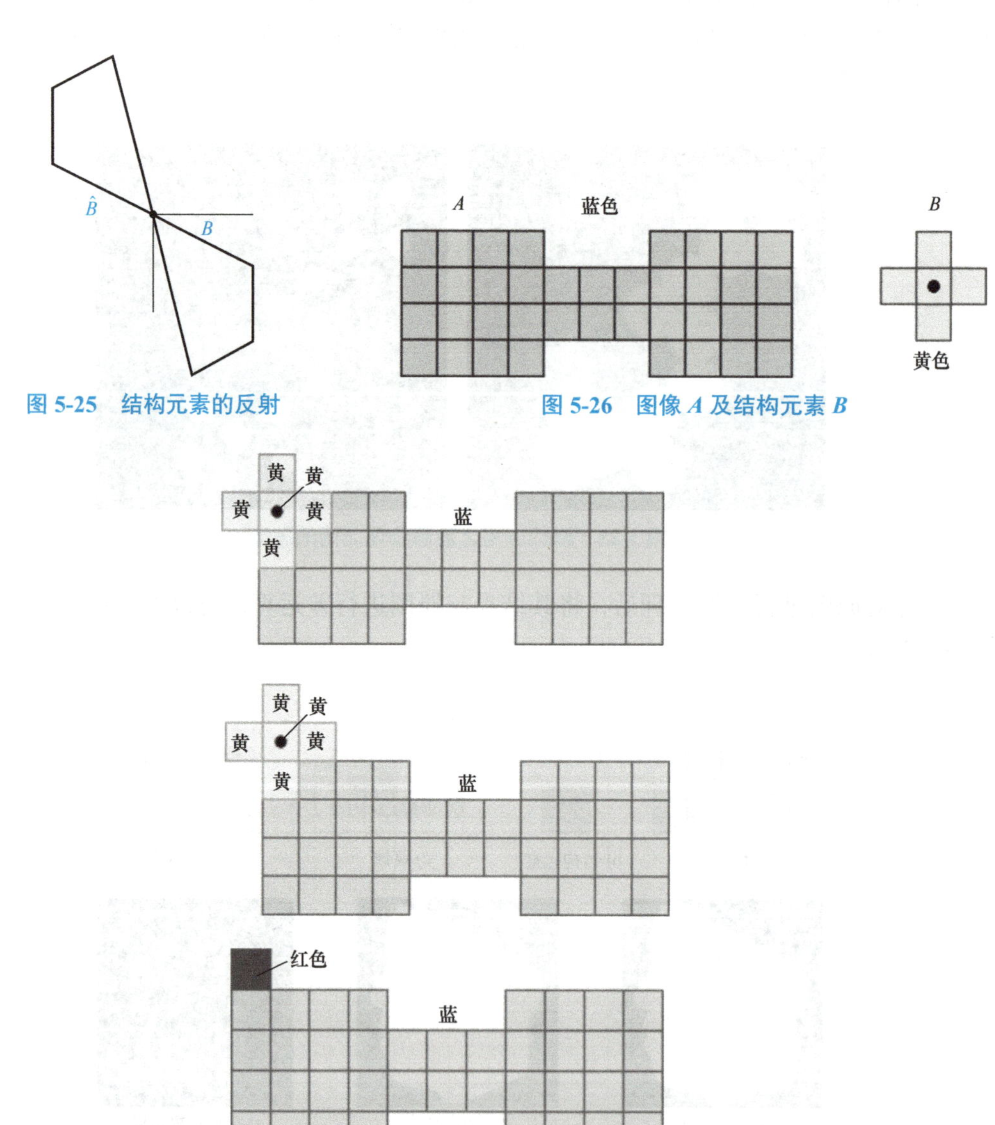

图 5-25 结构元素的反射

图 5-26 图像 *A* 及结构元素 *B*

图 5-27 结构元素的膨胀过程

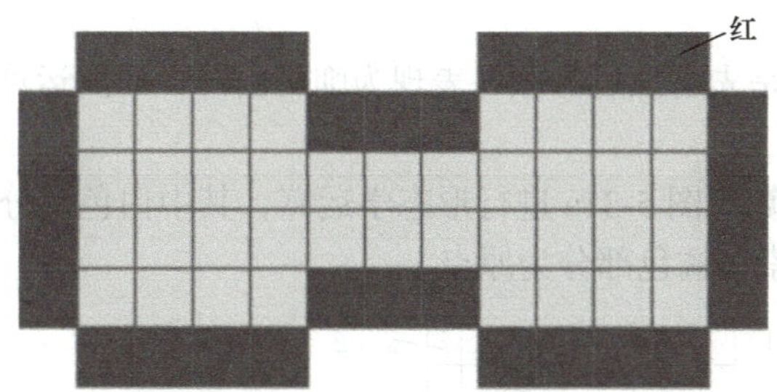

图 5-27　结构元素的膨胀过程（续）

膨胀后的图像如图 5-27 所示，蓝色和红色都代表被反射 $\hat{\boldsymbol{B}}$ 处理后符合膨胀的位置，红色代表膨胀后多出来的位置，蓝色代表原来集合 $\boldsymbol{A}$ 的位置，相当于膨胀后在集合 $\boldsymbol{A}$ 上外扩了一圈。

如图 5-28 所示，实线为原图像轮廓，虚线为膨胀处理后的轮廓。膨胀只改变向上凸起的角，令其具有结构元素的形状，凹陷的角在膨胀后保持不变。

利用膨胀可以填充目标区域中的孔洞，如图 5-29 所示。

采用十字形结构元素对不清晰的文字进行膨胀，可以修复文字的间断，实现字符连接，如图 5-30 所示。

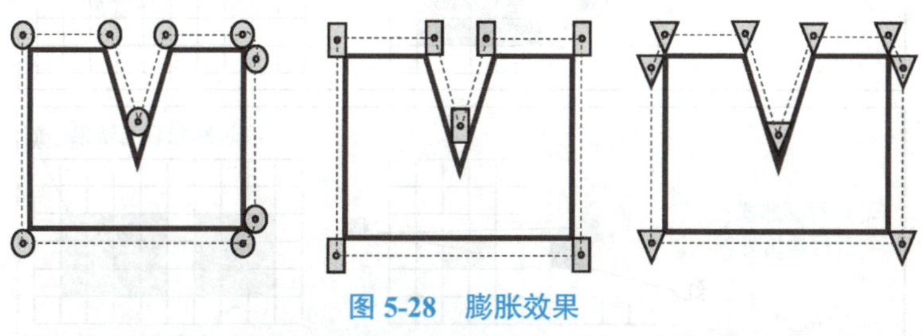

图 5-28　膨胀效果

图 5-29　膨胀应用之填补孔洞

原图	经2×2的正方形结构元素膨胀	经3×3的十字结构元素膨胀
Historically, certain computer programs were written using only two digits rather than four to define the applicable year. Accordingly, the company's software may recognize a date using "00" as 1900 rather than the year 2000.	Historically, certain computer programs were written using only two digits rather than four to define the applicable year. Accordingly, the company's software may recognize a date using "00" as 1900 rather than the year 2000.	Historically, certain computer programs were written using only two digits rather than four to define the applicable year. Accordingly, the company's software may recognize a date using "00" as 1900 rather than the year 2000.

图 5-30　膨胀应用之修复字符连接

3. 开运算与闭运算

开运算的运算法则是先腐蚀后膨胀，表现为削平山峰；而闭运算则是先膨胀后腐蚀，表现为填平山谷。

采用开运算与闭运算对图 5-31a 进行形态学运算，其中白色部分为背景，灰色部分为目标，图 5-31b 为结构元素，橘色部分为原点。

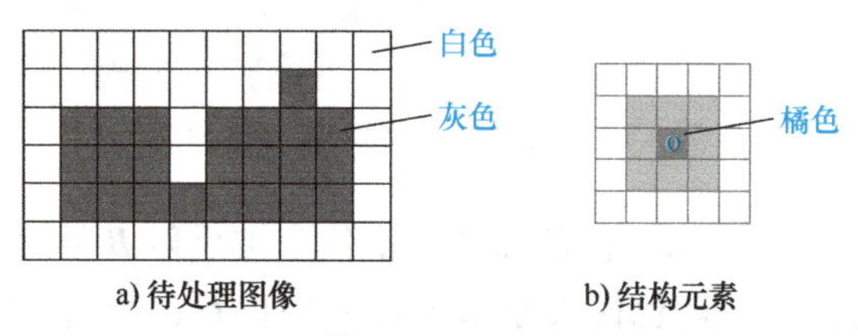

图 5-31　待处理图像和结构元素

开运算是先腐蚀后膨胀，可以消除亮度较高的细小区域，而且不会明显改变其他物体区域的面积，可用于平滑物体的轮廓，断开较窄的狭颈并消除细的突出物，如图 5-32 所示。

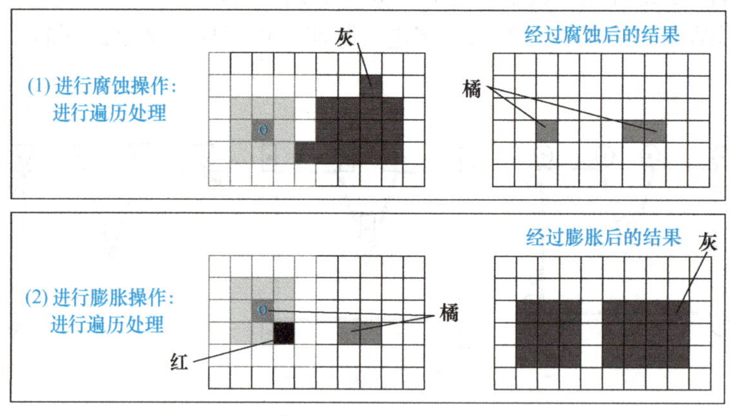

图 5-32　开运算

闭运算与开运算相反，它是先膨胀后腐蚀，可以消除细小黑色孔洞，也不会明显改变其他物体区域面积，如图 5-33 所示，可用于弥合较窄的间断和细长的沟壑，消除小的孔洞，填补轮廓线中的断裂。

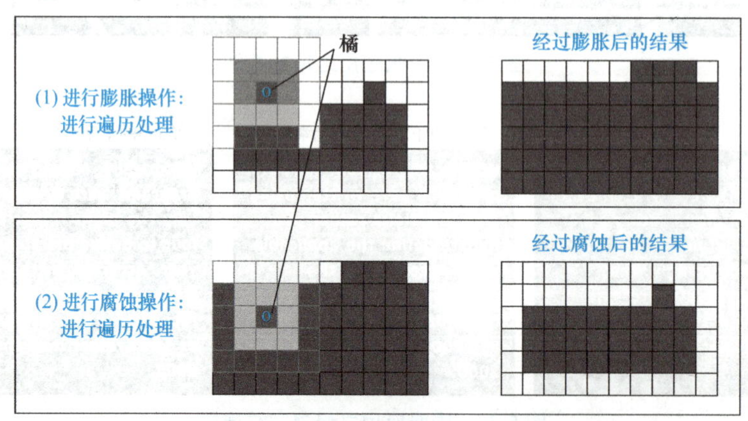

图 5-33　闭运算

假设结构元素是“滚动球”，则开运算就是推动球沿着曲面的下侧面（内边界）滚动，以便球体能在曲面的整个下侧面来回移动，当球体的任何部分接触到曲面的最高点时就构成了开运算的曲面，如图 5-34 所示。

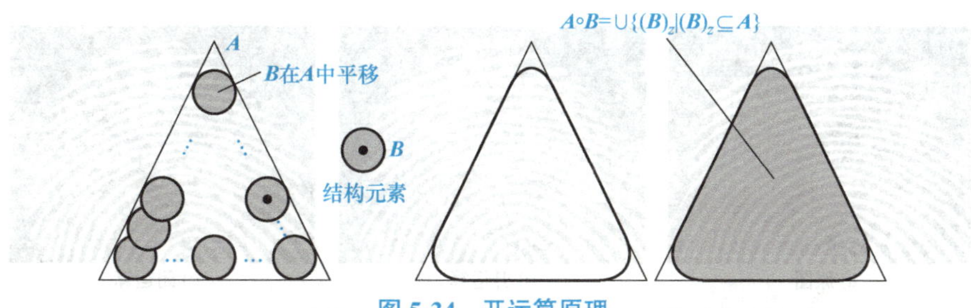

图 5-34　开运算原理

闭运算就是推动球沿着曲面的上侧面（外边界）滚动，进而构成闭运算的曲面，如图 5-35 所示。因此，开运算使图像缩小，闭运算使图像扩大。

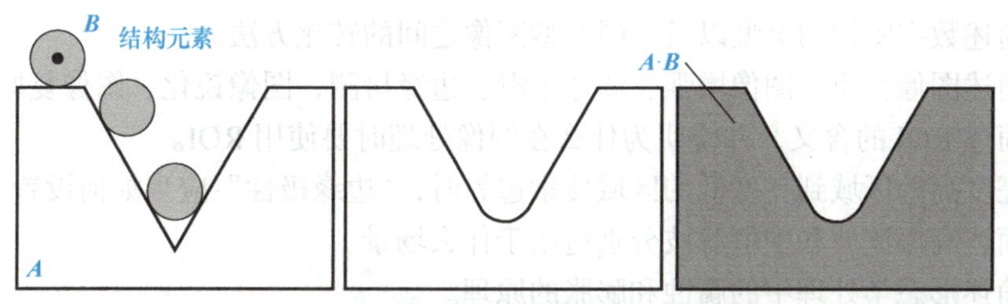

图 5-35　闭运算原理

开运算可以滤掉背景中的噪点——“胡椒”噪点、“亮”噪点，闭运算可以滤掉目标中的噪点——“沙眼”噪点、“暗”噪点，如图 5-36 所示。

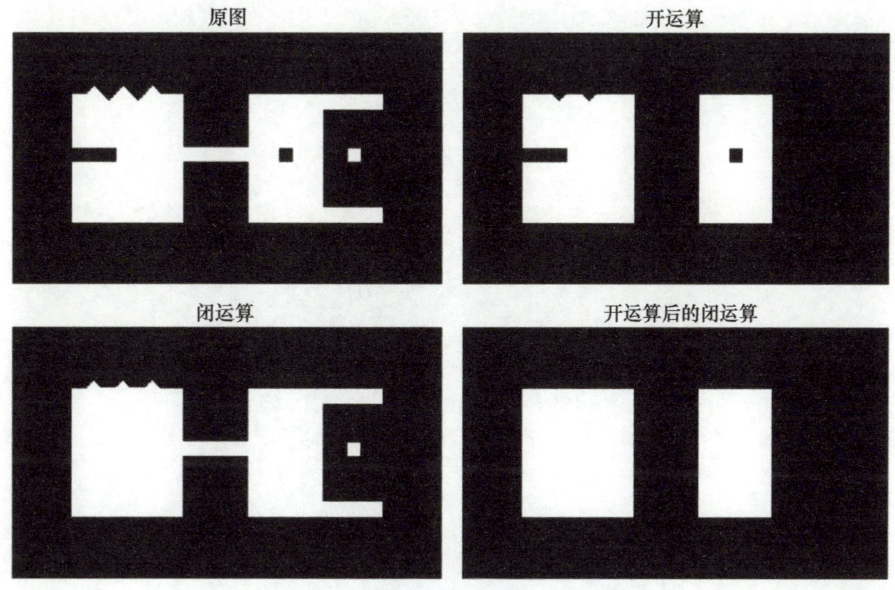

图 5-36　开运算与闭运算的去噪效果

如图 5-37a 所示，原图背景中存在很多噪点，通过开运算后，原图背景中的噪点被滤除，如图 5-37b 所示。对图 5-37b 再进行闭运算，可以去除指纹内部的噪点，使得提取的指纹更清晰，如图 5-37c 所示。

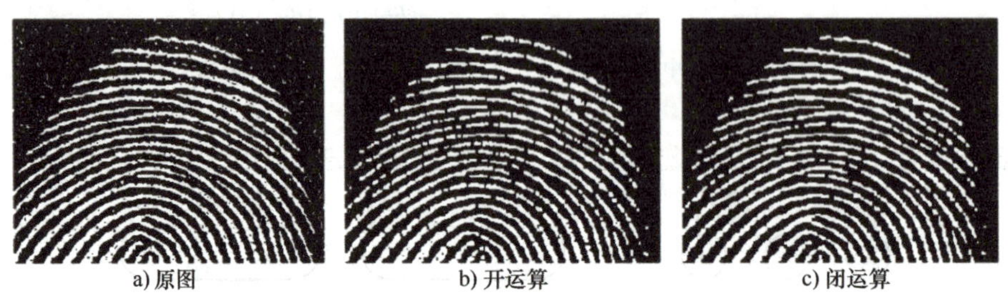

a) 原图　　b) 开运算　　c) 闭运算

图 5-37　先开后闭应用之指纹提取

课后习题

1. 请简述数字图像的类型以及不同类型图像之间的转化方法。
2. 请简述图像变换、图像增强、图像平滑、边缘检测、图像锐化、图像复原的目的。
3. 请简述 ROI 的含义，并说明为什么在图像处理时要使用 ROI。
4. 从亮度高的区域到亮度低的区域搜索边界时，“边缘极性”应当如何设置?
5. 请简述高斯滤波和中值滤波分别适用于什么场景。
6. 请简述形态学处理中的腐蚀和膨胀的原理。
7. 请简述形态学处理中的开运算与闭运算的原理。

第6章 机器视觉用于测量

知识目标

1）掌握找线工具、找圆工具的使用方法。
2）掌握测量线与线距离、圆的半径、圆与线的距离和圆与圆的距离的方法。
3）掌握批处理的方法。

技能目标

1）熟练使用找线工具、找圆工具、线线测量工具、线圆测量工具。
2）熟练使用高精度匹配工具定位标定点、四点标定和单位转换工具。
3）能够使用机器视觉系统测量任意工件的尺寸。
4）能够对多幅图像进行批处理。

素养目标

1）培养学生分析问题与解决问题的能力。
2）培养学生善于总结、勤于积累的习惯。
3）培养学生团队合作的意识和互帮互助的精神。

6.1 概述

机器视觉系统具有测量的功能，能够自动测量产品的外观尺寸，比如外形轮廓、孔径、高度、面积等。尺寸测量无论是在产品的生产过程中，还是在产品生产完成后的质量检验中都是必不可少的步骤，而机器视觉在尺寸测量方面有其独特的技术优势。

6.2 找线工具

找线工具是在图像中找到直线的位置，也是后续实现线线测量的前提，其使用方法见表 6-1。

表 6-1 找线工具的使用方法

图示	操作说明
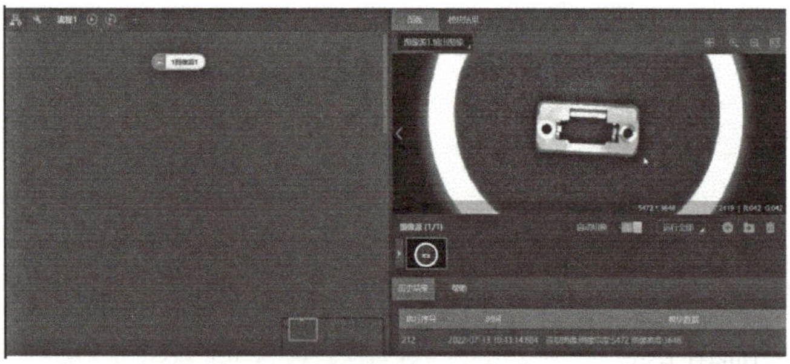	导入本地图像
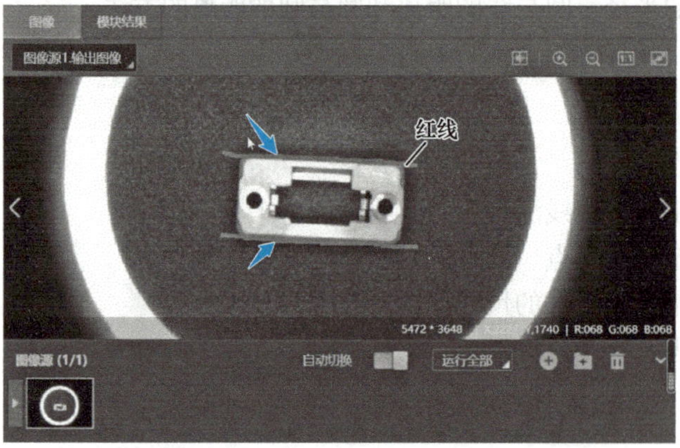	确定要测量的线的位置。以寻找红线标记的外边缘为例，来说明如何找线
	在左侧菜单栏中找到“定位”模块

（续）

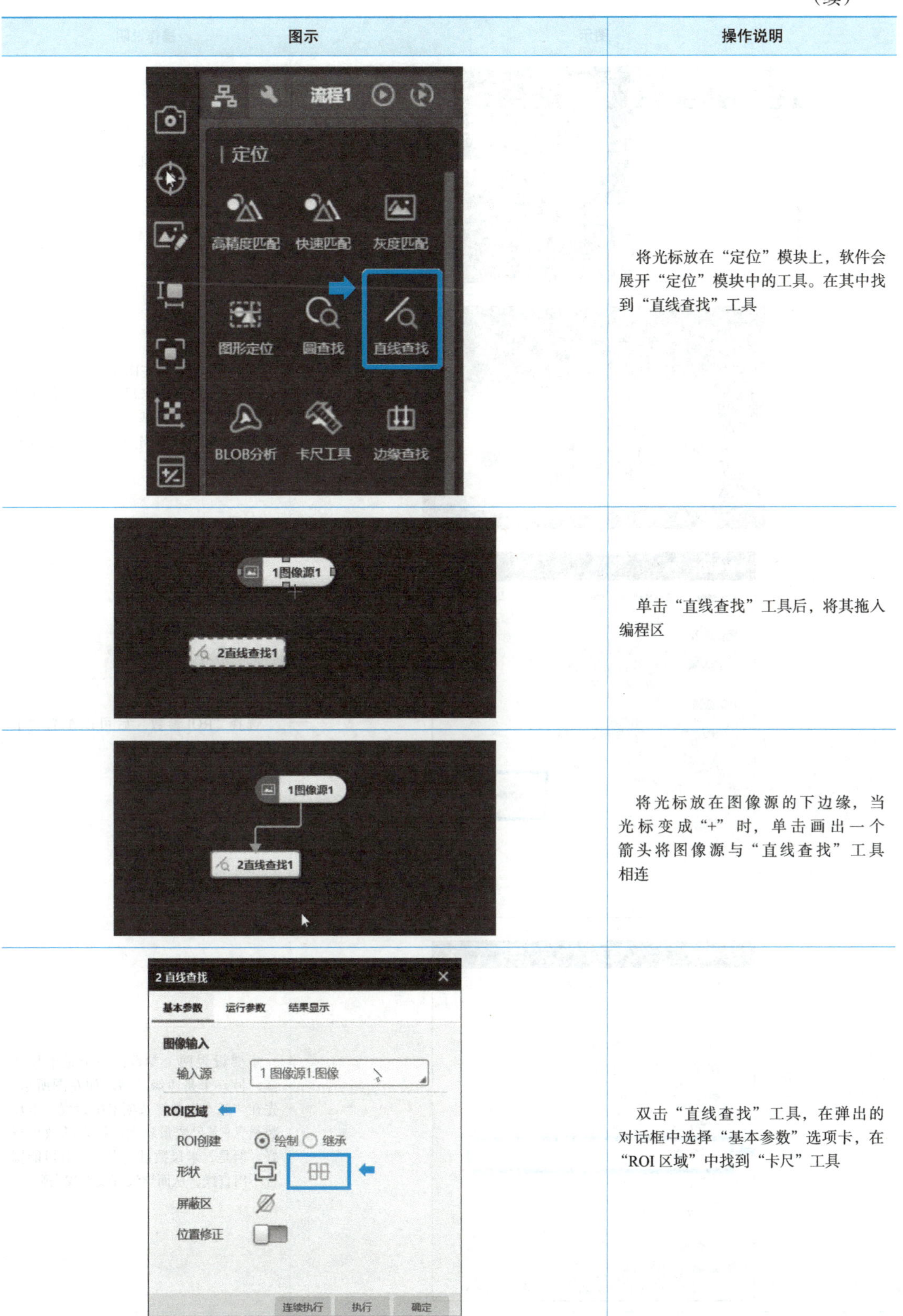

图示	操作说明
	将光标放在“定位”模块上，软件会展开“定位”模块中的工具。在其中找到“直线查找”工具
	单击“直线查找”工具后，将其拖入编程区
	将光标放在图像源的下边缘，当光标变成“+”时，单击画出一个箭头将图像源与“直线查找”工具相连
	双击“直线查找”工具，在弹出的对话框中选择“基本参数”选项卡，在“ROI 区域”中找到“卡尺”工具

（续）

图示	操作说明
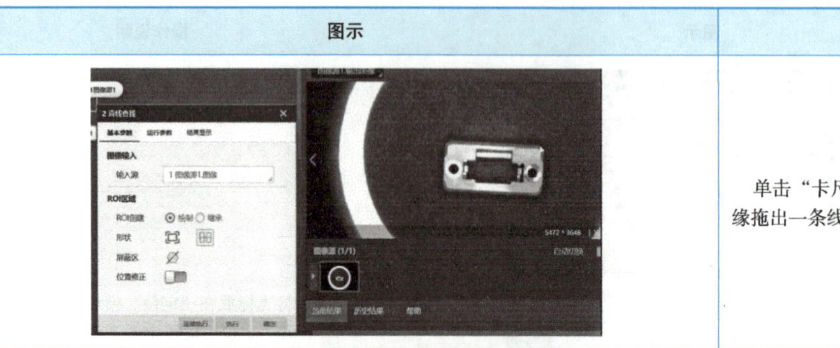	单击“卡尺”工具，沿着工件的外边缘拖出一条线
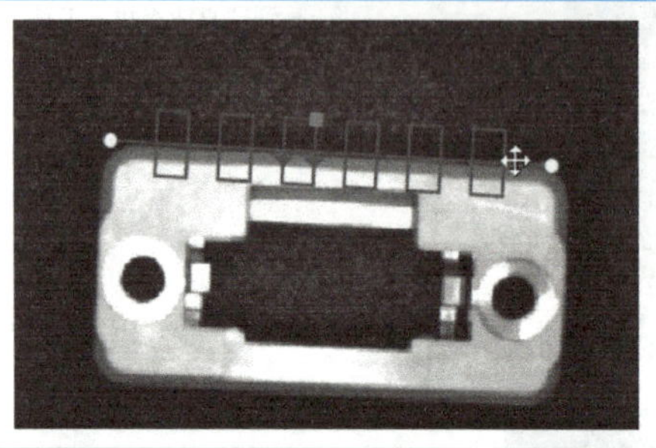	“卡尺”工具如左图所示，现在图中有 6 个卡尺。每个卡尺的方向如箭头所示。找线工具就是基于卡尺找到的边缘拟合出一条直线。当然，这条直线与想要的直线越接近越好
	选择“ROI 参数”后可以配置“卡尺”的参数
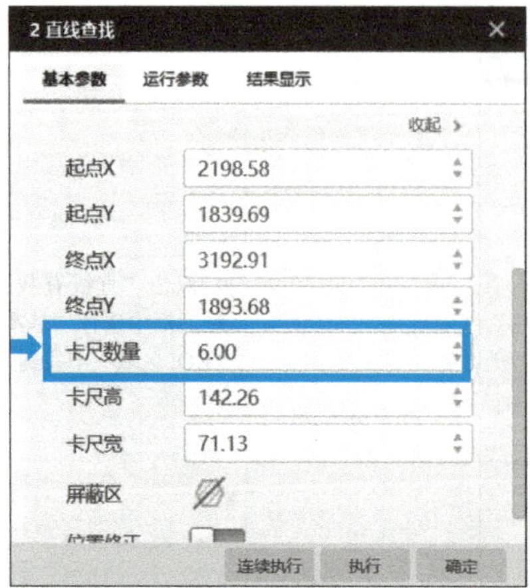	主要设置两个参数：一个是卡尺数量，另一个是边缘类型。如左图所示，先在“基本参数”选项卡中设置“卡尺数量”，卡尺数量越大，拟合的效果越好。但是，卡尺数量过大时，有可能拟合不出直线，从而导致直线查找失败

（续）

<table>
<tr><th>图示</th><th>操作说明</th></tr>
<tr><td>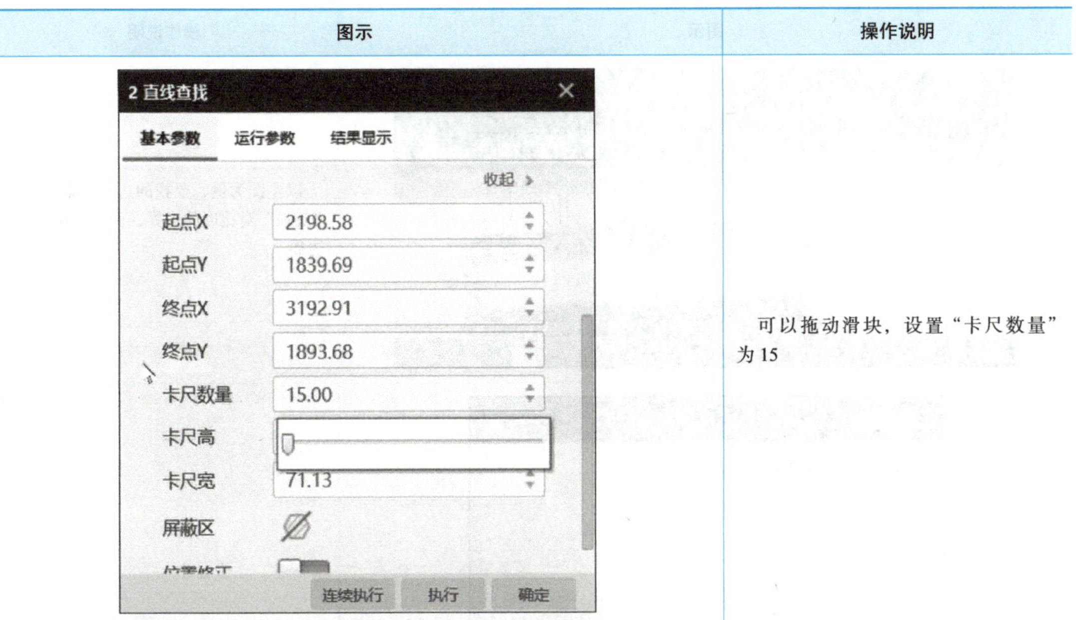
</td><td>可以拖动滑块，设置“卡尺数量”为 15</td></tr>
<tr><td>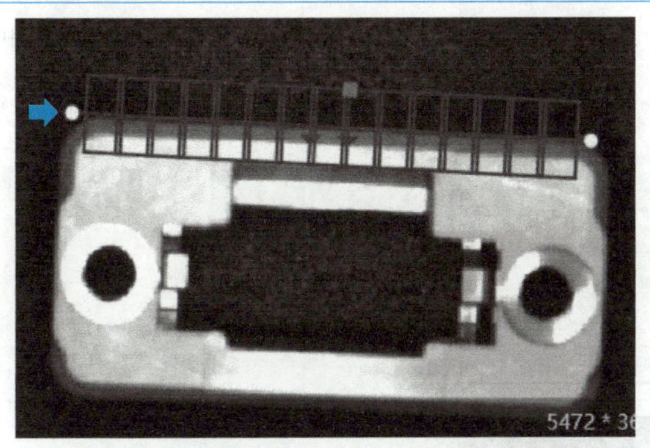</td><td>左图是 15 个卡尺的效果。要保证卡尺覆盖要查找的直线。如果直线没有被完全覆盖，可以拖动白色点调整卡尺的宽度或方向</td></tr>
<tr><td>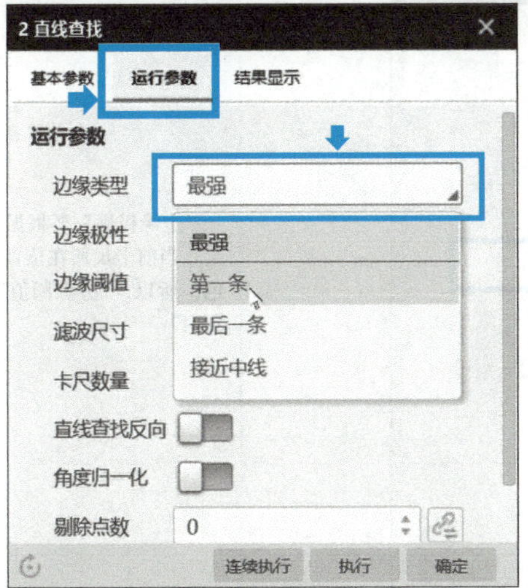
</td><td>在对话框中找到“运行参数”选项卡，其中“边缘类型”可以选择“最强”或其他的选项，取决于要找的边界所处的位置</td></tr>
</table>

（续）

<table>
<tr><th>图示</th><th>操作说明</th></tr>
<tr><td>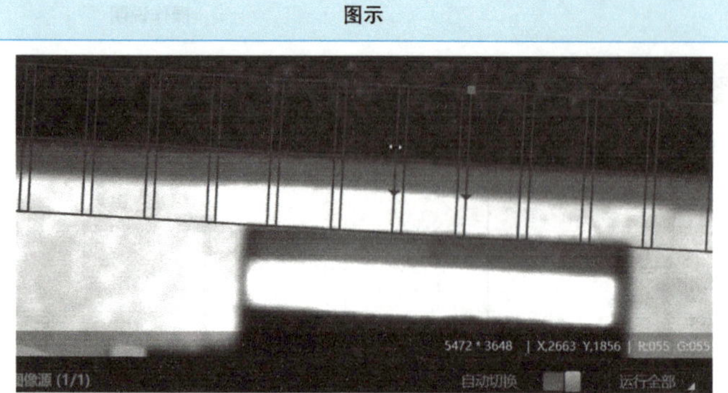
</td><td>以左图为例，要找的边界可能不是有“最强”对比度的边界，而是“第一条”边界</td></tr>
<tr><td>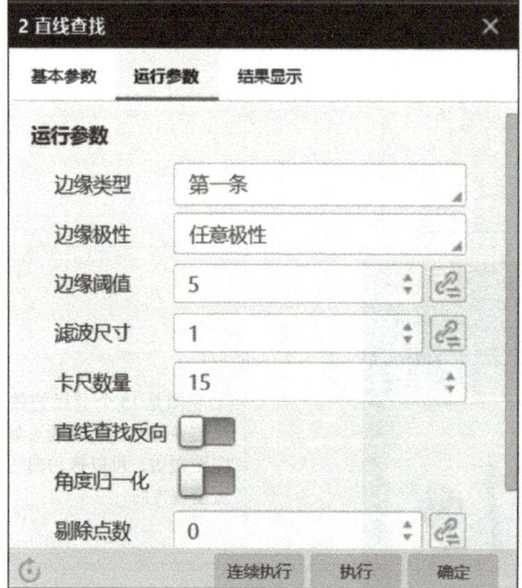
</td><td>应该在“边缘类型”中选择“第一条”</td></tr>
<tr><td>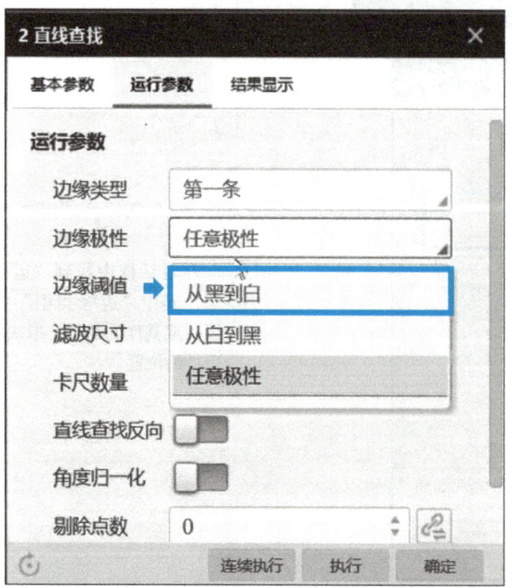
</td><td>“边缘极性”要根据卡尺的方向来确定。当前卡尺所在位置是由黑色指向白色，所以，“边缘阈值”应选择“从黑到白”</td></tr>
</table>

（续）

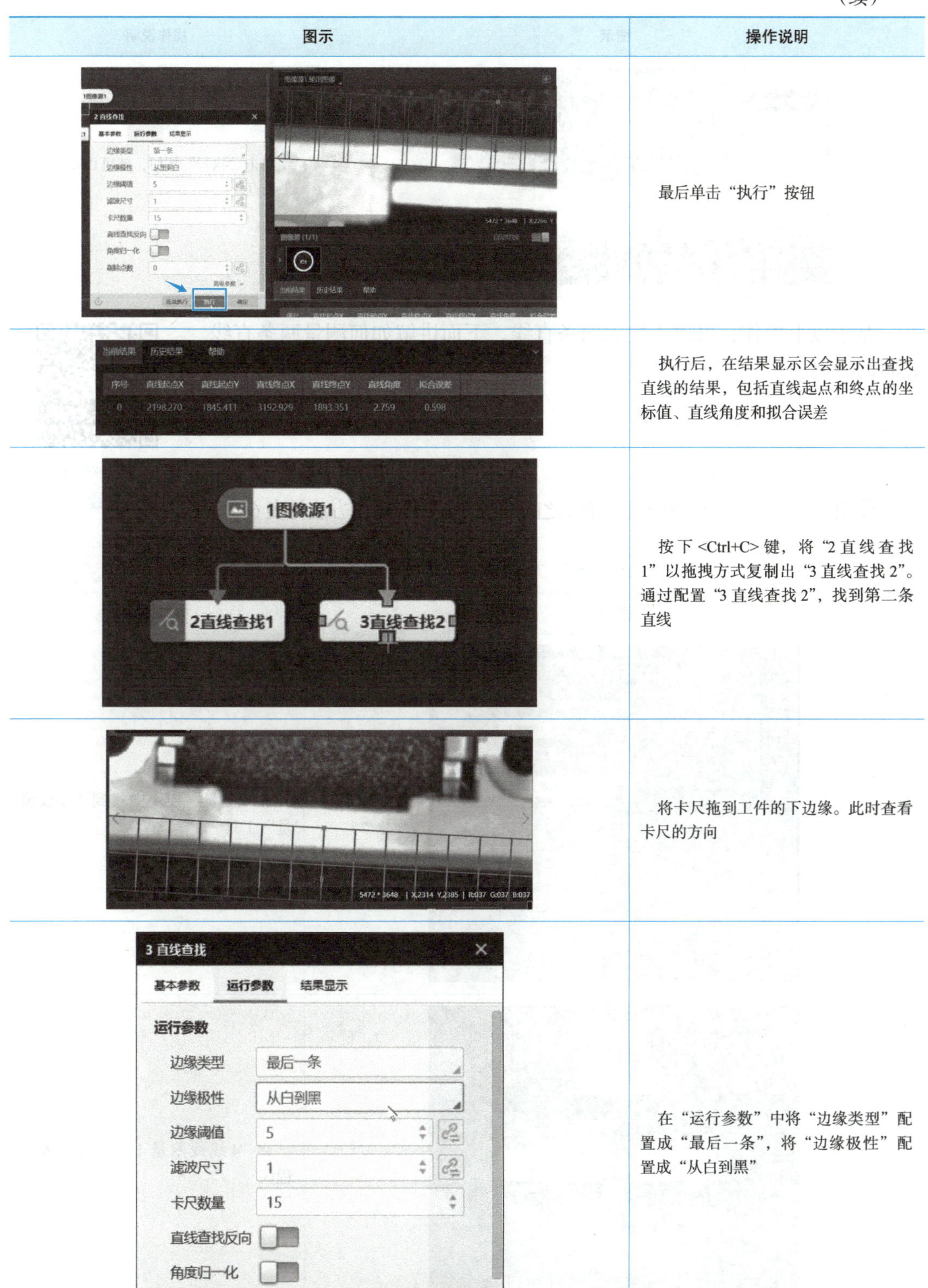

图示	操作说明
	最后单击“执行”按钮
	执行后，在结果显示区会显示出查找直线的结果，包括直线起点和终点的坐标值、直线角度和拟合误差
	按下 <Ctrl+C> 键，将“2 直线查找 1”以拖拽方式复制出“3 直线查找 2”。通过配置“3 直线查找 2”，找到第二条直线
	将卡尺拖到工件的下边缘。此时查看卡尺的方向
	在“运行参数”中将“边缘类型”配置成“最后一条”，将“边缘极性”配置成“从白到黑”

（续）

图示	操作说明
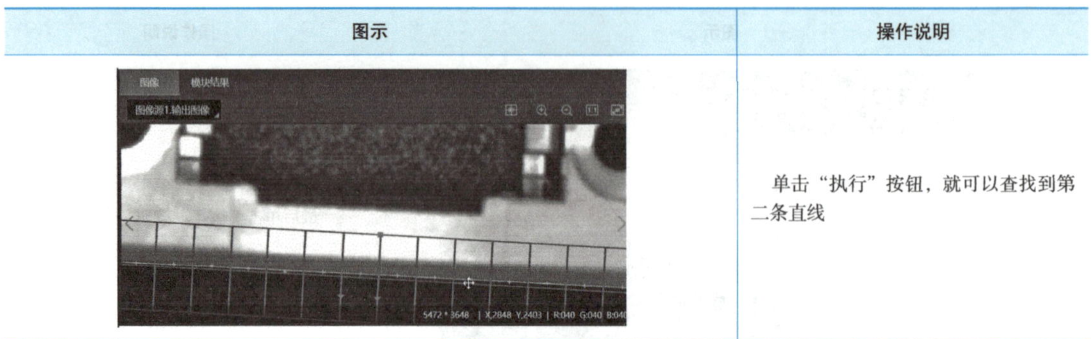	单击“执行”按钮，就可以查找到第二条直线

基于以上操作，可以查找到两条直线，下面讲解如何测量两条直线之间的距离。

VM—线查找和线线测量

6.3 线线测量

使用线线测量工具可以测量两条线之间的像素距离，使用方法见表 6-2。

表 6-2 线线测量工具的使用方法

图示	操作说明
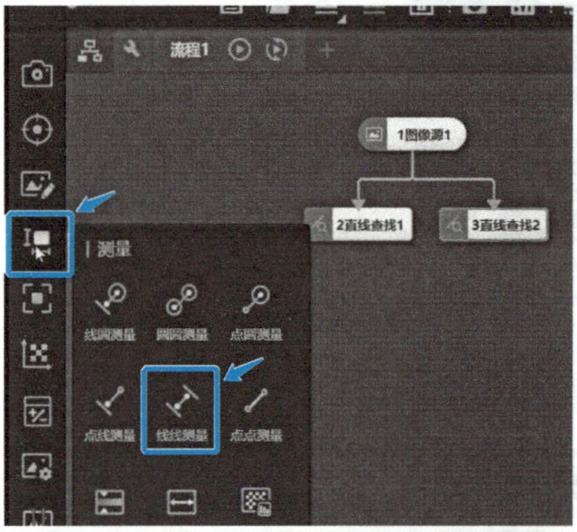	在“测量”模块中找到“线线测量”工具
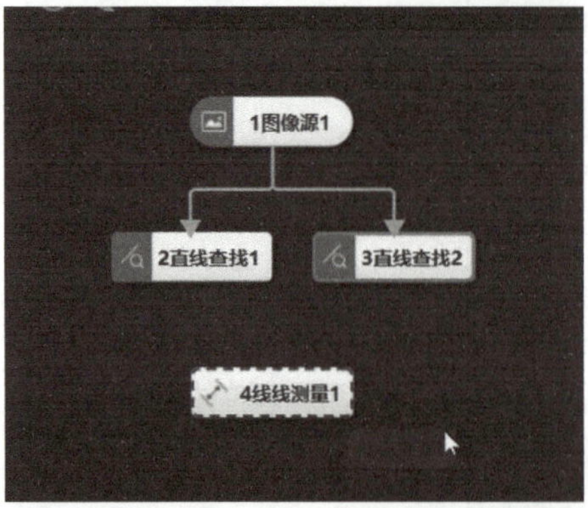	将“4 线线测量 1”工具拖入编程区

（续）

图示	操作说明
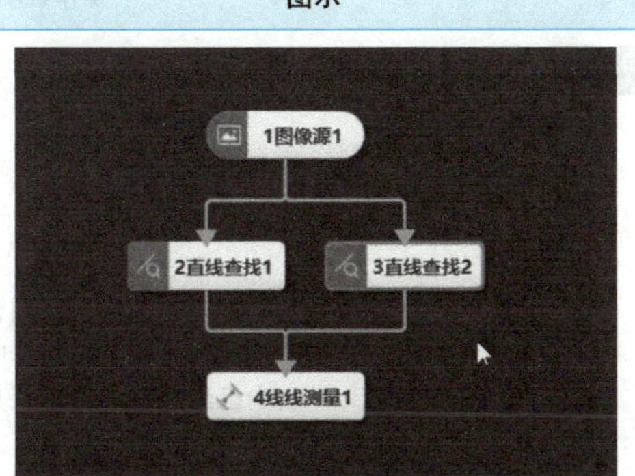	将“4线线测量1”工具与两个直线查找工具相连，因为线线测量的输入就是找到的直线
	双击“线线测量”，弹出如左图所示的对话框，在“基本参数”选项卡中，找到“数据来源”选项，选择“订阅”。“订阅”的意思是引用之前计算的结果
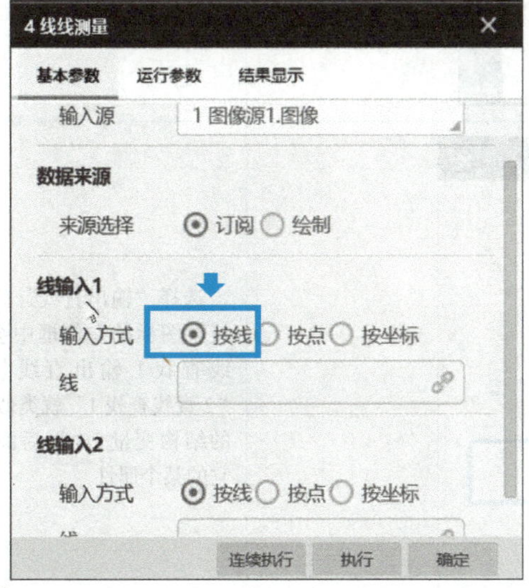	因为之前已经计算出直线，所以可以直接通过“订阅”引用之前查找到的直线，在“线输入1”中选择“输入方式”为“按线”

（续）

图示	操作说明
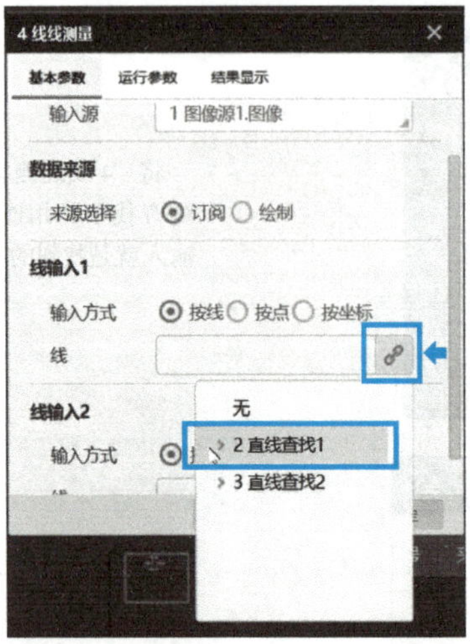	单击“超链接”图标，如左图箭头所示，在下拉菜单中能看到程序中已经存在的两个工具，然后单击“2 直线查找 1”
	会出现如左图所示的“输出直线”，这是“2 直线查找 1”的计算结果，单击“输出直线”
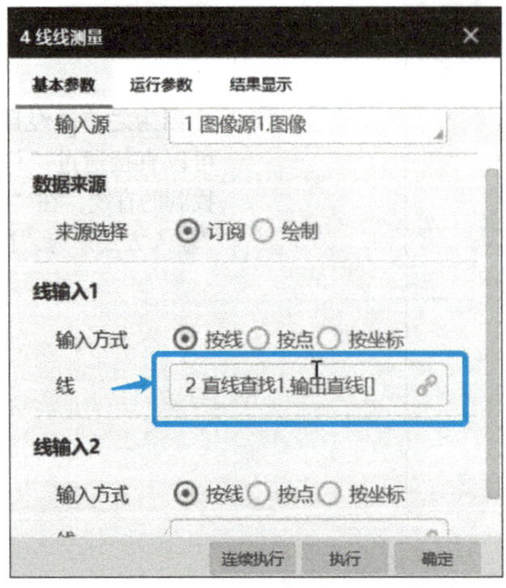	选择“输出直线”后，在“超链接”图标的左侧框中会显示“2 直线查找 1. 输出直线 []”，这里的“2 直线查找 1”就类似 C++ 语言中的结构变量。“.”后面的内容表示它的某个属性

（续）

图示	操作说明
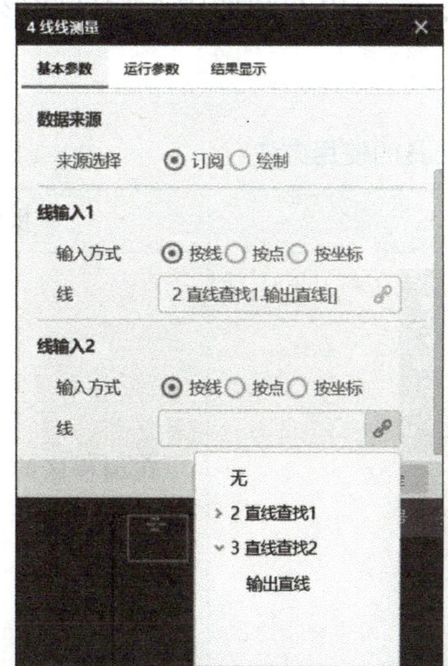	同理，在“线输入 2”中，“输入方式”选择“按线”，单击超链接图标选择“3 直线查找 2”的“输出直线”
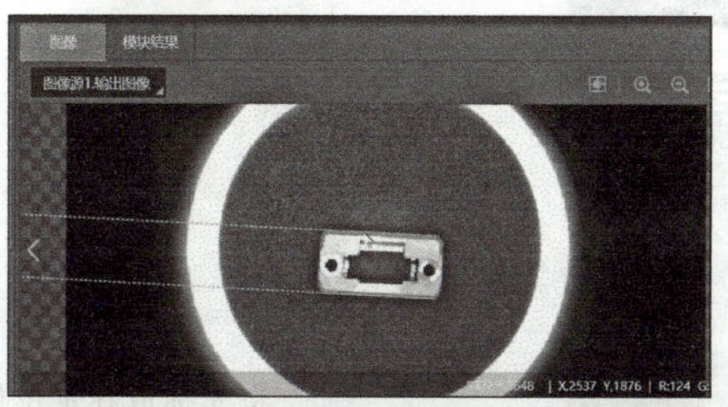	单击“执行”→“确定”按钮后，可以看到测试的结果，一方面在图像显示区中，标记出两条亮虚线，指示测试的位置
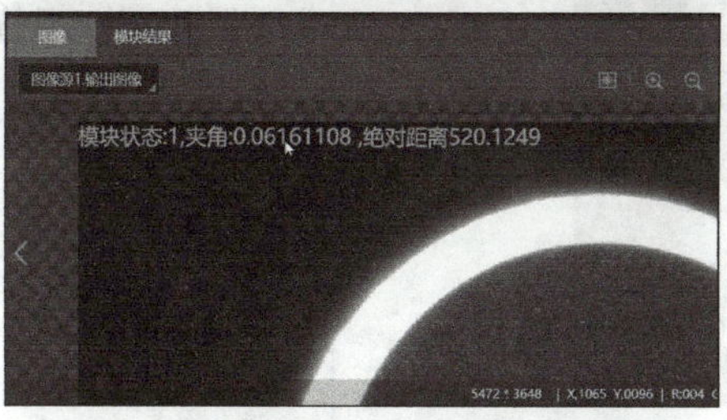	另一方面，在图像左上角出现了测试结果的数值，如左图所示。说明了两条线的夹角和绝对距离。注意，这里的数值是以像素为单位的
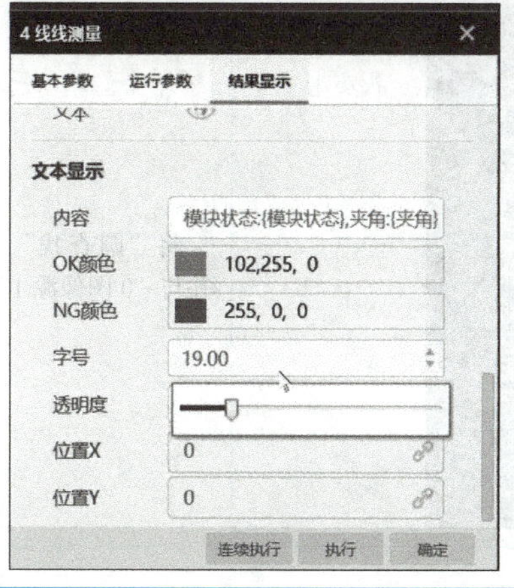	可在“线线测量”的对话框中找到“结果显示”选项卡。在此选项卡中找到“文本显示”。如果结果是合理的（即 OK）用绿色显示，如果结果是不好的（即 NG）用红色显示。 可以拖动滑块改变显示字号的大小

6.4 圆查找工具

圆查找工具的使用方法与线查找工具类似，它可以在图像中查找到圆形的区域，其使用方法见表 6-3。

表 6-3 圆查找工具的使用方法

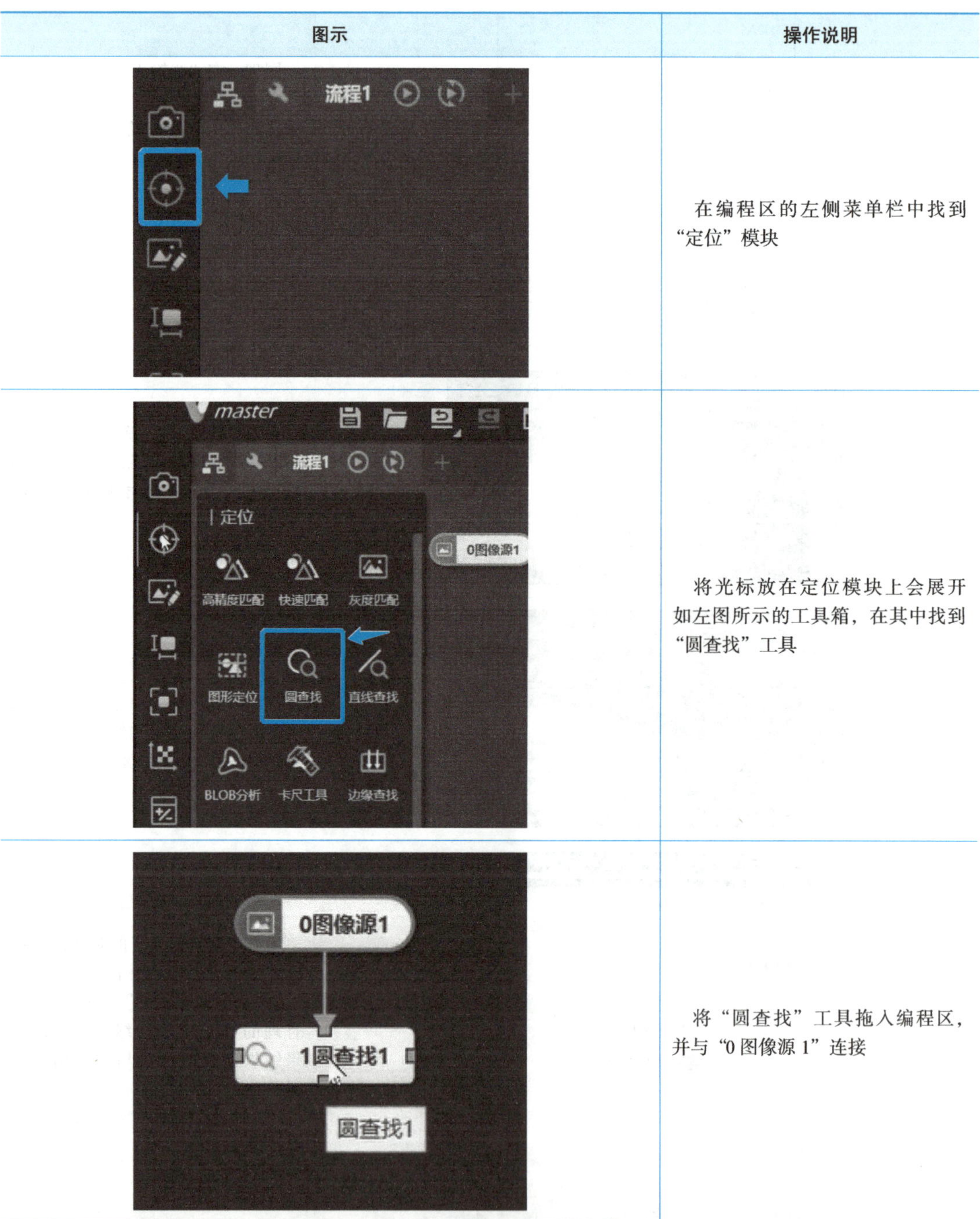

图示	操作说明
	在编程区的左侧菜单栏中找到“定位”模块
	将光标放在定位模块上会展开如左图所示的工具箱，在其中找到“圆查找”工具
	将“圆查找”工具拖入编程区，并与“0 图像源 1”连接

（续）

图示	操作说明
1 圆查找 基本参数　运行参数　结果显示 图像输入 输入源　0 图像源1.图像 ROI区域 ROI创建　绘制　继承 形状 屏蔽区 位置修正 连续执行　执行　确定	双击“圆查找”工具，在弹出的对话框中找到“ROI 区域”，在“ROI 区域”中选择“卡尺”工具。此处有两种卡尺，如果是找圆，用闭合的卡尺工具，如果是找弧形，可以用非闭合的卡尺工具
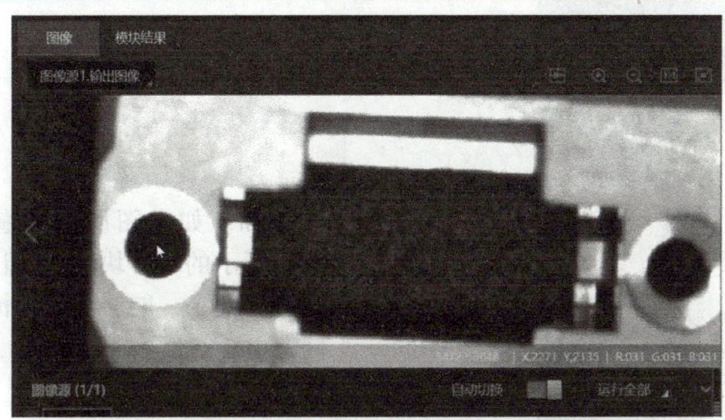	为了能够清晰地找到圆，可以通过滚动鼠标滚轮将图像放大
	将光标放在待查找的圆的圆心处，按住鼠标左键向外拉会得到一个圆，此圆刚好覆盖待查找的圆即可，如左图所示

（续）

图示	操作说明
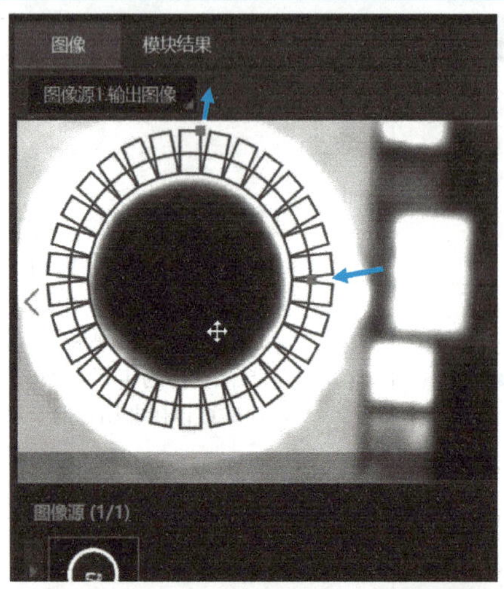	松开鼠标时，会出现左图所示的圆形卡尺，其中连接卡尺中心的圆就是查找圆的位置，通过调整左图中的两个小方块可以调整卡尺的大小，调整以后要让连接卡尺中心的圆与待查找的圆重合
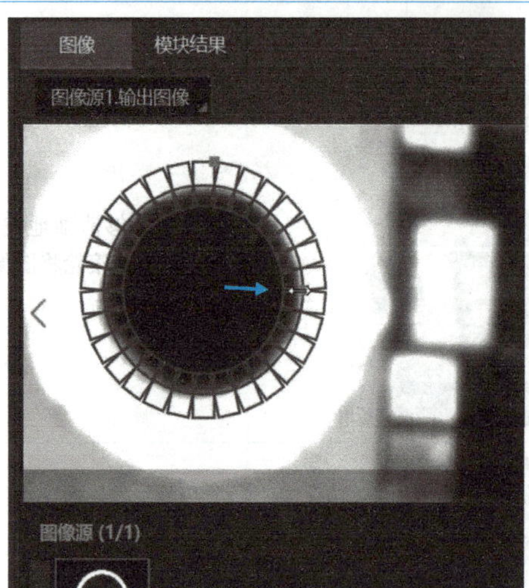	例如，如左图所示，拖动白色箭头所示的小方块向内，让卡尺的中心圆变小，能够覆盖到待查找的圆上
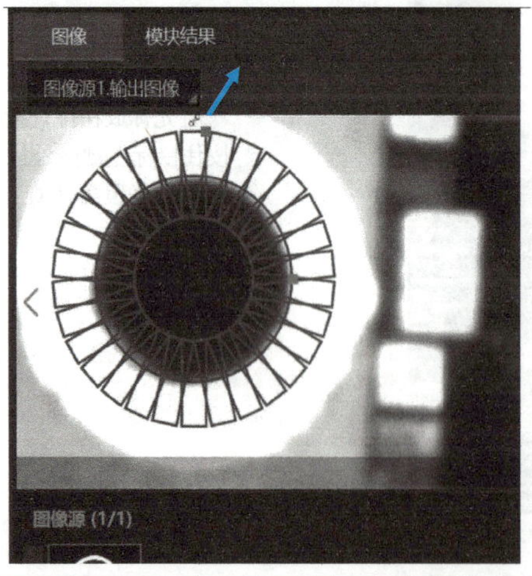	再如，如左图所示，拖动白色箭头所示的小方块向外，让卡尺变长，每个卡尺都能覆盖到待查找的圆的一部分

（续）

<table>
<tr><th>图示</th><th>操作说明</th></tr>
<tr><td>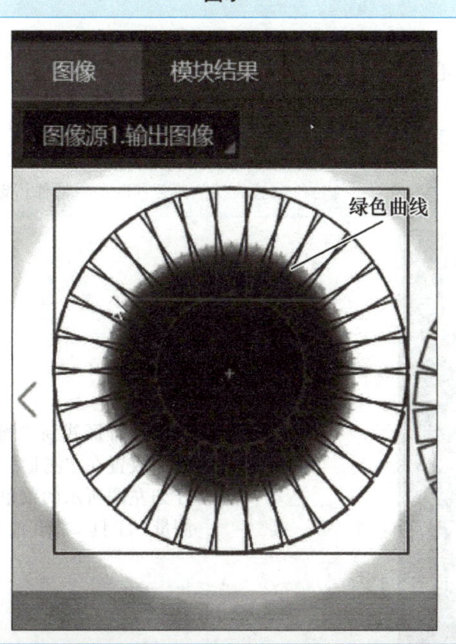
</td><td>单击“执行”按钮后，可以看到卡尺检测到的圆，如左图中绿色曲线所示</td></tr>
<tr><td>当前结果　历史结果　帮助
<table><tr><th>序号</th><th>中心X</th><th>中心Y</th><th>半径</th><th>拟合误差</th></tr><tr><td>0</td><td>2270.060</td><td>2135.999</td><td>51.911</td><td>0.511</td></tr></table></td><td>同时，在结果显示区中会显示出圆查找的结果，结果是以像素为单位的</td></tr>
<tr><td>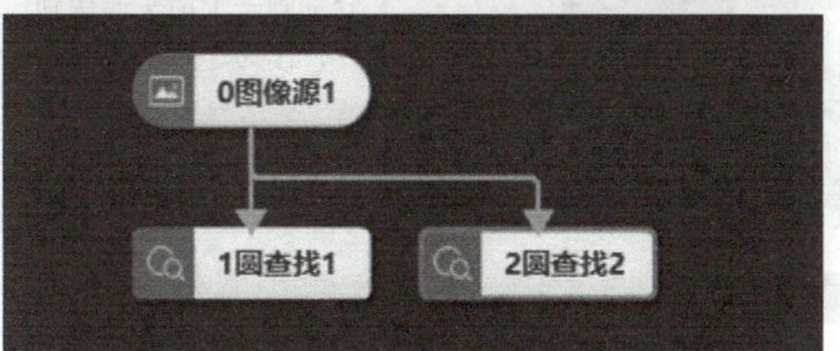
</td><td>在编程区再建立一个“2 圆查找2”，基于上述过程查找图像中另一个圆</td></tr>
<tr><td>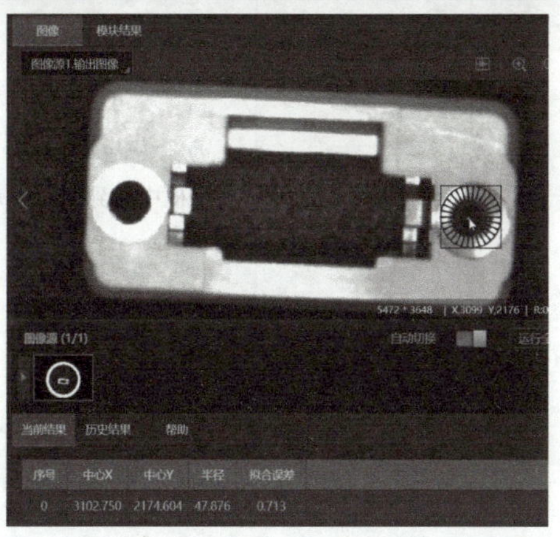
</td><td>查找的结果如左图所示</td></tr>
</table>

6.5 圆圆测量工具

圆圆测量工具可以测量两圆之间的圆心距，其使用方法见表 6-4。

表 6-4 圆圆测量工具的使用方法

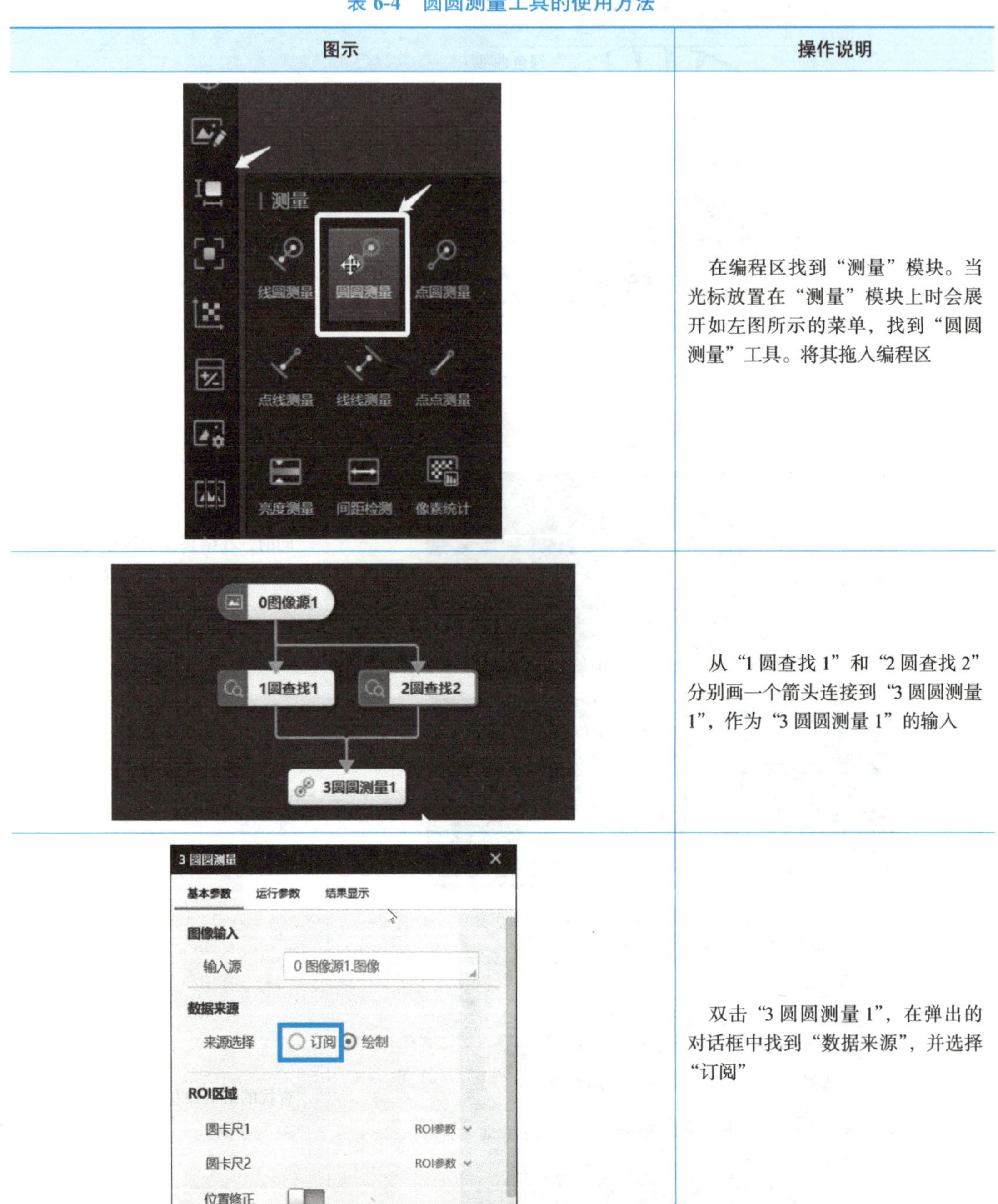

图示	操作说明
	在编程区找到“测量”模块。当光标放置在“测量”模块上时会展开如左图所示的菜单，找到“圆圆测量”工具。将其拖入编程区
	从“1 圆查找 1”和“2 圆查找 2”分别画一个箭头连接到“3 圆圆测量 1”，作为“3 圆圆测量 1”的输入
	双击“3 圆圆测量 1”，在弹出的对话框中找到“数据来源”，并选择“订阅”

（续）

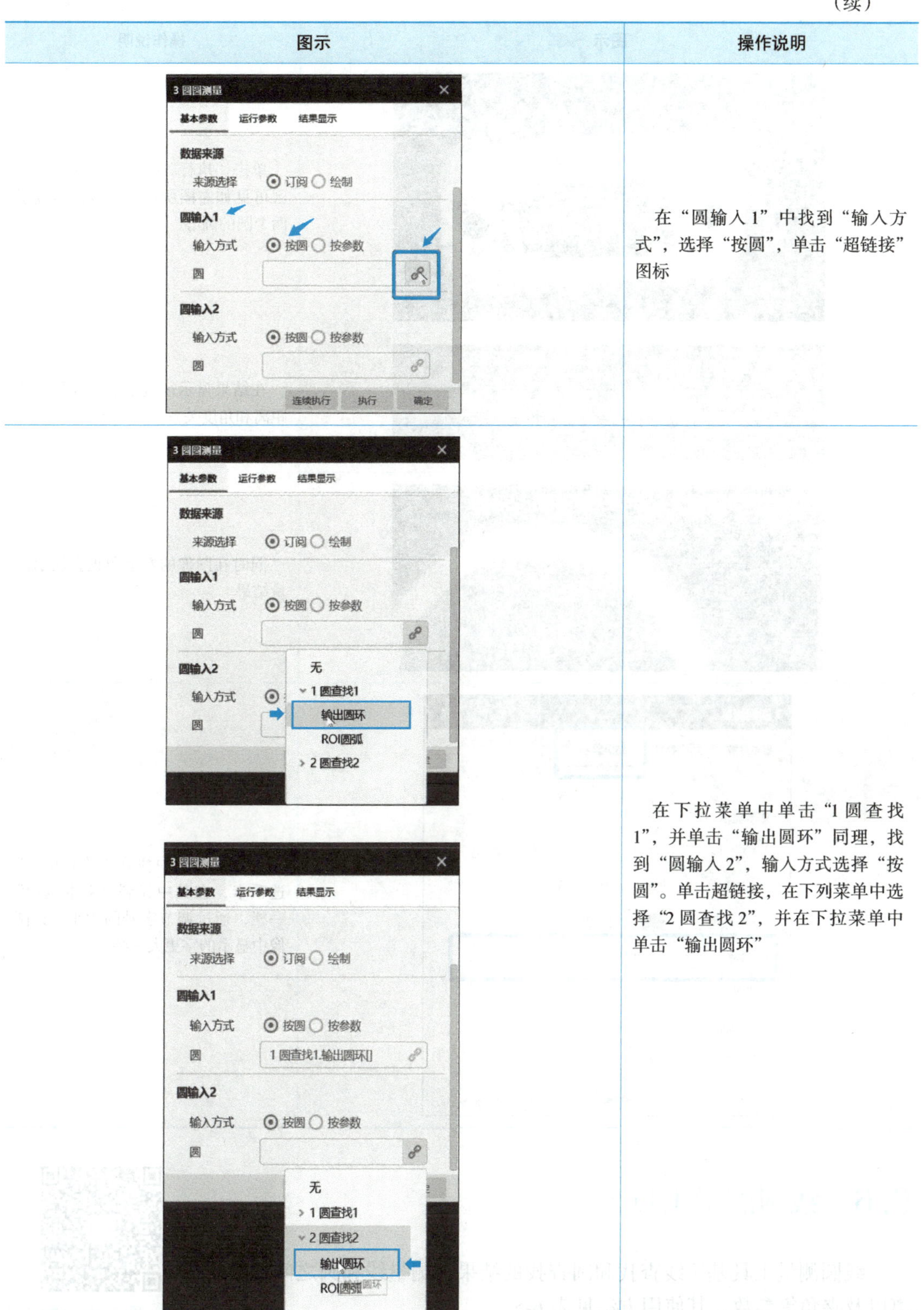

图示	操作说明
	在“圆输入1”中找到“输入方式”，选择“按圆”，单击“超链接”图标
	在下拉菜单中单击“1 圆查找1”，并单击“输出圆环”同理，找到“圆输入2”，输入方式选择“按圆”。单击超链接，在下列菜单中选择“2 圆查找2”，并在下拉菜单中单击“输出圆环”

（续）

图示	操作说明
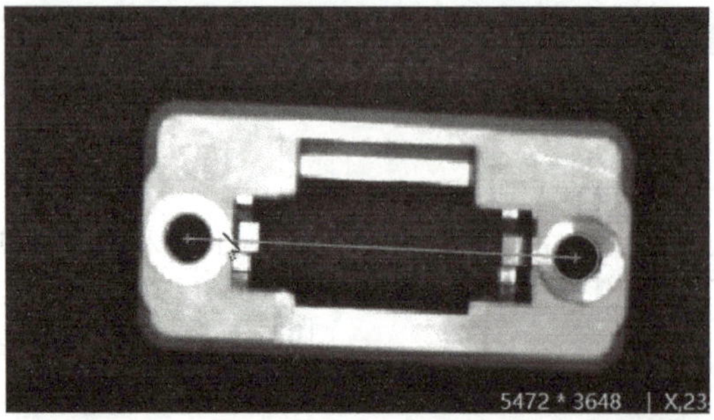	单击“执行”按钮，在图像显示区可见如左图所示的直线，连接了两个圆的圆心
	在结果显示区显示了两圆圆心的距离和角度关系
	同时在图像的左上角也会显示测量结果
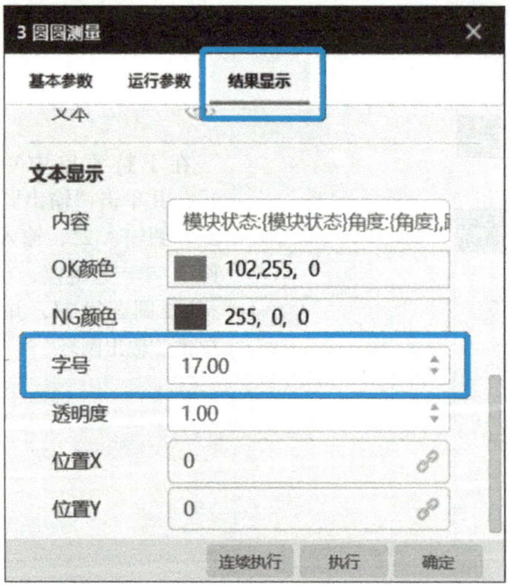	可在对话框中找到“结果显示”选项卡，在其中找到“文本显示”一栏，通过调节字号的大小，让图像中显示的字更大一些

6.6　线圆测量工具

线圆测量工具基于线查找和圆查找的结果，测量线和圆之间的距离以及夹角等参数，其使用方法见表 6-5。

VM—圆查找和圆圆测量与线圆测量

表 6-5　线圆测量工具的使用方法

图示	操作说明
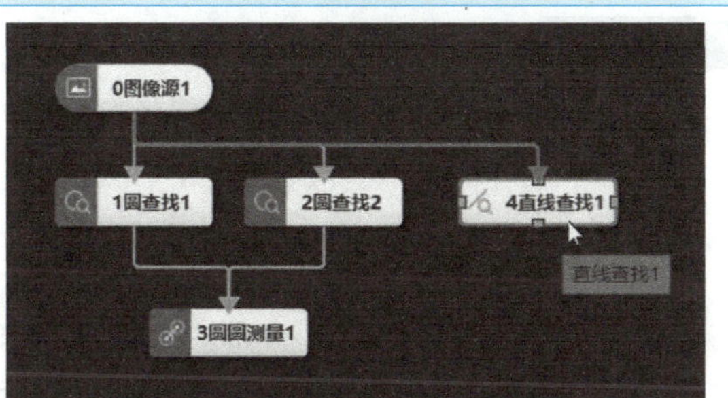	在编程区添加“线查找”工具。基于 6.2 节的内容在图像中查找线
	在编程区找到“测量”模块，将光标放在“测量”模块上，会展开如左图所示的菜单，在菜单中单击“线圆测量”工具，并将其拖入编程区中
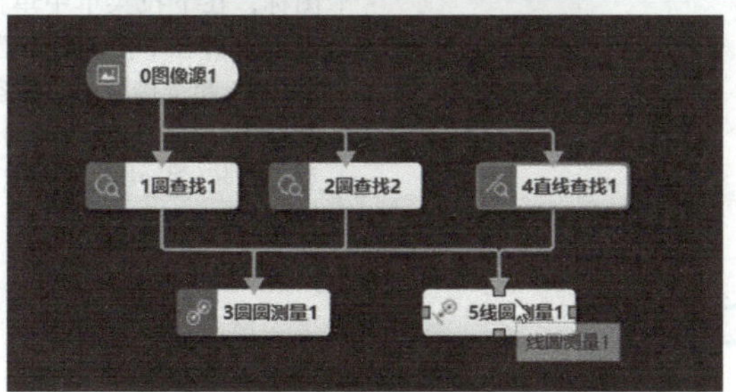	为“线圆测量”工具添加输入箭头。一个来自“1 圆查找 1”，另一个来自“4 直线查找 1”
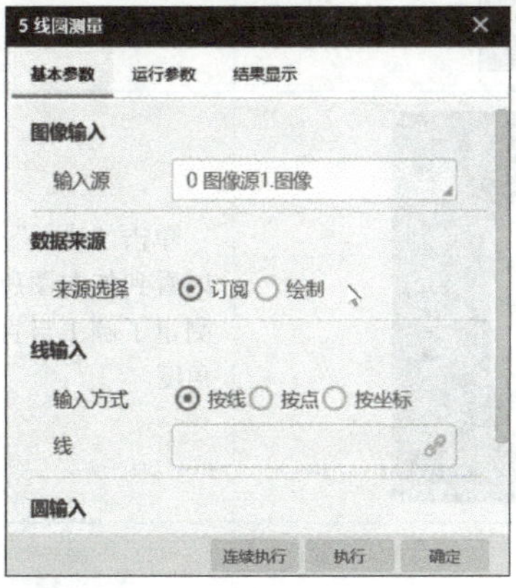	双击“线圆测量”工具，在弹出的对话框中找到“数据来源”，选择“订阅”。在“线输入”的“输入方式”中选择“按线”

（续）

<table>
<tr><th>图示</th><th>操作说明</th></tr>
<tr><td>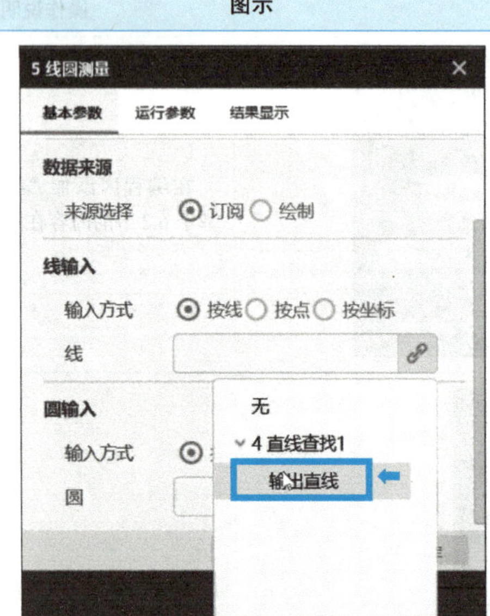
</td><td>单击“超链接”图标，在下拉菜单中单击“4 直线查找 1”。并在下拉菜单中选择“输出直线”</td></tr>
<tr><td>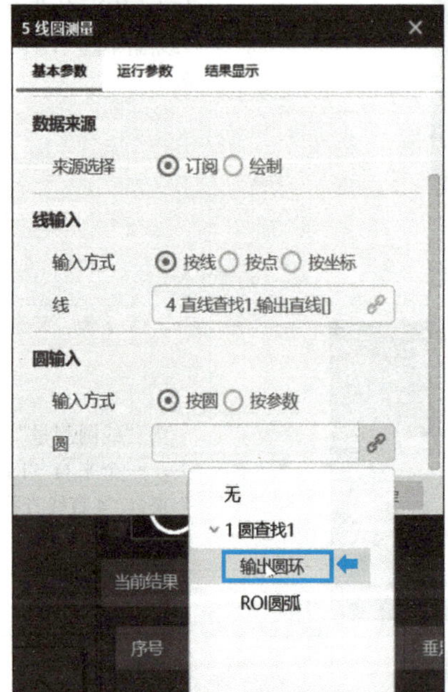
</td><td>在“圆输入”的“输入方式”中选择“按圆”。单击“超链接”图标，在下拉菜单中单击“1 圆查找 1”。并在下拉菜单中选择“输出圆环”。超链接显示的内容是“线圆测量”工具的输入对应的计算结果，如果在超链接中找不到想要的内容，可能是输入有问题</td></tr>
<tr><td>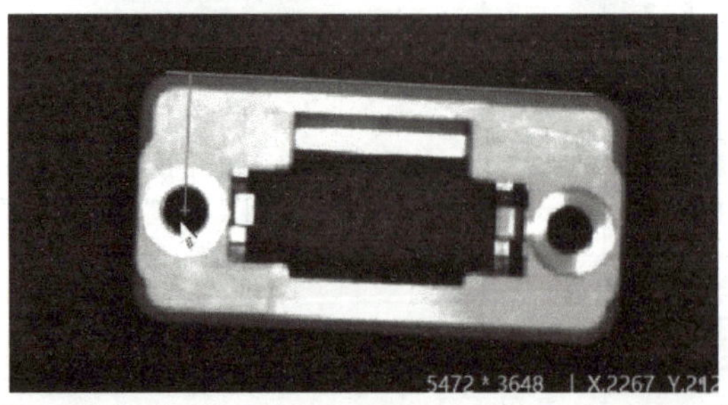</td><td>单击“执行”→“确定”按钮，可以看到如左图所示的测量结果。它测量了圆 1 与直线 1 之间的距离和角度</td></tr>
</table>

（续）

图示	操作说明
 当前结果 历史结果 帮助 序号 角度 距离 垂足点X 垂足点Y 交点1X 交点1Y 交点2X 交点2Y 0 87.193 287.147 2284.120 1849.197 0.000 0.000 0.000 0.000	在结果显示区中显示了计算结果
 模块状态:1角度:-87.19346 ,距离287.1467	同样，在图像的左上角也显示了计算的结果。可在“线圆测量”的“结果显示”选项卡中调节显示字体的大小

6.7　高精度匹配工具

VM—点线测量

高精度匹配工具是进行 N 点标定的前提。首先，在镜头下放置标定纸，并使用高精度匹配工具建立模板。这里的模板其实就是标定纸上的圆点。然后，使用高精度匹配工具，识别出多个圆点的位置，以准备进行标定，其使用方法见表 6-6。

表 6-6　高精度匹配工具的使用方法

图示	操作说明
5472 * 3648 | X,0020 Y,2455	在镜头下放置标定纸，标定纸或标定板通常是由一些点构成的矩阵，而且点和点之间的距离已知，在编程区拖入“图像源”工具，采集标定纸的图像
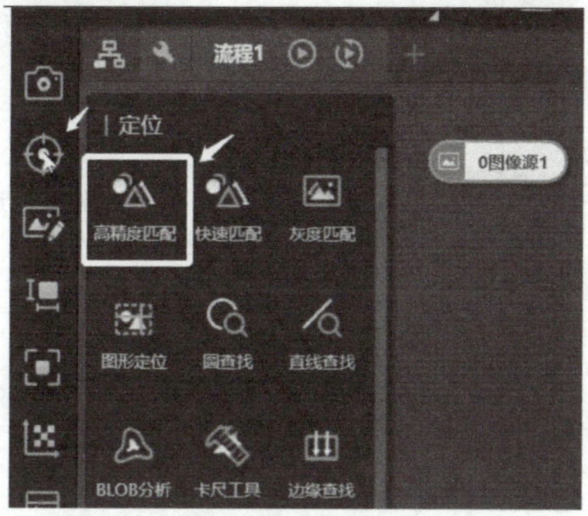 流程1 定位 0图像源1 高精度匹配 快速匹配 灰度匹配 图形定位 圆查找 直线查找 BLOB分析 卡尺工具 边缘查找	在编程区中找到“定位”模块，将光标放在“定位”模块上，在展开的菜单中单击“高精度匹配”工具，并将其拖入编程区中

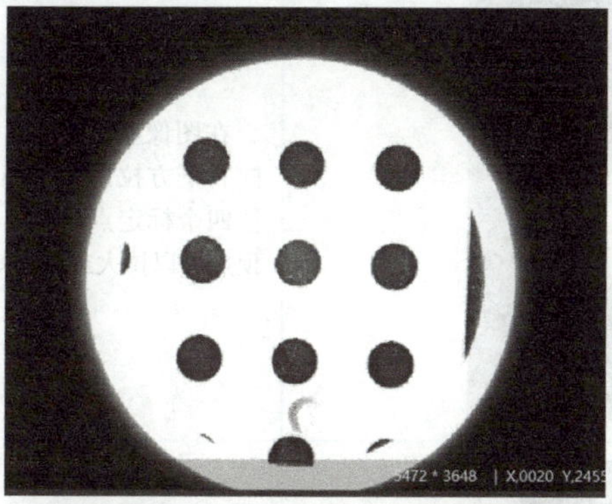

（续）

<table>
<tr><th>图示</th><th>操作说明</th></tr>
<tr><td>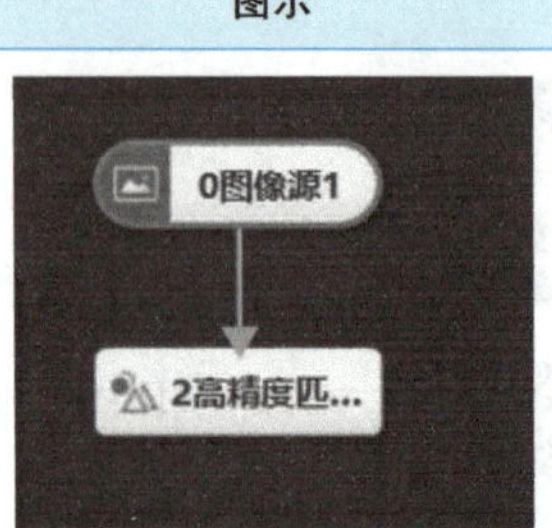
</td><td>将“高精度匹配”工具与“0 图像源 1”工具连接</td></tr>
<tr><td>
</td><td>双击“2 高精度匹配”，在弹出的对话框中找到“ROI 区域”，在“形状”一栏中选择“矩形”</td></tr>
<tr><td>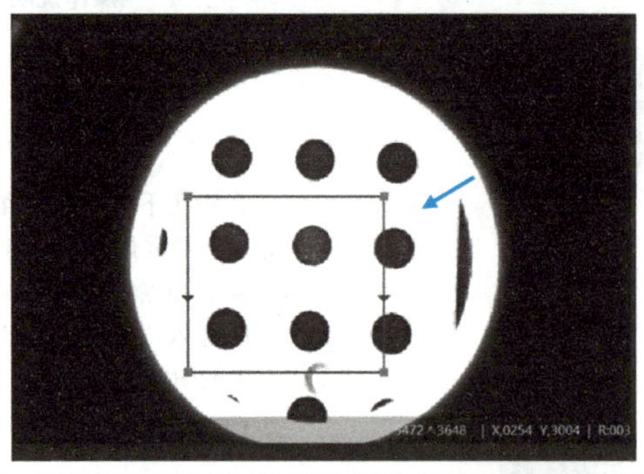</td><td>在图像显示区中，按住鼠标左键向右下方拉出一个矩形框，刚好框住四个标定点，单击矩形框的四个顶点可以拉大或缩小矩形框</td></tr>
<tr><td>
</td><td>在“特征模板”选项卡中单击“创建”前面的“+”</td></tr>
</table>

（续）

图示	操作说明
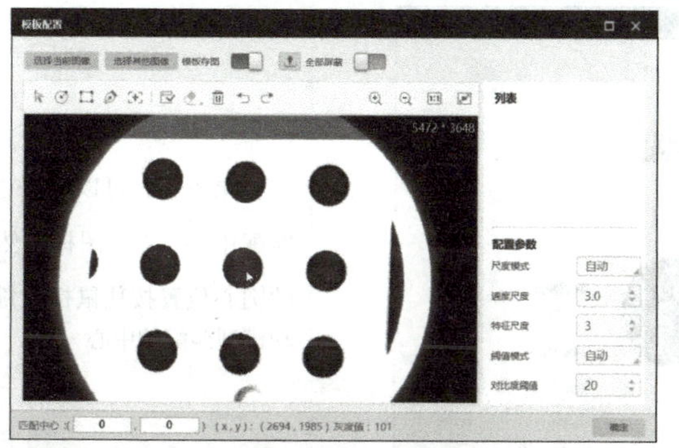	单击“+”后，会弹出如左图所示的“模板配置”对话框，这里要将黑色的圆点配置成模板。这样“高精度匹配”就可以在ROI中找到所有与模板相同的内容
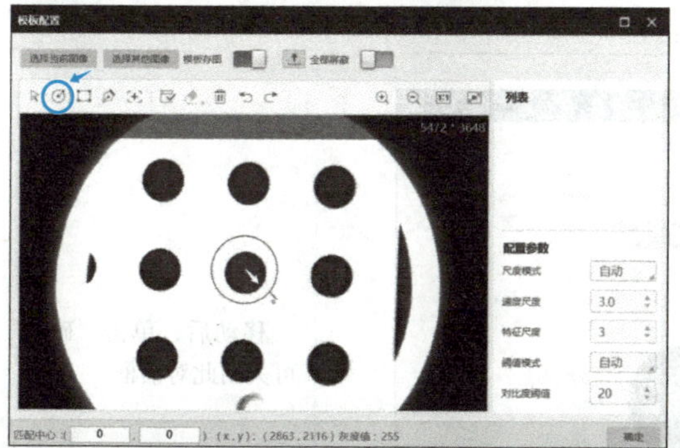	单击“创建圆形模板” 图标，选择一个黑色圆点，将光标放在它的圆心处，按住鼠标左键并向外拖动会拉出一个圆圈刚好覆盖黑色的圆点
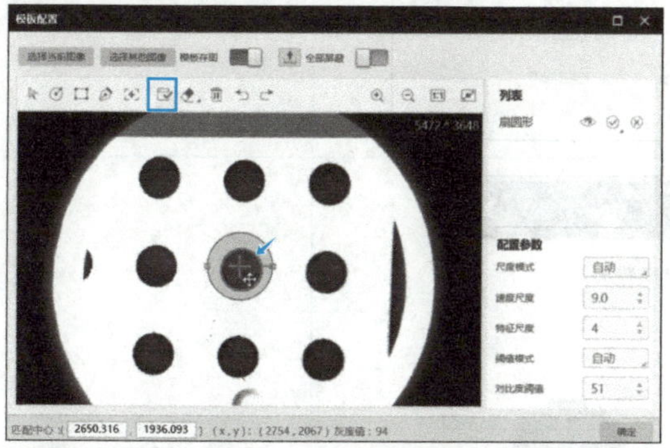	单击“生成模板” 图标，会出现圆圈包围住黑色圆点（如左图中黑色箭头所示），这就是软件检测到的模板
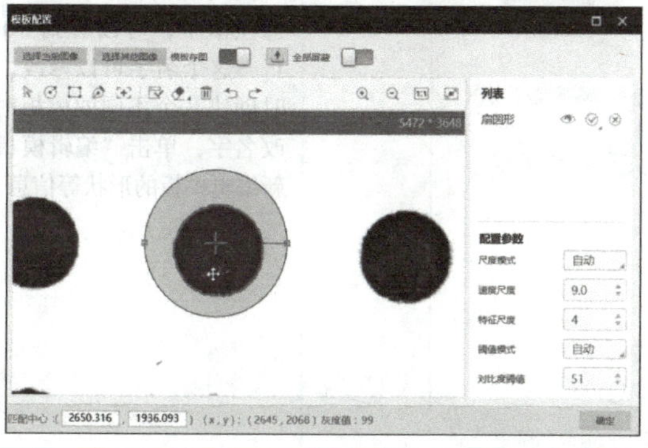	滑动鼠标滚轮，将图像放大，可以看到“+”，这是软件找到的模板的圆心。最好保证它刚好在模板的圆心处

（续）

图示	操作说明
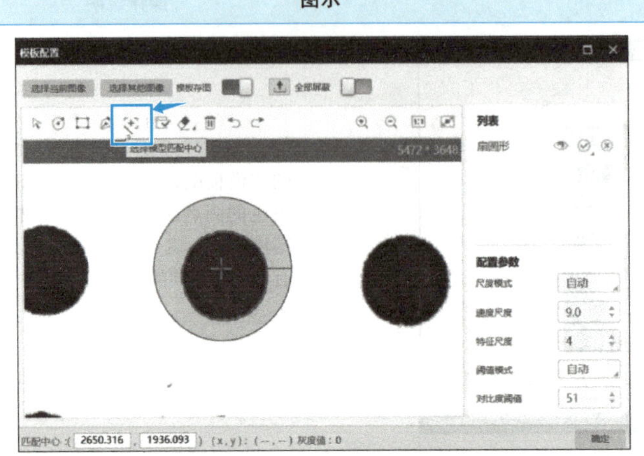	如果不在，可以单击“选择模型匹配中心”[+]图标，然后在正确的圆心位置按住鼠标左键，即可移动模型匹配的中心
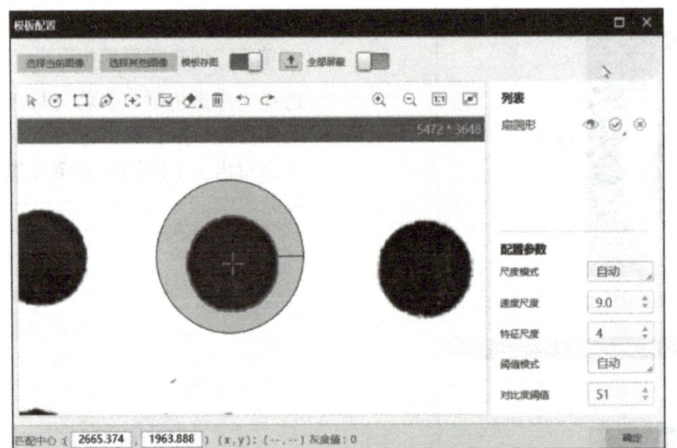	移动后，单击“确定”按钮，即可关闭此对话框
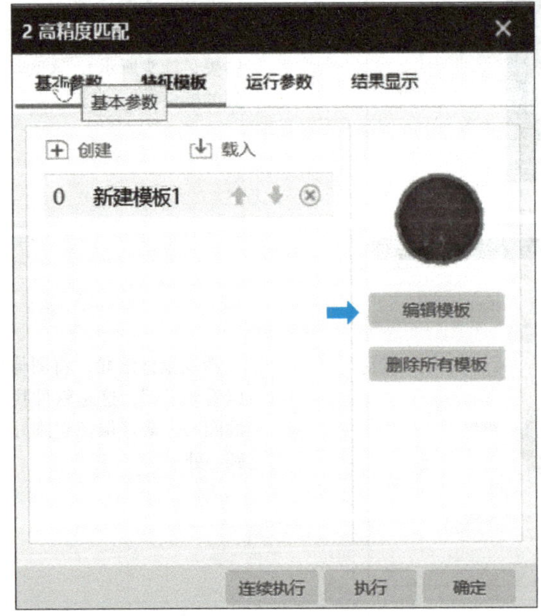	关闭对话框后，在“特征模板”选项卡下，可以看到“0 新建模板1”。这个名字可以修改，如果要同时创建几个不同的模板时，最好修改名字，单击“编辑模板”可以重新编辑模板的形状等信息

（续）

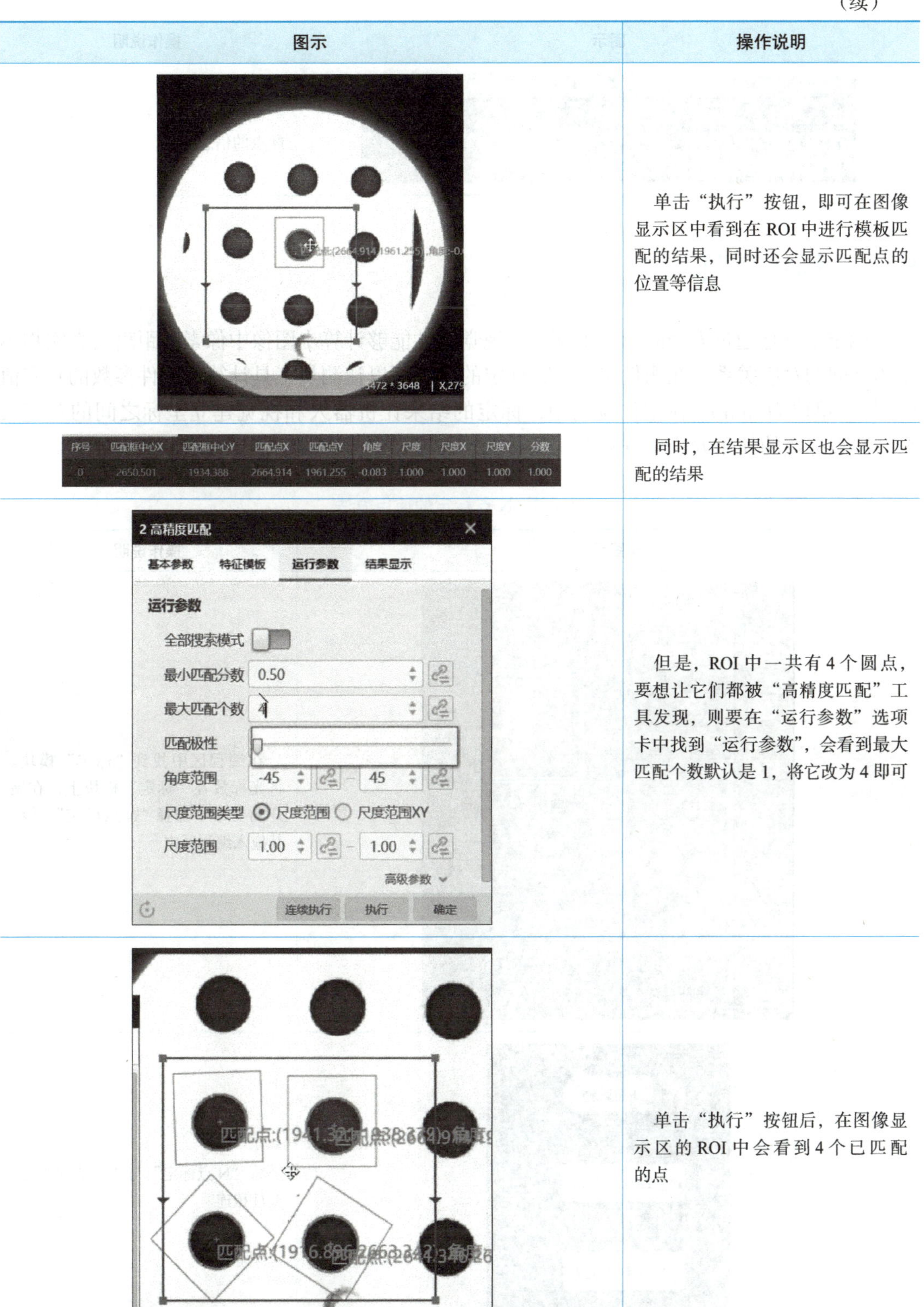

图示	操作说明
	单击“执行”按钮，即可在图像显示区中看到在 ROI 中进行模板匹配的结果，同时还会显示匹配点的位置等信息
	同时，在结果显示区也会显示匹配的结果
	但是，ROI 中一共有 4 个圆点，要想让它们都被“高精度匹配”工具发现，则要在“运行参数”选项卡中找到“运行参数”，会看到最大匹配个数默认是 1，将它改为 4 即可
	单击“执行”按钮后，在图像显示区的 ROI 中会看到 4 个已匹配的点

（续）

图示	操作说明
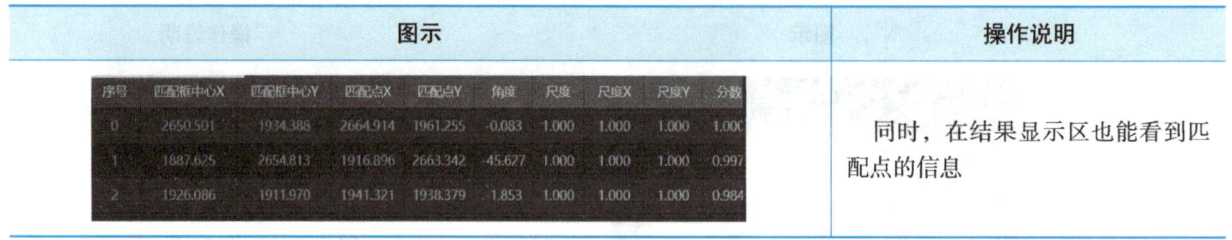	同时，在结果显示区也能看到匹配点的信息

序号	匹配框中心X	匹配框中心Y	匹配点X	匹配点Y	角度	尺度	尺度X	尺度Y	分数
0	2650.501	1934.388	2664.914	1961.255	-0.083	1.000	1.000	1.000	1.000
1	1887.625	2654.813	1916.896	2663.342	-45.627	1.000	1.000	1.000	0.997
2	1926.086	1911.970	1941.321	1938.379	-1.853	1.000	1.000	1.000	0.984

6.8 标定工具

标定工具是通过人为的标记干预，让视觉软件能够计算出图像中像素的距离与真实物体距离之间的对应关系。在测量应用中，标定的结果可以让测量工具计算出工件参数的真实值（例如，单位为 mm）。在定位应用中，标定的结果让机器人和视觉建立坐标之间的对应关系。N 点标定的使用方法见表 6-7。

表 6-7　N 点标定的使用方法

图示	操作说明
	在编程区中找到“标定”模块。将光标放在“标定”模块上，在展开的菜单中选择“N 点标定”并将其拖入编程区中
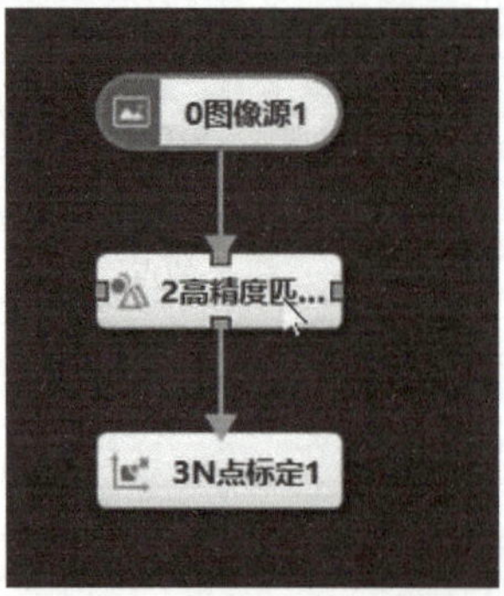	将“N 点标定”与“高精度匹配”工具相连

（续）

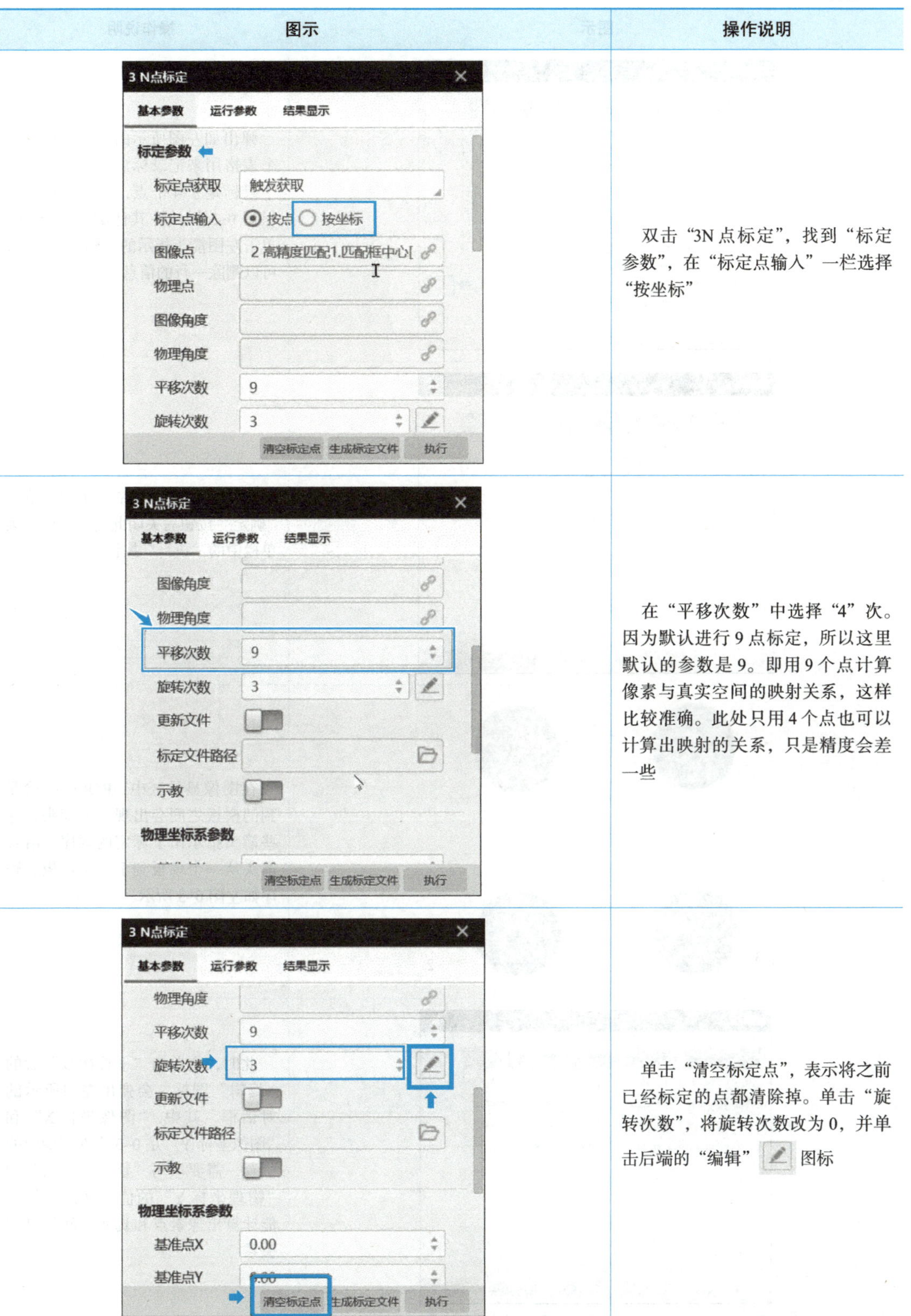

图示	操作说明
	双击“3N 点标定”，找到“标定参数”，在“标定点输入”一栏选择“按坐标”
	在“平移次数”中选择“4”次。因为默认进行 9 点标定，所以这里默认的参数是 9。即用 9 个点计算像素与真实空间的映射关系，这样比较准确。此处只用 4 个点也可以计算出映射的关系，只是精度会差一些
	单击“清空标定点”，表示将之前已经标定的点都清除掉。单击“旋转次数”，将旋转次数改为 0，并单击后端的“编辑” 图标

（续）

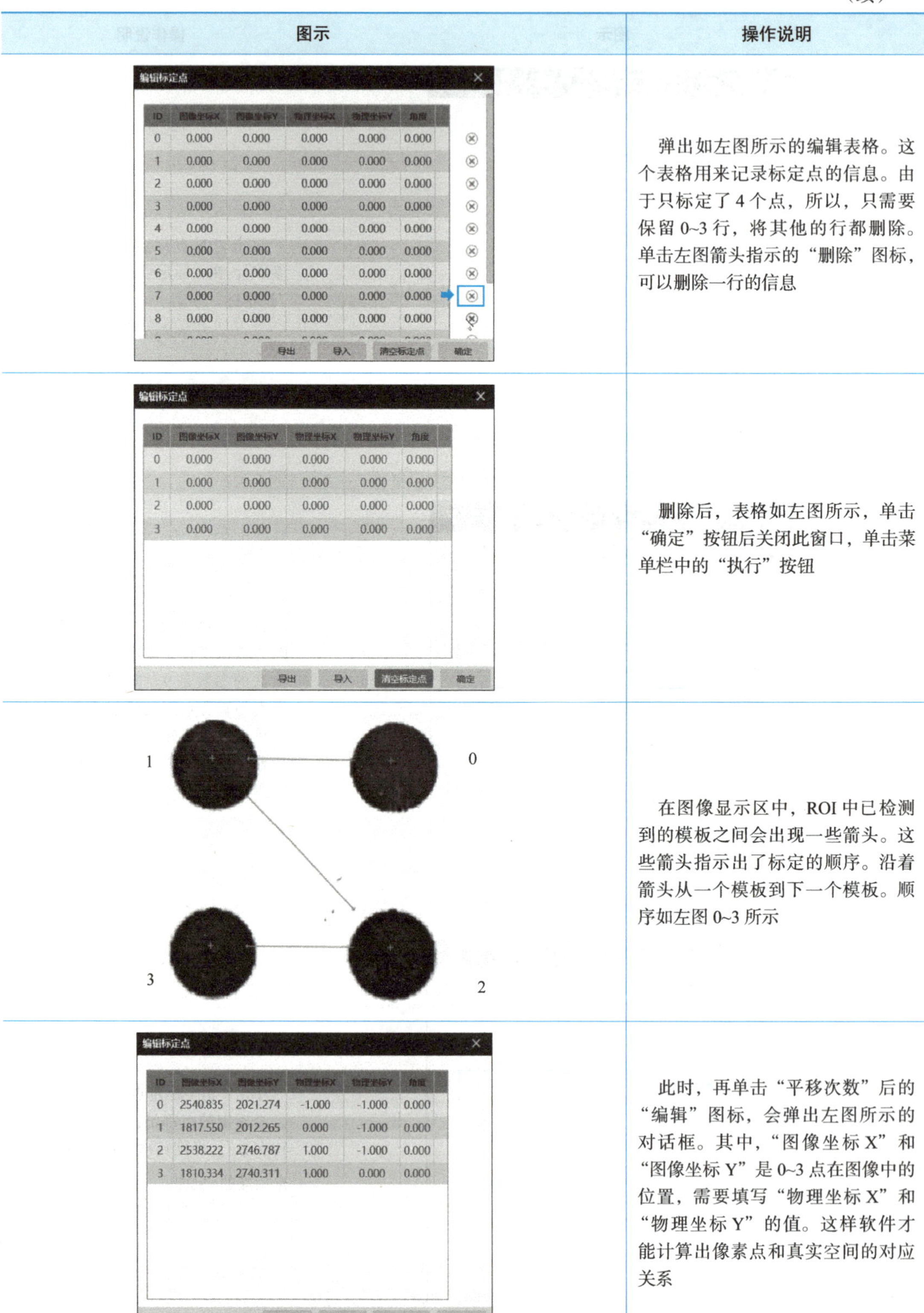

图示	操作说明
	弹出如左图所示的编辑表格。这个表格用来记录标定点的信息。由于只标定了 4 个点，所以，只需要保留 0~3 行，将其他的行都删除。单击左图箭头指示的“删除”图标，可以删除一行的信息
	删除后，表格如左图所示，单击“确定”按钮后关闭此窗口，单击菜单栏中的“执行”按钮
	在图像显示区中，ROI 中已检测到的模板之间会出现一些箭头。这些箭头指示出了标定的顺序。沿着箭头从一个模板到下一个模板。顺序如左图 0~3 所示
	此时，再单击“平移次数”后的“编辑”图标，会弹出左图所示的对话框。其中，“图像坐标 X”和“图像坐标 Y”是 0~3 点在图像中的位置，需要填写“物理坐标 X”和“物理坐标 Y”的值。这样软件才能计算出像素点和真实空间的对应关系

（续）

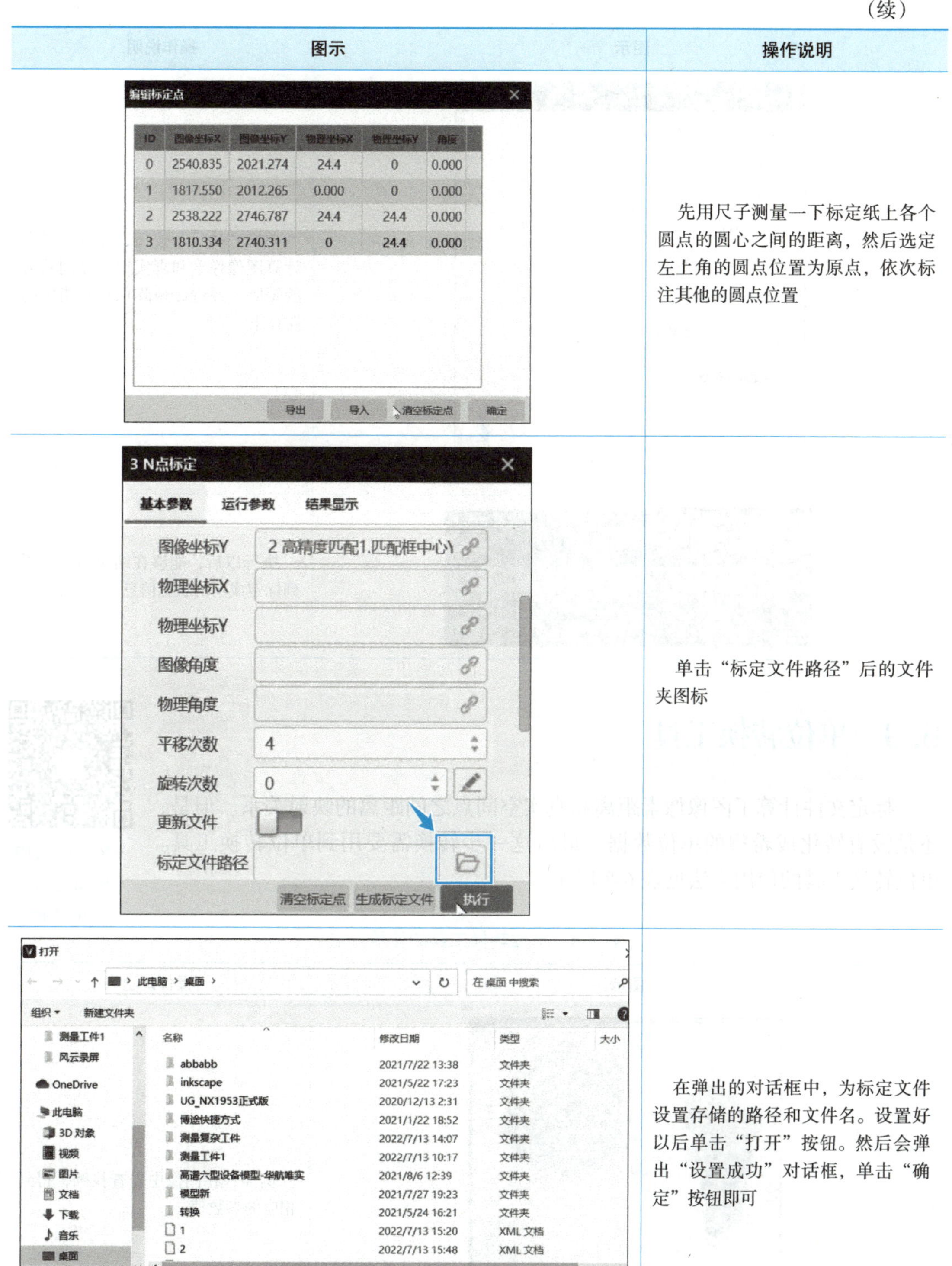

图示	操作说明
（见上图：编辑标定点）	先用尺子测量一下标定纸上各个圆点的圆心之间的距离，然后选定左上角的圆点位置为原点，依次标注其他的圆点位置
（见上图：3 N点标定）	单击“标定文件路径”后的文件夹图标
（见上图：打开）	在弹出的对话框中，为标定文件设置存储的路径和文件名。设置好以后单击“打开”按钮。然后会弹出“设置成功”对话框，单击“确定”按钮即可

（续）

图示	操作说明
3 N点标定 基本参数 运行参数 结果显示 物理角度 平移次数 4 旋转次数 0 更新文件 标定文件路径 C:\Users\LENOVO\Desktop 示教 物理坐标系参数 基准点X 0.00 基准点Y 0.00 清空标定点 生成标定文件 执行	单击“执行”按钮，标定工具会计算图像像素和真实空间之间映射的矩阵，并将此矩阵保存在指定的路径下
当前结果 历史结果 帮助 序号 模块状态 标定状态 评估标定误差状态 0 1 1 0	执行以后，能够在结果显示区看到标定成功的状态信息

6.9 单位转换工具

VM—测量中的标定和单位转换

标定文件计算了图像像素距离和真实空间点之间距离的映射关系。但是，还是没有转化成希望的单位数据。最后这一步转换需要用到单位转换工具。单位转换工具的使用方法见表 6-8 所示。

表 6-8 单位转换工具的使用方法

图示	操作说明
当前结果 历史结果 帮助 序号 中心X 中心Y 半径 拟合误差 0 2780.036 1611.412 267.698 0.905	例如，在图像中先查找圆，得到相应的参数值

（续）

图示	操作说明
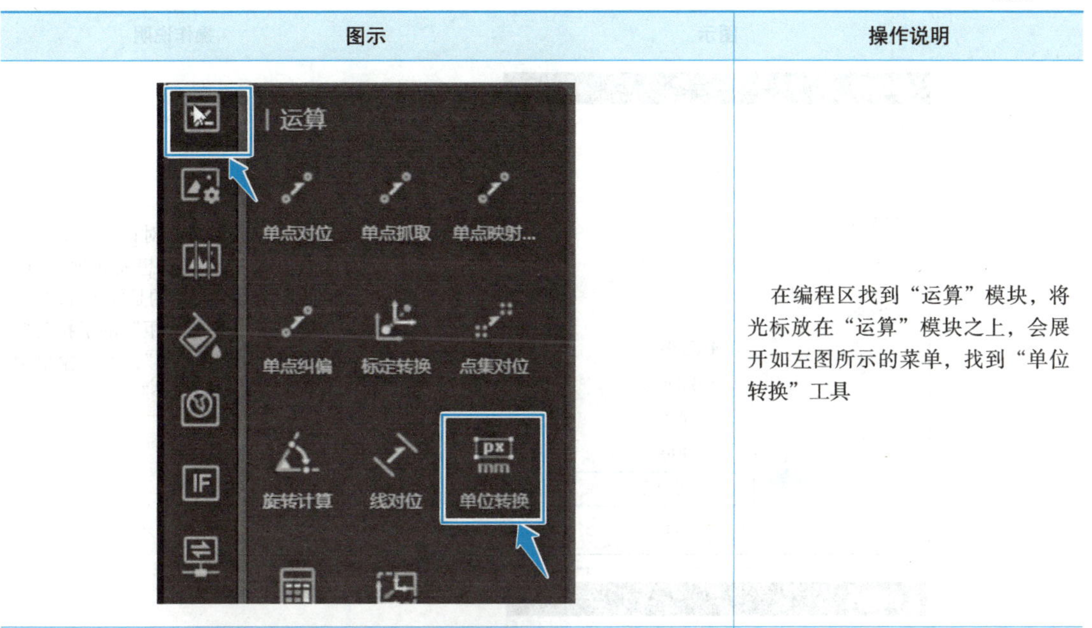	在编程区找到“运算”模块，将光标放在“运算”模块之上，会展开如左图所示的菜单，找到“单位转换”工具
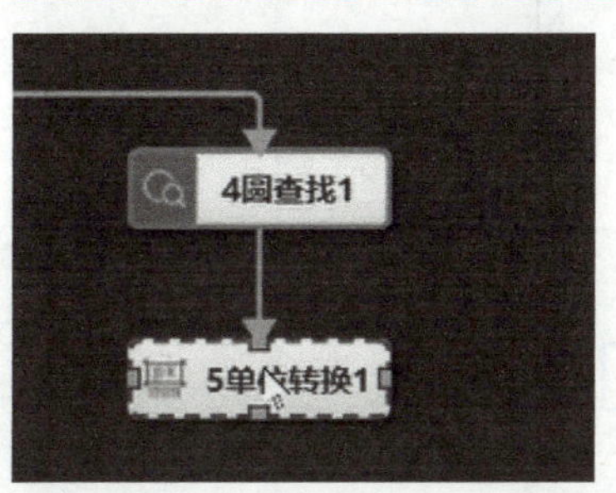	然后将其与圆查找工具相连
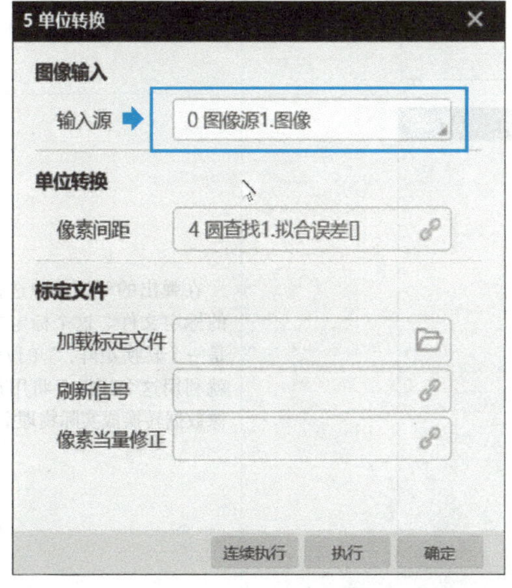	双击“单位转换”工具，在弹出的对话框中找到“图像输入”，在“输入源”中选择“0 图像源 1.图像”

（续）

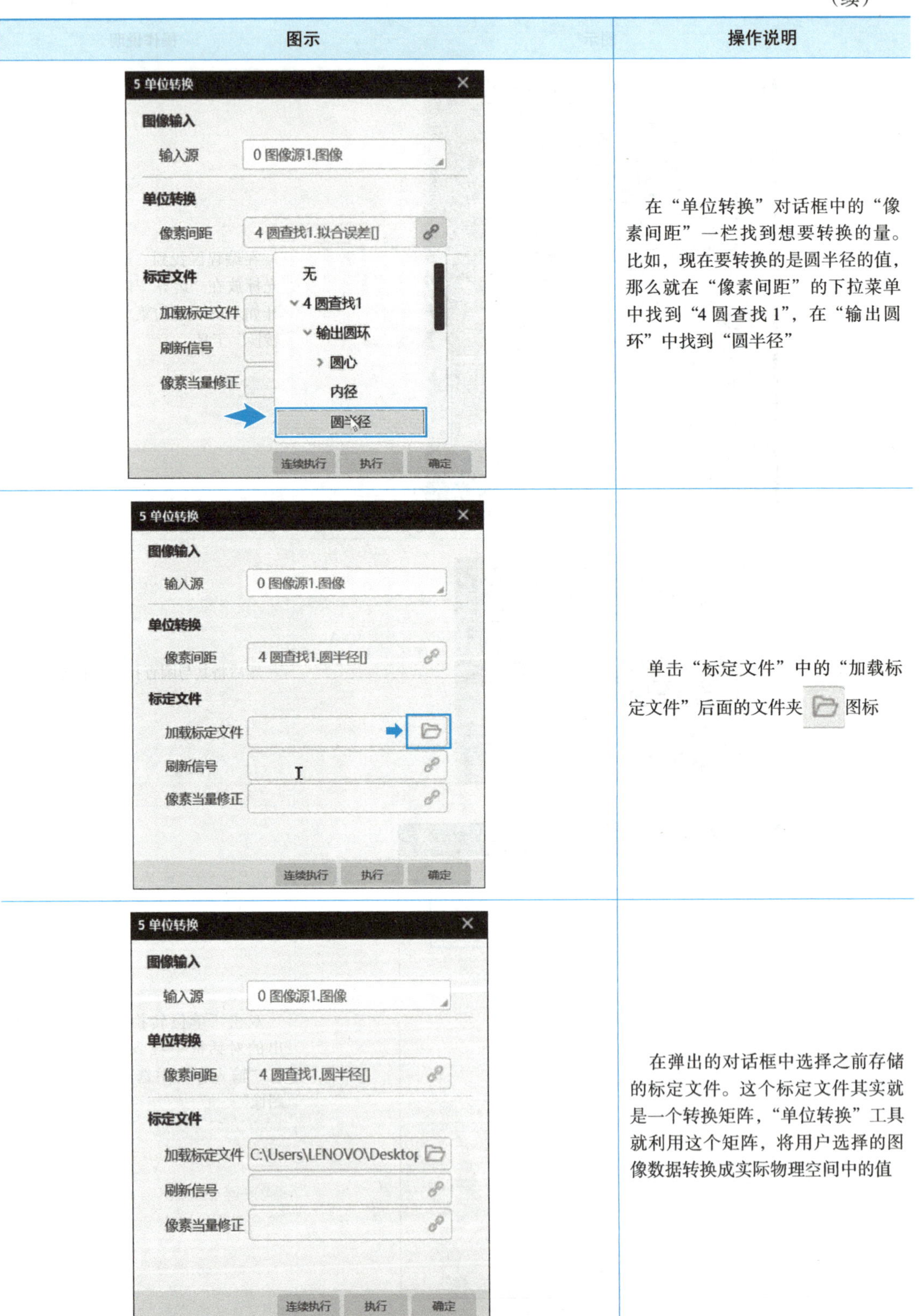

图示	操作说明
	在“单位转换”对话框中的“像素间距”一栏找到想要转换的量。比如，现在要转换的是圆半径的值，那么就在“像素间距”的下拉菜单中找到“4 圆查找 1”，在“输出圆环”中找到“圆半径”
	单击“标定文件”中的“加载标定文件”后面的文件夹图标
	在弹出的对话框中选择之前存储的标定文件。这个标定文件其实就是一个转换矩阵，“单位转换”工具就利用这个矩阵，将用户选择的图像数据转换成实际物理空间中的值

（续）

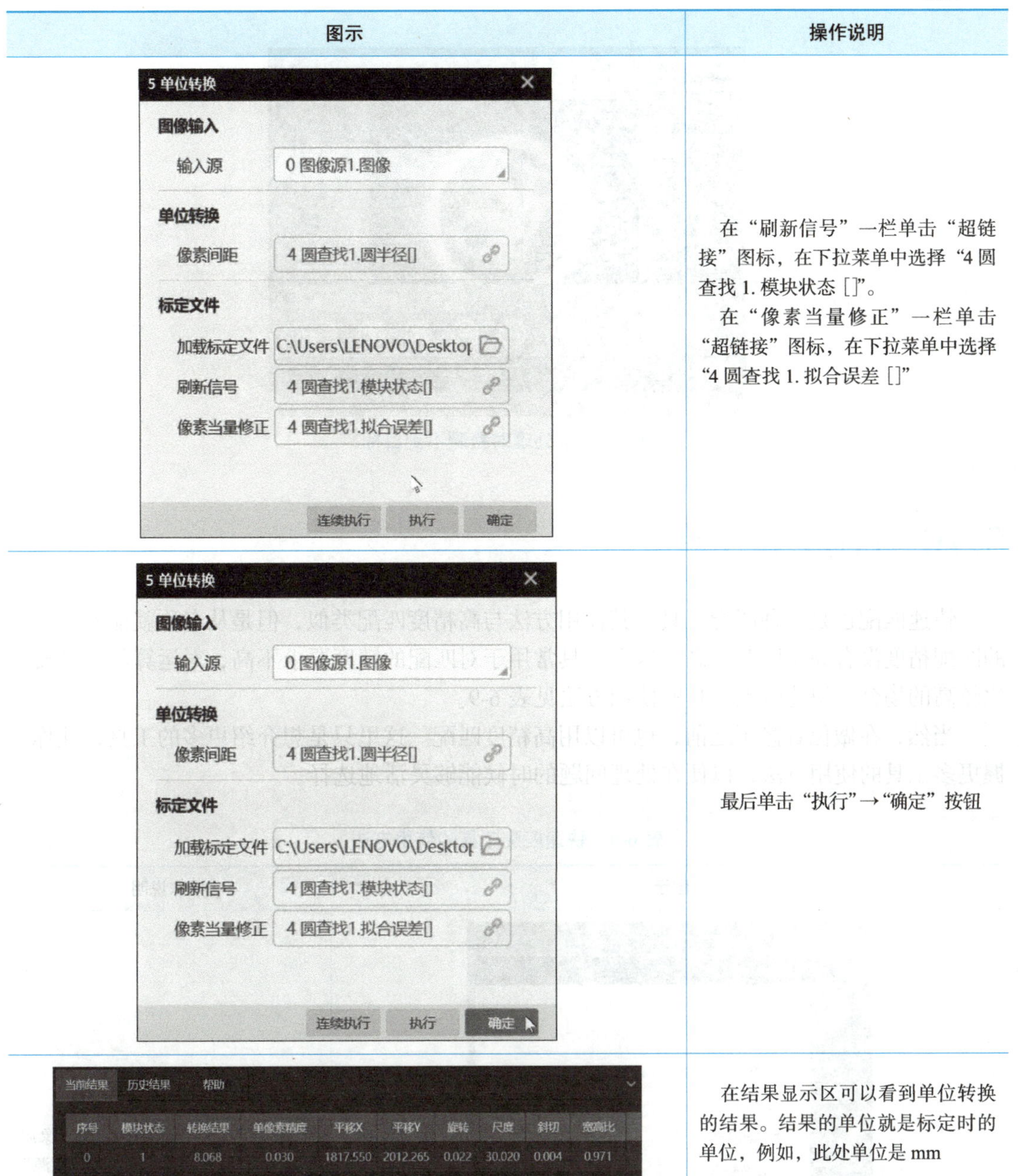

图示	操作说明
	在“刷新信号”一栏单击“超链接”图标，在下拉菜单中选择“4 圆查找 1. 模块状态 []”。 在“像素当量修正”一栏单击“超链接”图标，在下拉菜单中选择“4 圆查找 1. 拟合误差 []”
	最后单击“执行”→“确定”按钮
	在结果显示区可以看到单位转换的结果。结果的单位就是标定时的单位，例如，此处单位是 mm

在对多图进行批处理的时候，由于多图中目标出现的位置不同，如果都基于第一张图的 ROI 来进行处理，很可能在后面几张图上根本找不到目标，如图 6-1 所示。

为此，需要对图像中目标的姿态进行识别和检测，让软件先在当前图像上准确地找到目标，然后再对目标进行一系列的处理。这里就需要用到两个工具：快速匹配工具和位置修正工具。快速匹配工具负责在图像上快速找到目标，位置修正工具负责计算当前目标与第一张图中目标的相对偏移量。

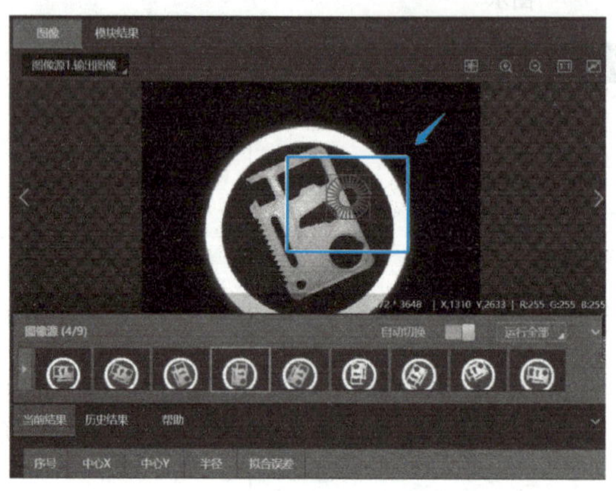

图 6-1　批处理时检测不到目标

6.10　快速匹配工具

快速匹配也是一种匹配工具，其使用方法与高精度匹配类似，但是从名称就能看出，它的匹配精度没有高精度匹配高。这个工具常用于对匹配的精度要求不高，对运算的速度要求比较高的场合。快速匹配工具的使用方法见表 6-9。

当然，在做位置修正之前，也可以用高精度匹配。这里只是想介绍更多的工具，让你掌握更多工具的使用方法，以便在处理问题的时候能够灵活地选择。

表 6-9　快速匹配工具的使用方法

图示	操作说明
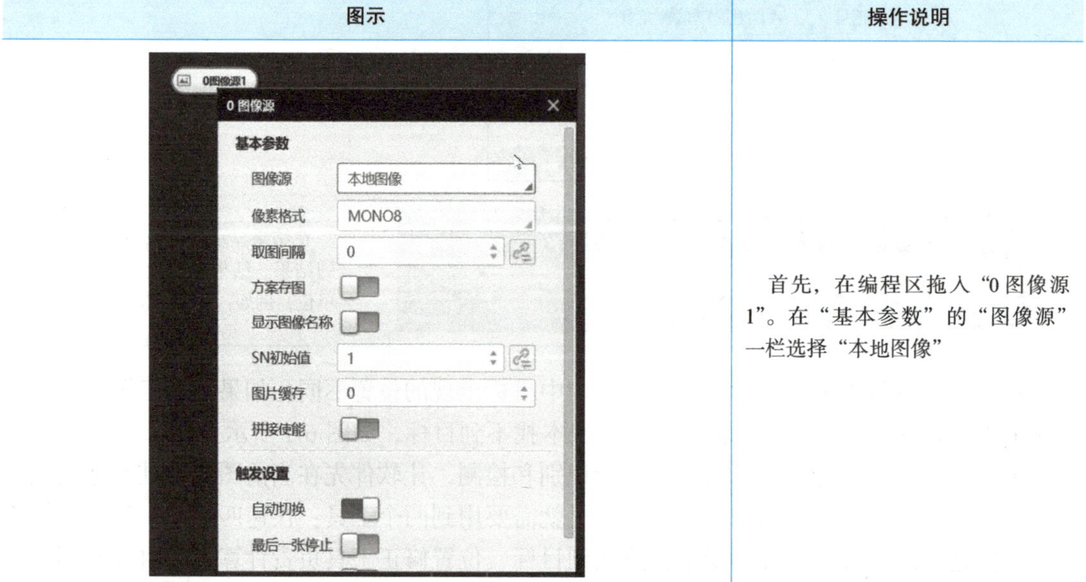	首先，在编程区拖入“0 图像源 1”。在“基本参数”的“图像源”一栏选择“本地图像”

（续）

图示	操作说明
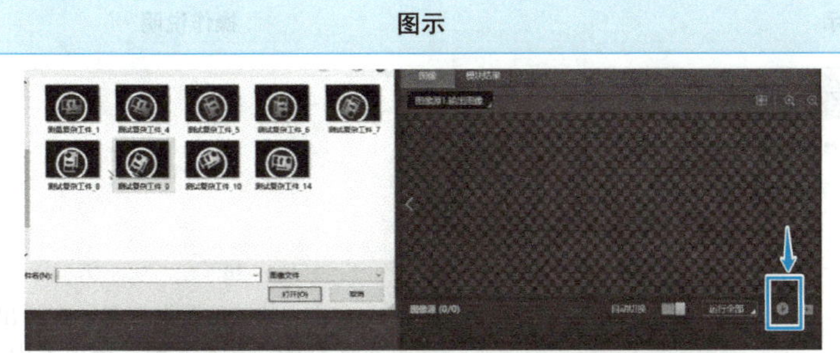	在图像显示区，单击“添加本地图像”的图标，在打开的对话框中选择多张图像后，单击“确定”按钮
	此时在图像显示区导入了多张图像。单击导入的第一张图像，对它进行“圆查找”处理。具体操作请参见 6.4 节
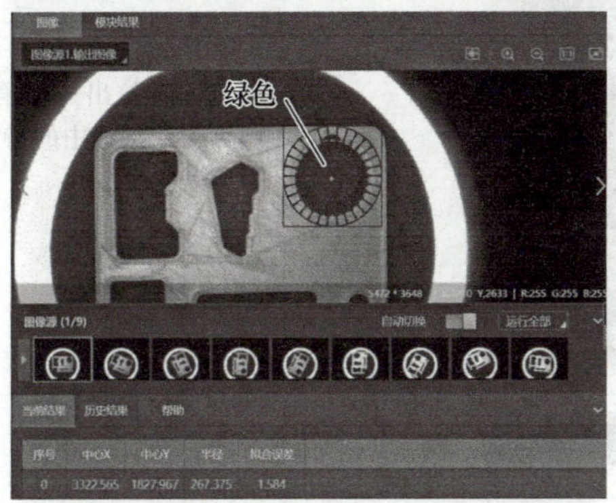	左图是在第一张图像上使用“圆查找”工具处理的结果，其中绿色的线是查找到的圆 但是，当使用这套程序对导入图像进行批处理时，会发现在很多图像上根本识别不到圆形
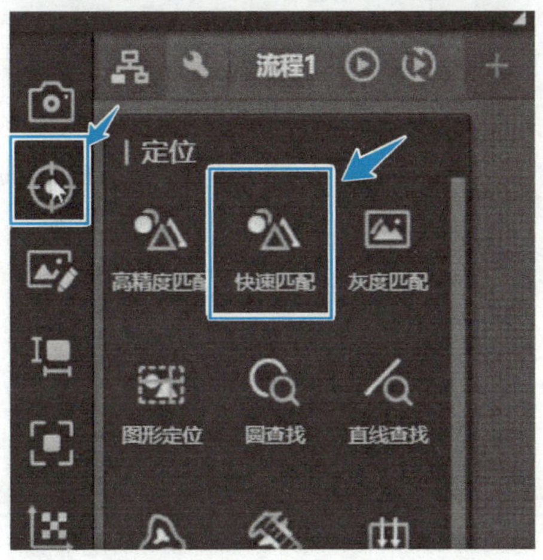	为此，要在“圆查找”操作之前先实现位置修正。 在编程区找到“定位”模块，当光标放在“定位”模块上方时会展开如左图所示的菜单，找到“快速匹配”工具（如左图中白色框所示），将它拖入编程区

（续）

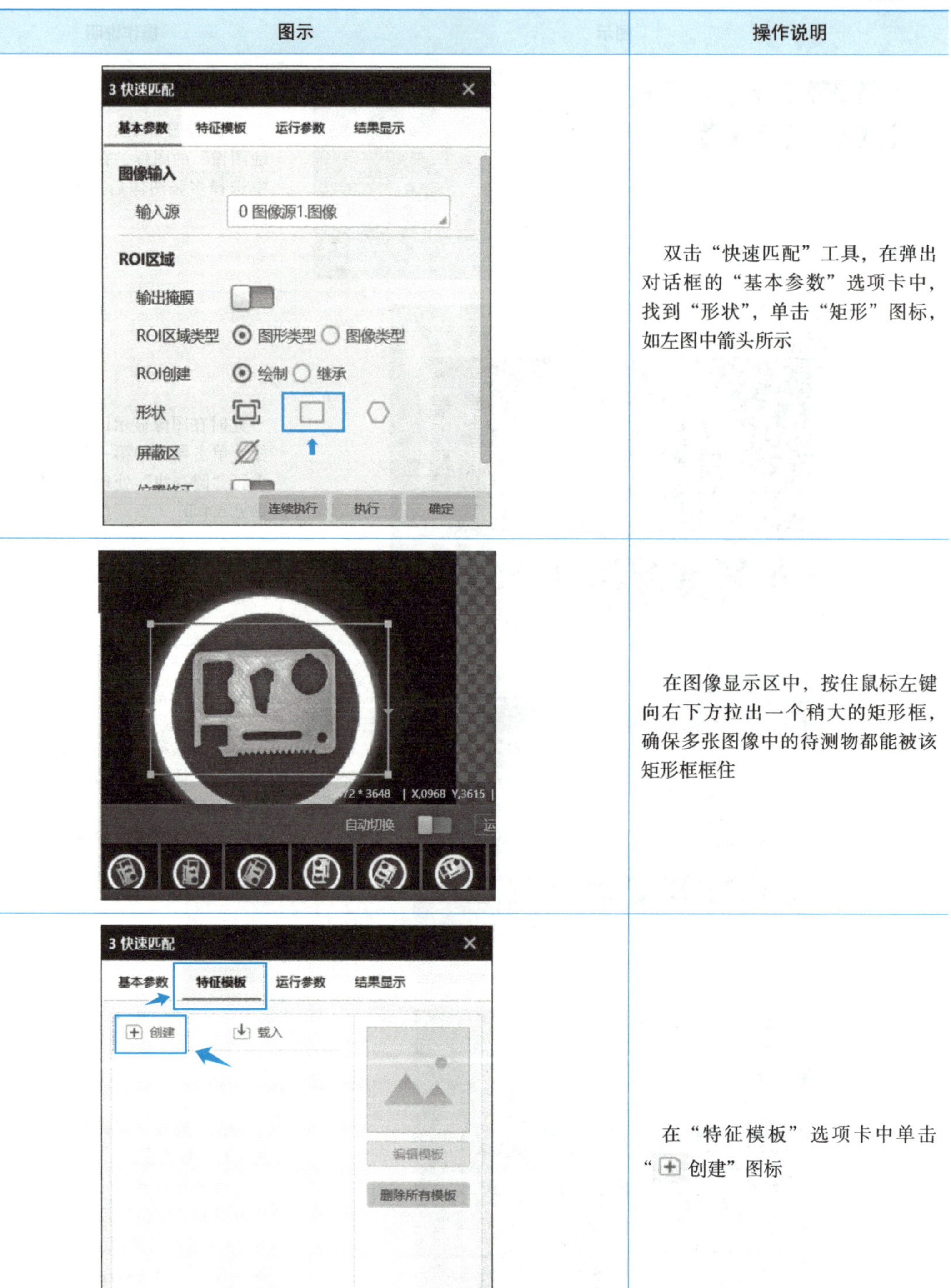

图示	操作说明
	双击“快速匹配”工具，在弹出对话框的“基本参数”选项卡中，找到“形状”，单击“矩形”图标，如左图中箭头所示
	在图像显示区中，按住鼠标左键向右下方拉出一个稍大的矩形框，确保多张图像中的待测物都能被该矩形框框住
	在“特征模板”选项卡中单击“⊞ 创建”图标

（续）

<table>
<tr><th>图示</th><th>操作说明</th></tr>
<tr><td>
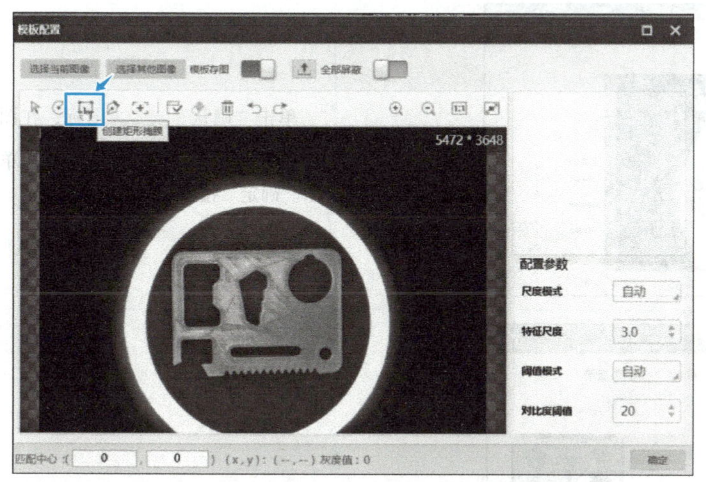

</td><td>在弹出的“模板配置”对话框中，单击“创建矩形掩膜”</td></tr>
<tr><td>
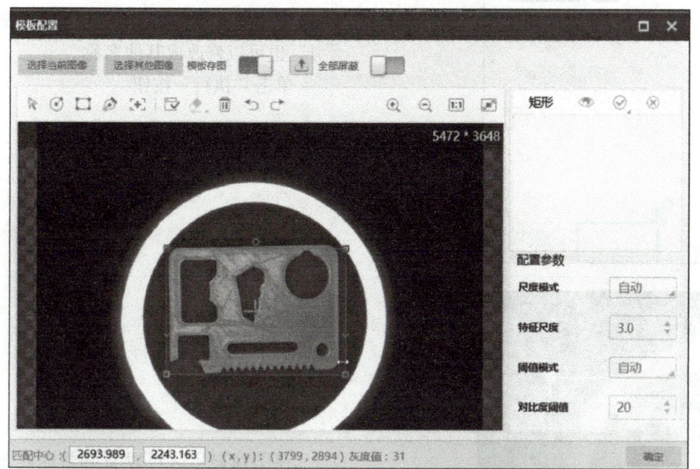

</td><td>按住鼠标左键向右下方拉出一个矩形的掩膜，确保这个掩膜能够覆盖待检测工件的全部。如果工件的形状不是矩形，也可以使用圆形或多边形掩膜</td></tr>
<tr><td>
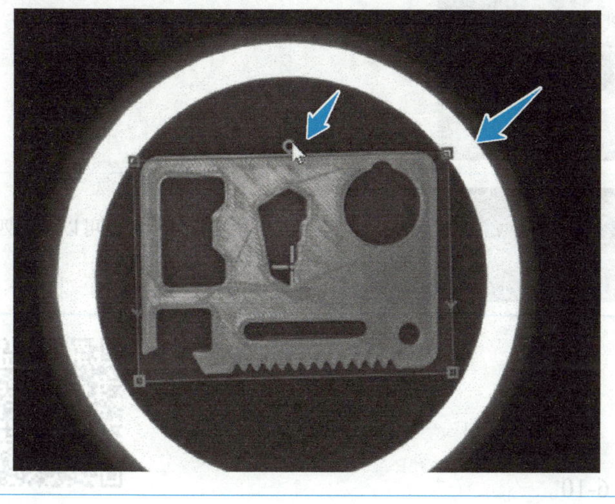
</td><td>单击掩膜中间的圆圈部分，左右拖动可以旋转掩膜的方向，单击掩膜周围的四个点可以拉伸掩膜的大小</td></tr>
</table>

（续）

<table>
<tr><th>图示</th><th>操作说明</th></tr>
<tr><td></td><td>单击“确认” 图标，在图像显示区会看到检测到的模板。单击“确定”按钮</td></tr>
<tr><td>
</td><td>可以看到新创建的模板如左图所示。模板名称默认是“0 新建模板1”也可以修改成其他名称。
单击“执行”按钮</td></tr>
<tr><td>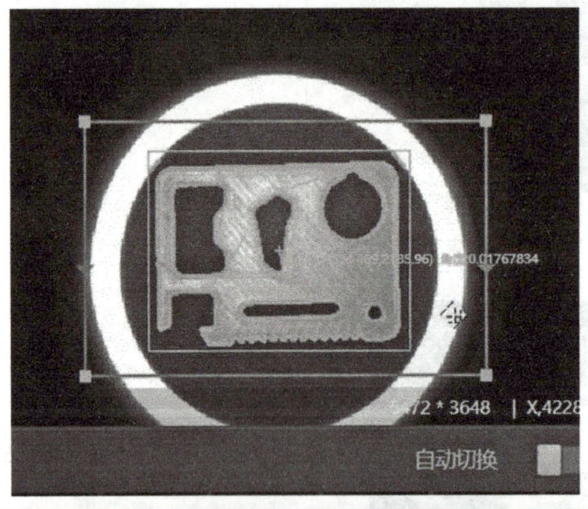
</td><td>在图像显示区可以看到快速匹配的结果。单击“确定”按钮即可</td></tr>
<tr><td>
当前结果 历史结果 帮助
<table>
<tr><th>序号</th><th>匹配框中心X</th><th>匹配框中心Y</th><th>匹配点X</th><th>匹配点Y</th><th>角度</th><th>尺度</th><th>分数</th></tr>
<tr><td>0</td><td>2685.168</td><td>2187.022</td><td>2684.469</td><td>2185.960</td><td>0.018</td><td>1.000</td><td>1.000</td></tr>
</table></td><td>在结果显示区也可以看到匹配的结果</td></tr>
</table>

6.11 位置修正工具

VM—位置修正

位置修正工具的使用方法见表 6-10。

表 6-10　位置修正工具的使用方法

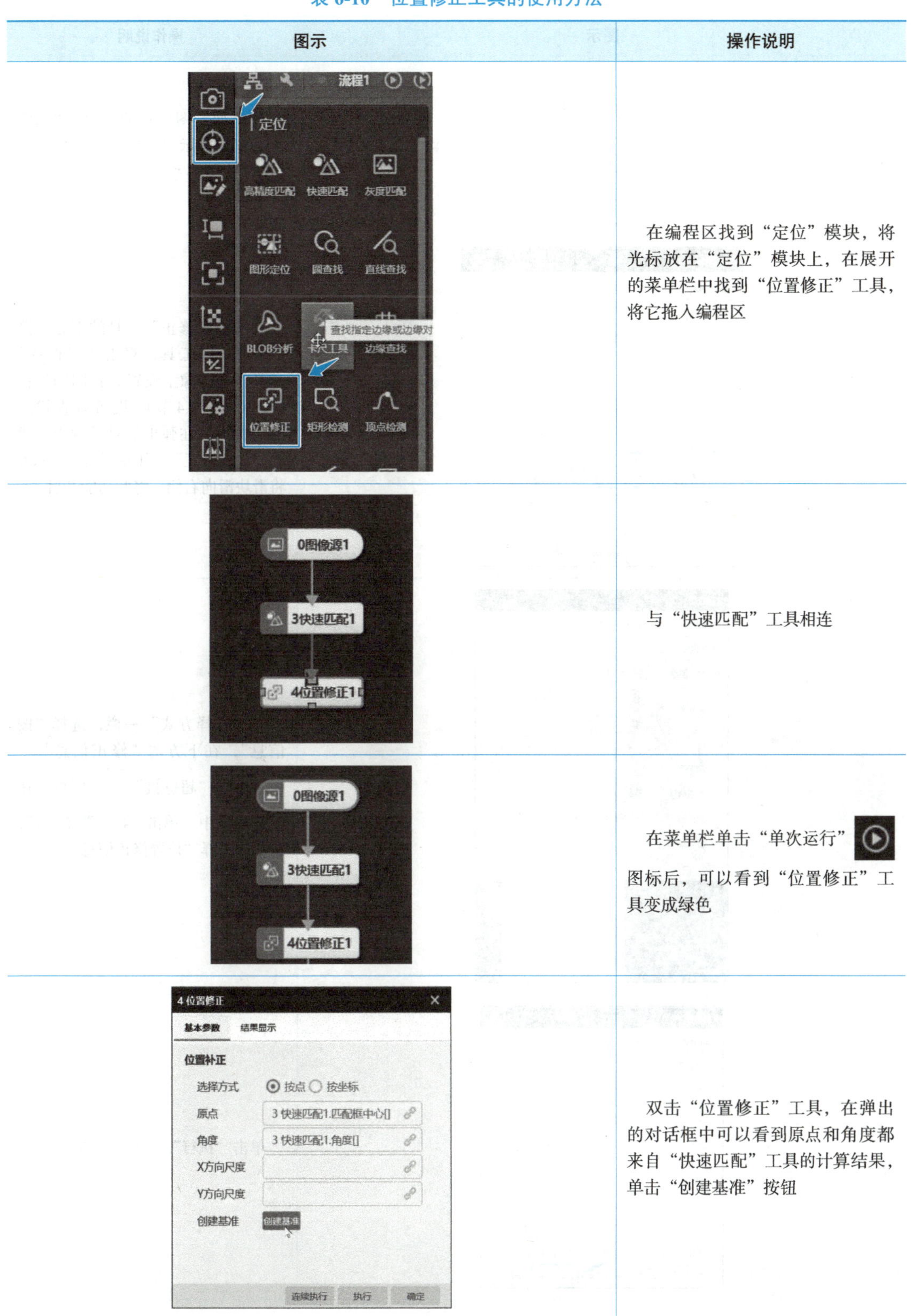

图示	操作说明
	在编程区找到“定位”模块，将光标放在“定位”模块上，在展开的菜单栏中找到“位置修正”工具，将它拖入编程区
	与“快速匹配”工具相连
	在菜单栏单击“单次运行”图标后，可以看到“位置修正”工具变成绿色
	双击“位置修正”工具，在弹出的对话框中可以看到原点和角度都来自“快速匹配”工具的计算结果，单击“创建基准”按钮

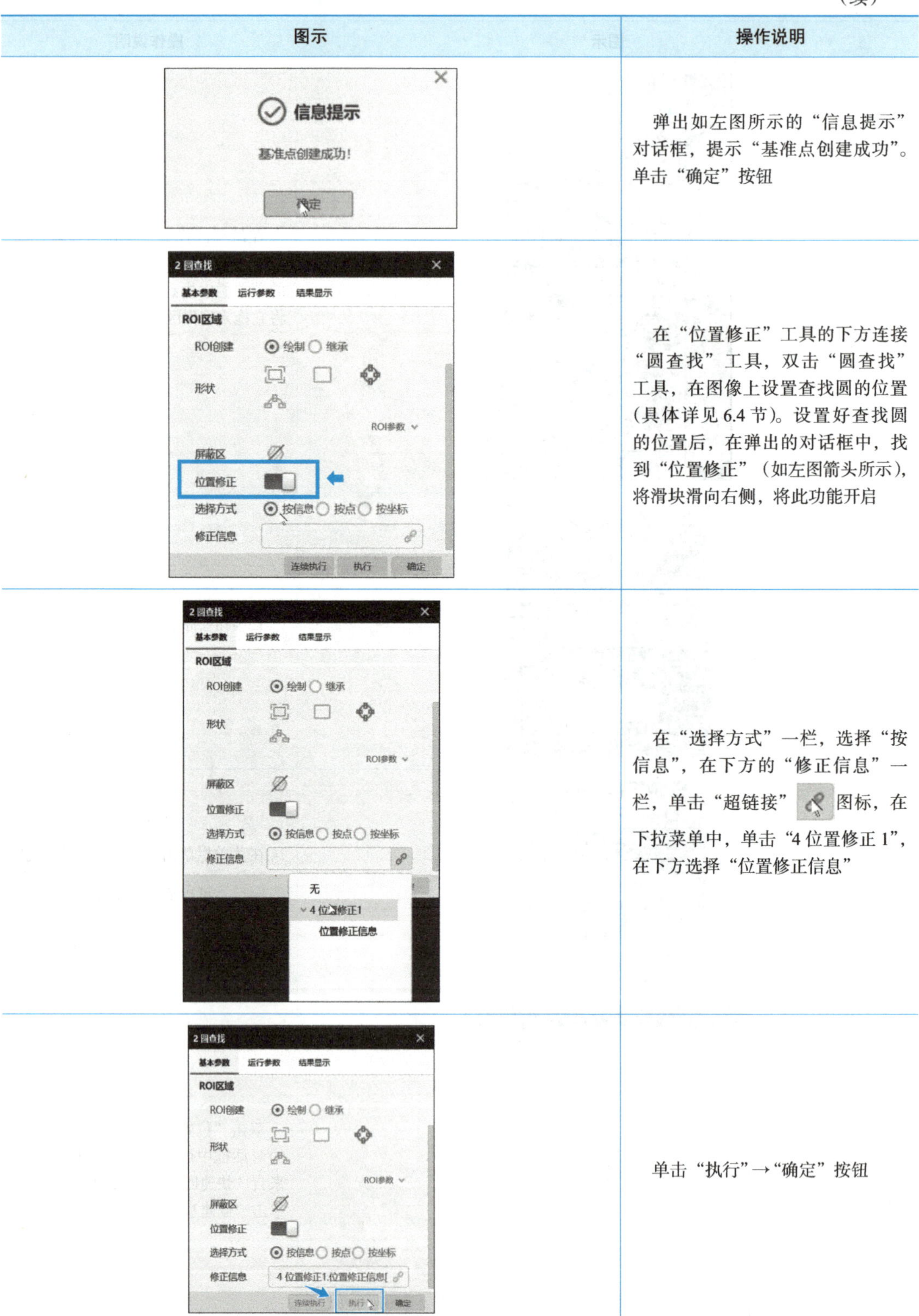

（续）

图示	操作说明
	弹出如左图所示的“信息提示”对话框，提示“基准点创建成功”。单击“确定”按钮
	在“位置修正”工具的下方连接“圆查找”工具，双击“圆查找”工具，在图像上设置查找圆的位置（具体详见 6.4 节）。设置好查找圆的位置后，在弹出的对话框中，找到“位置修正”（如左图箭头所示），将滑块滑向右侧，将此功能开启
	在“选择方式”一栏，选择“按信息”，在下方的“修正信息”一栏，单击“超链接”图标，在下拉菜单中，单击“4 位置修正 1”，在下方选择“位置修正信息”
	单击“执行”→“确定”按钮

（续）

图示	操作说明
	单击“运行”，在图像显示区会得到如左图所示的“圆查找”效果。但是，想要的效果是编写的程序对所有的图像都能起到作用，而不是单单对一张图有用
	将图像显示区下方的“自动切换”滑块滑至右侧，将“自动切换”功能开启。这个功能是在程序循环运行时自动地切换不同的图像
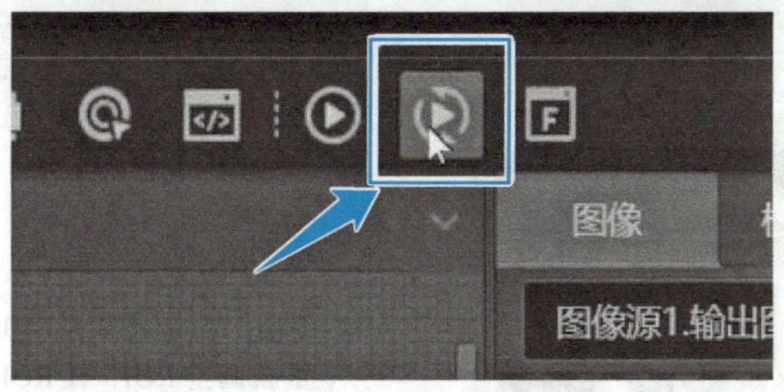	单击工具栏上的“循环执行”图标，可以看到程序应用于不同的图像上

6.12　测量问题定位

当开始“循环执行”时，有可能出现有些图像能够正确地测量到参数，但是有些图像测量不到参数，这时就需要定位一下编程中的工具模块参数的设置是否在应用到某些图像时没有运行成功。如果在一张图像上编程工具运行成功，该工具会显示成“绿色”，如果编程工具没有运行成功，该工具会显示成“红色”。

6.12.1 常见问题一：ROI 没有覆盖到工件

定位此问题的方法见表 6-11。

表 6-11 ROI 没有覆盖到工件的问题定位方法

图示	操作说明
	当程序应用失败时，例如，在图像上没有找到“圆查找”时，编程区域会显示红色。此时要定位问题，可以从第一个红色的工具开始定位。例如，要定位左图的问题，可以先从“快速匹配”工具开始
	单击“循环执行”图标停止“循环执行”。选择刚刚运行失败的图像，可以看到，在“快速匹配”工具中框出的 ROI 没有把工件完全覆盖。这样有可能导致匹配失败
	为此，需要在“快速匹配”工具中重新调整 ROI，让 ROI 的大小能够完整覆盖所有图像中的工件，无论工件出现在哪个位置

6.12.2 常见问题二：工件与模板的夹角超过设定值

定位此问题的方法见表 6-12。

表 6-12 工件与模板的夹角超过设定值的问题定位方法

图示	操作说明
	在左图中可以看到，“快速匹配”工具的 ROI 是完全覆盖了工件的，但是仍然匹配失败
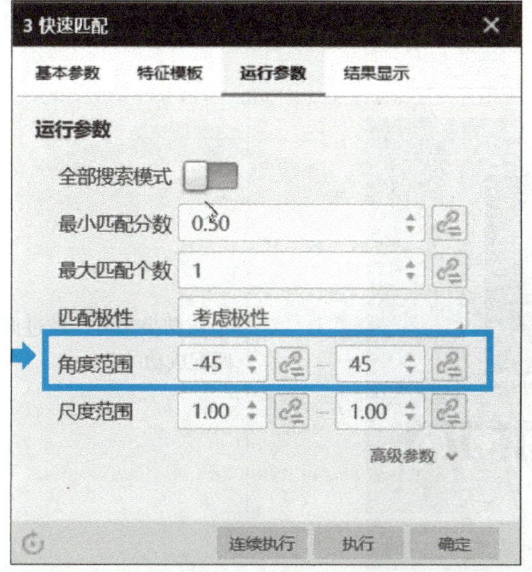	此时，有可能是实际工具与模板之间的夹角过大 双击“快速匹配”工具，在弹出的对话框中找到“运行参数”选项卡，在其中找到“角度范围”，可以看到默认值是 −45°~45°
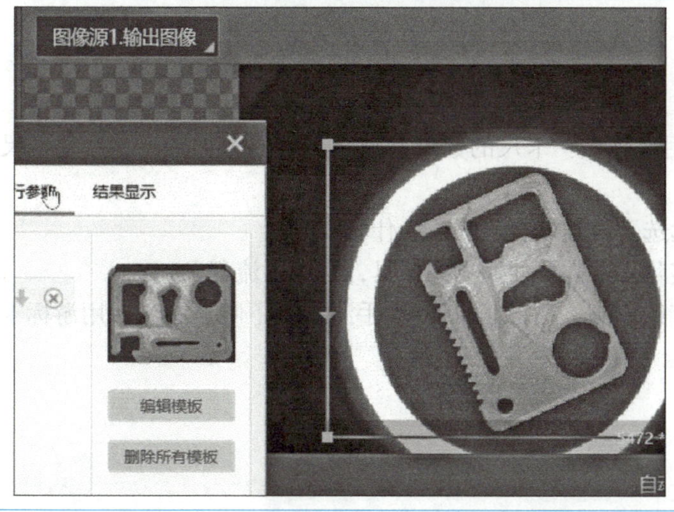	但是，通过观察左图可以看到，实际工件的位置与模板的夹角可能超过了默认的范围。为了验证这一点，可以将角度范围配置成 −180°~180°

（续）

图示	操作说明
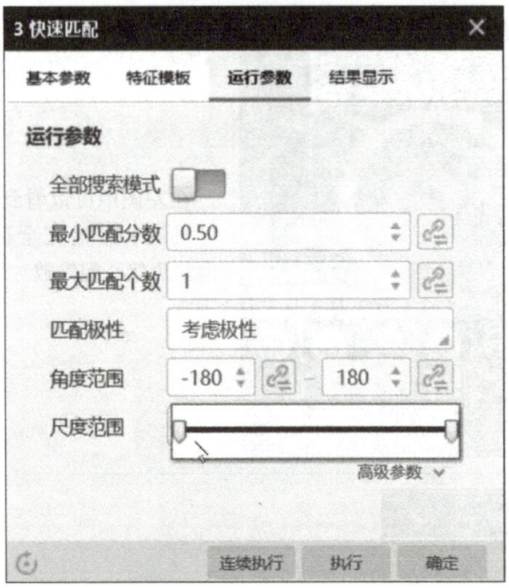	找到“运行参数”选项卡，在其中找到“角度范围”一栏，将“角度范围”设置成 -180°~180°，单击“执行”→“确定”按钮
	从结果来看，经过调整后是可以匹配成功的

课后习题

1. 在找线工具中卡尺的作用是什么？卡尺的数量是越多越好吗？如果不是，那卡尺数量的设置应遵循什么原则？

2. 找线时“边缘类型”永远选“最强”合适吗？为什么？

3. 请简述要测量出工件的实际尺寸需要使用哪些工具，并画出流程。

4. 选择一个工件（最好是有线、圆、角的工件），动手测试一下吧。测试后用游标卡尺量一量，看看你测试得是否准确。

第 7 章 机器视觉用于识别

知识目标

1）了解条形码、二维码和光学字符识别（OCR）的概念。
2）熟悉识别工具的使用方法。
3）熟悉条件检测、格式化以及运行界面的使用方法。

技能目标

1）熟练使用条形码识别工具、二维码识别工具和光学字符识别工具。
2）熟练使用条件检测工具和格式化工具。
3）熟练使用运行界面工具。

素养目标

1）通过字符识别案例，了解人工智能的训练过程，对人工智能加深了解。

2）了解使用软件、应用软件开发和开发软件等不同工作岗位的能力要求，明确职业方向和职业规划。

VM—条形码、二维码和字符识别

机器视觉用于识别，主要是指对一维码和二维码的识别、光学字符的识别（Optical Character Recognition，OCR）、颜色与形状的识别等。本章主要学习前三种内容的识别方法。

7.1 一维码识别

7.1.1 概述

一维码也称为条形码，如图 7-1 所示。它是由条形码的条和空按照一定规则排列在一起构成的。常用的一维码的码制包括 EAN 码、39 码、交叉 25 码、UPC 码、128 码、93 码、ISBN 码及 Codabar（库德巴）码等。

图 7-1　一维码示例

条形码起源于 20 世纪 40 年代，应用于 20 世纪 70 年代，普及于 20 世纪 80 年代。条形码技术是在计算机应用和实践中产生并发展起来的。它广泛应用于商业、邮政、图书管理、仓储、工业生产过程控制、交通等领域，具有输入速度快、准确度高、成本低、可靠性强等优点，在当今的自动识别技术中占有重要的地位。

条形码中的“条”指对光线反射率较低的部分，“空”指对光线反射率较高的部分，这些条和空组成的数据表达一定的信息，并能够用特定的设备识读，转换成与计算机兼容的二进制和十进制信息。通常对于一种物品，它的编码是唯一的，对于普通的一维条形码来说，还要通过数据库建立条形码与商品信息的对应关系，当条形码的数据传到计算机上时，由计算机上的应用程序对数据进行操作和处理。因此，普通的一维条形码在使用过程中仅作为识别信息，它的意义是通过在计算机系统的数据库中提取相应的信息而实现的。然而，一维条形码制作简单，编码码制较容易被不法分子获得并伪造，而且一维条形码几乎不可能表示汉字和图像信息。

7.1.2　条形码识别工具

条形码识别工具的使用见表 7-1。

表 7-1　条形码识别工具的使用

图示	操作说明
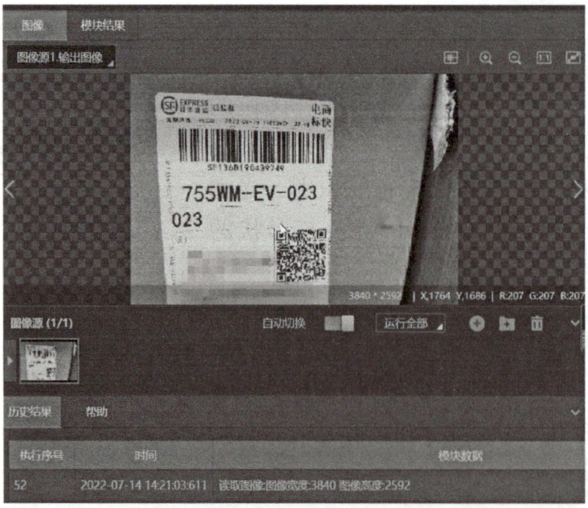	在进行条形码识别之前，先打开视觉设备，采集一张带有条形码的图像

（续）

图示	操作说明
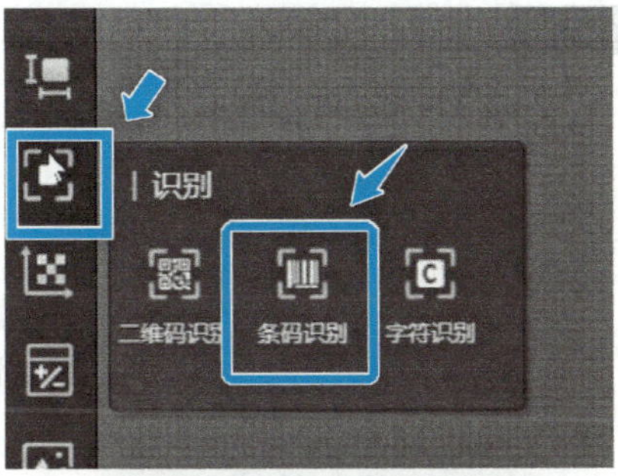	在编程区，找到“识别”模块，将光标放在“识别”模块上，在展开的菜单中找到“条码识别”工具，并将其拖入编程区中
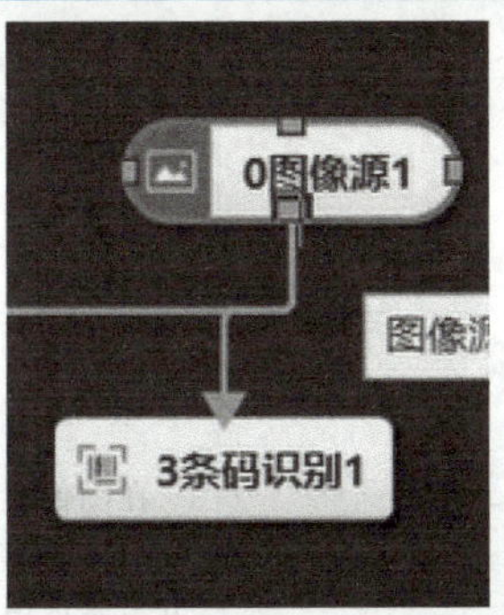	将“3 条码识别 1”工具与“0 图像源 1”相连
	双击“条码识别”工具，在对话框中确认“输入源”是“0 图像源 1.图像”。在“ROI 区域”的“形状”一栏选择“矩形”图标，如左图箭头所示
	在图像中，按住鼠标左键向右下方拉出一个矩形框，如左图所示，刚好覆盖住待识别的条形码区域

（续）

图示	操作说明
 3 条码识别 基本参数 运行参数 结果显示 图像输入 输入源 0 图像源1.图像 ROI区域 ROI创建 绘制 继承 形状 ROI参数 位置修正 连续执行 执行 确定	单击“执行”按钮
 SF1368190439749 绿色 55WM--EV-023	在图像显示区可以看到识别的结果用绿色的字标记。在结果显示区，也会显示识别的结果。如果识别的结果与条形码下面显示的字符（如左图中箭头所示）相同，就说明识别的结果是正确的

7.2 二维码识别

7.2.1 概述

二维码又称为二维条形码，常见的二维码为 QR（Quick Response）码，是一种编码方式。它比传统的条形码存储更多的信息，也能表示更多的数据类型，如图 7-2 所示。

图 7-2 二维码示例

二维码（2-Dimensional Bar Code）是用某种特定的几何图形按一定规律在平面（二维方向上）分布的、黑白相间的、记录数据符号信息的图形。在代码编制上巧妙地利用构成计算机内部逻辑基础的“0”“1”比特流的概念，使用若干个与二进制相对应的几何形体来表示文字数值信息，通过图像输入设备或光电扫描设备自动识读以实现信息自动处理。它具有条形码技术的一些共性：每种码制有其特定的字符集；每个字符占有一定的宽度；具有一定的校验功能等。同时它还具有对不同行的信息自动识别的功能及处理图形的旋转变化功能。

7.2.2　二维码识别工具

二维码识别工具的使用见表 7-2。

表 7-2　二维码识别工具的使用

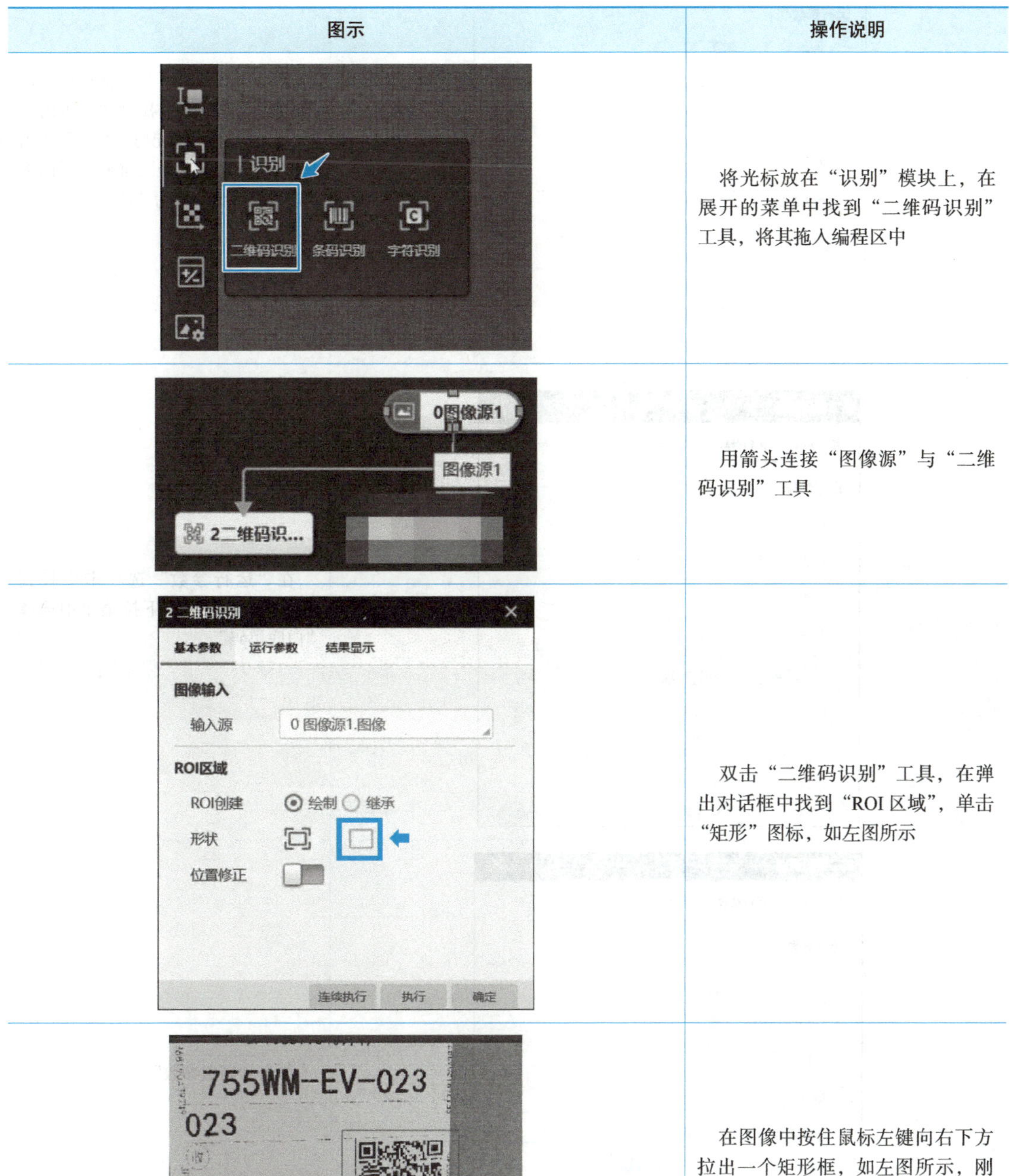

图示	操作说明
	将光标放在“识别”模块上，在展开的菜单中找到“二维码识别”工具，将其拖入编程区中
	用箭头连接“图像源”与“二维码识别”工具
	双击“二维码识别”工具，在弹出对话框中找到“ROI 区域”，单击“矩形”图标，如左图所示
	在图像中按住鼠标左键向右下方拉出一个矩形框，如左图所示，刚好覆盖住待识别的二维码区域

（续）

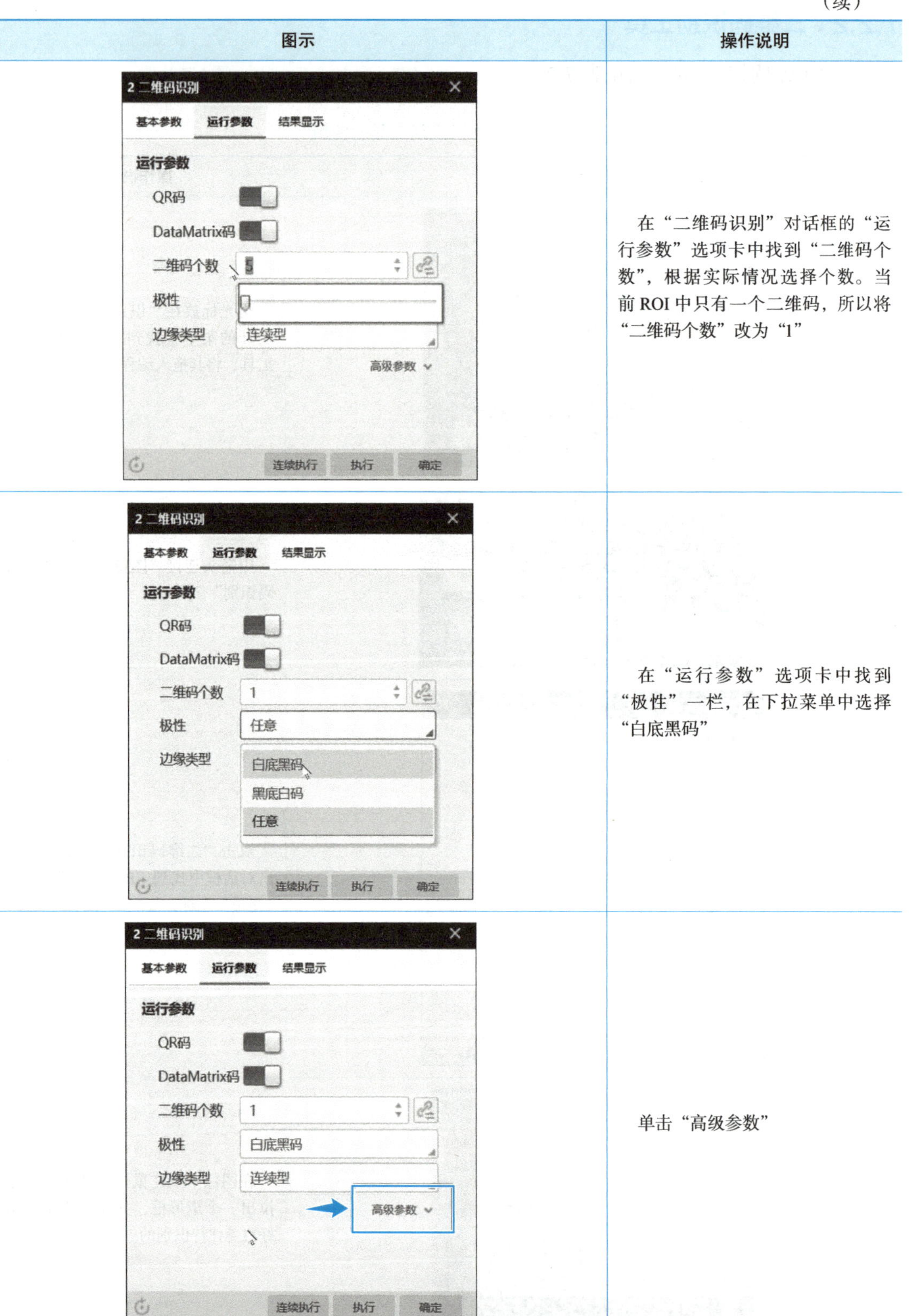

图示	操作说明
	在“二维码识别”对话框的“运行参数”选项卡中找到“二维码个数”，根据实际情况选择个数。当前 ROI 中只有一个二维码，所以将“二维码个数”改为“1”
	在“运行参数”选项卡中找到“极性”一栏，在下拉菜单中选择“白底黑码”
	单击“高级参数”

（续）

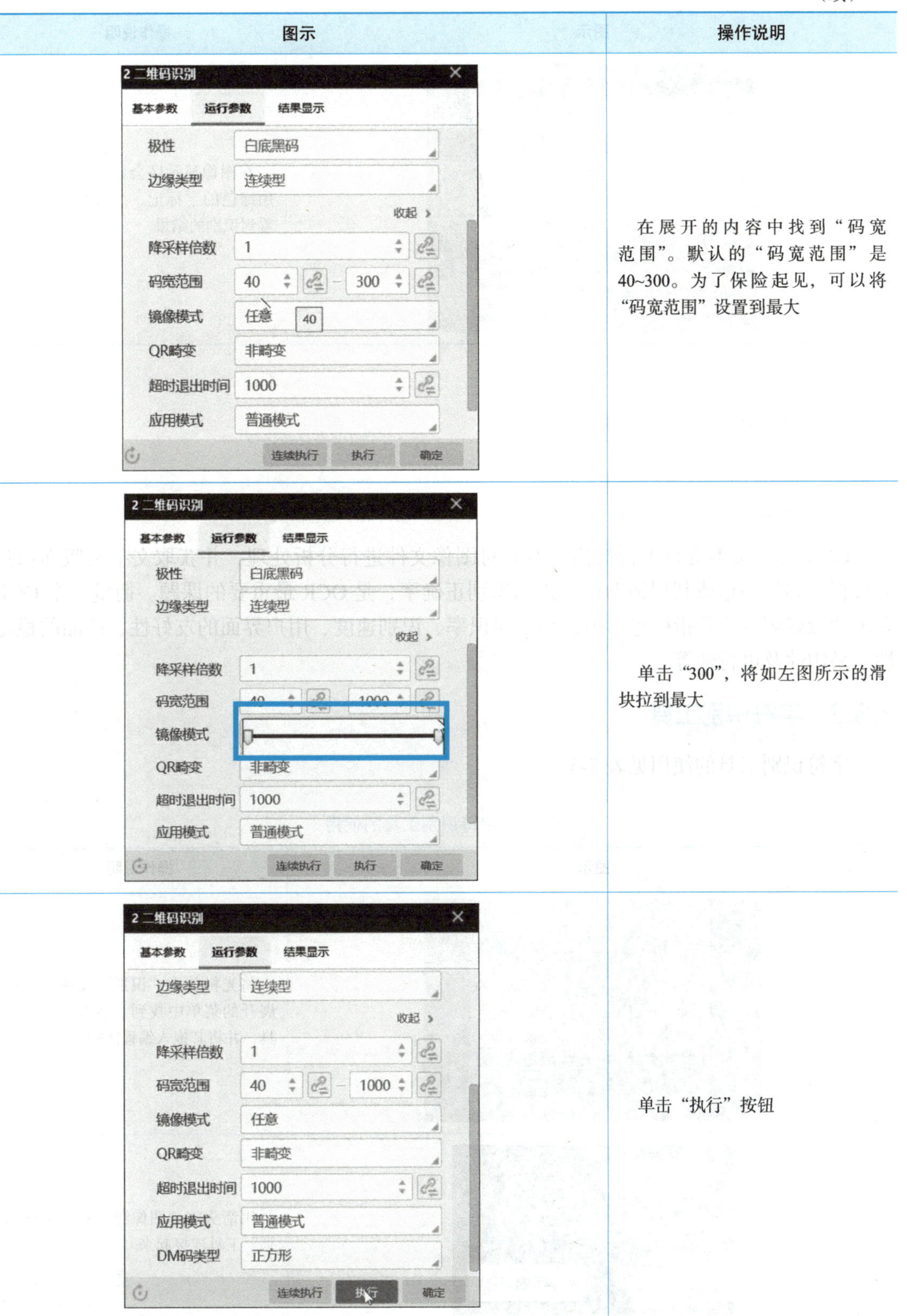

图示	操作说明
	在展开的内容中找到“码宽范围”。默认的“码宽范围”是40~300。为了保险起见，可以将“码宽范围”设置到最大
	单击“300”，将如左图所示的滑块拉到最大
	单击“执行”按钮

（续）

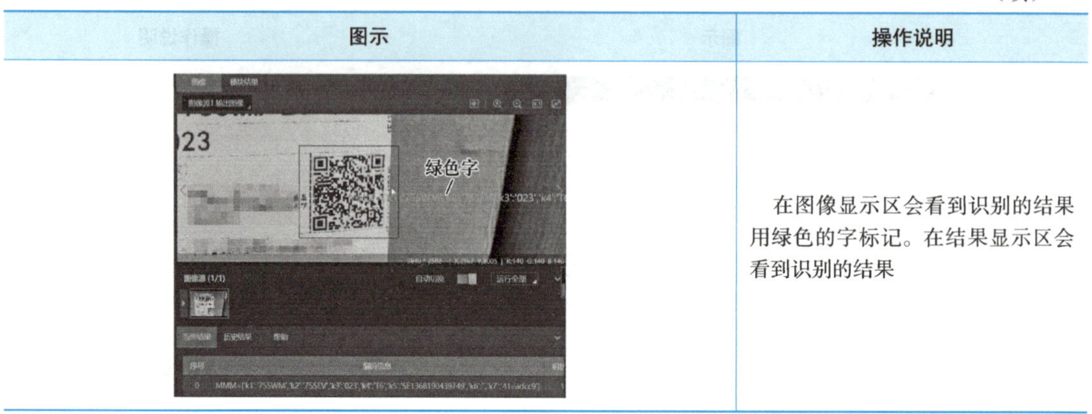

图示	操作说明
（见上图）	在图像显示区会看到识别的结果用绿色的字标记。在结果显示区会看到识别的结果

7.3 OCR

7.3.1 概述

OCR 是对文本资料进行扫描，然后对图像文件进行分析处理，并获取文字及版面信息的过程。如何除错或利用辅助信息提高识别正确率，是 OCR 最重要的课题。衡量一个 OCR 系统性能好坏的主要指标包括拒识率、误识率、识别速度、用户界面的友好性、产品的稳定性、易用性及可行性等。

7.3.2 字符识别工具

字符识别工具的使用见表 7-3。

表 7-3　字符识别工具的使用

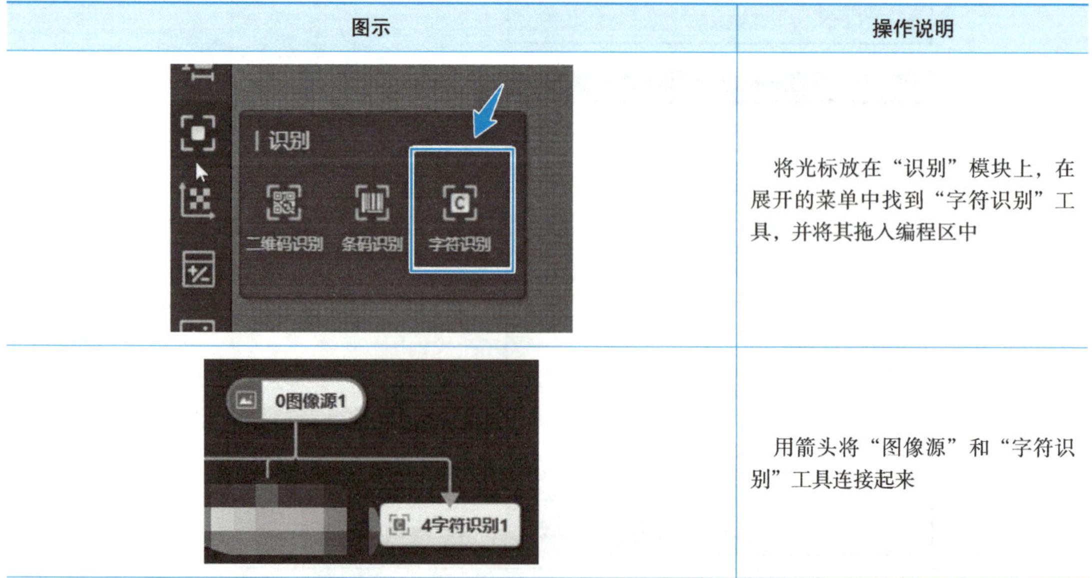

图示	操作说明
（见上图）	将光标放在“识别”模块上，在展开的菜单中找到“字符识别”工具，并将其拖入编程区中
（见上图）	用箭头将“图像源”和“字符识别”工具连接起来

（续）

<table>
<tr><th>图示</th><th>操作说明</th></tr>
<tr><td>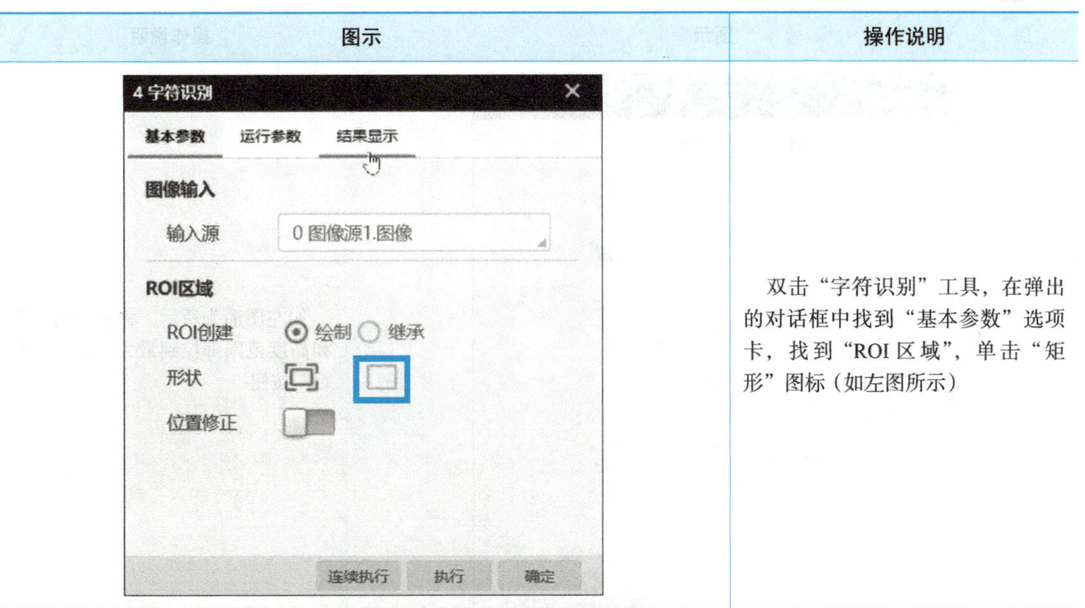</td><td>双击“字符识别”工具，在弹出的对话框中找到“基本参数”选项卡，找到“ROI 区域”，单击“矩形”图标（如左图所示）</td></tr>
<tr><td></td><td>按住鼠标左键，向右下方拉出一个矩形框，刚好覆盖住待识别的字符，如左图所示</td></tr>
<tr><td>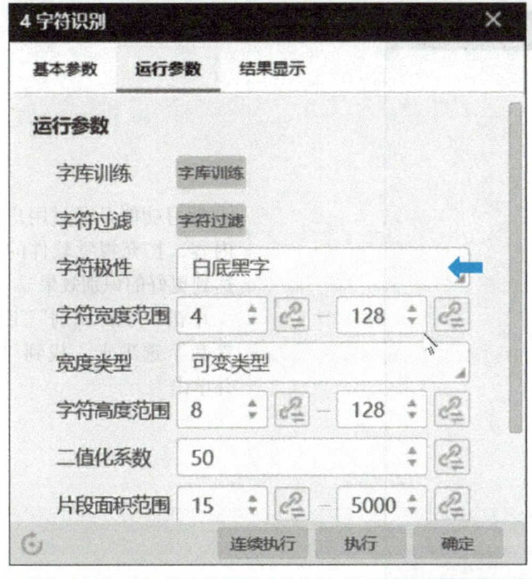</td><td>在对话框的“运行参数”选项卡中确认“字符极性”设置得是否正确。默认的“字符极性”是“白底黑字”，与待识别的字符相符，则不需要修改</td></tr>
</table>

（续）

图示	操作说明
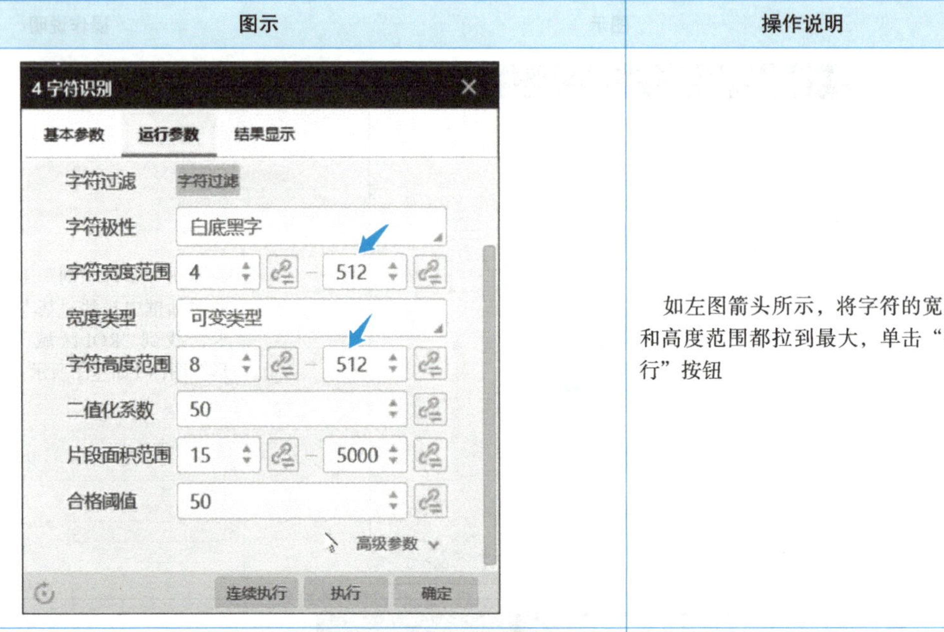	如左图箭头所示，将字符的宽度和高度范围都拉到最大，单击“执行”按钮
	此时，你会发现仍然有字符没被识别出来 可以利用“字符识别”工具内部的学习功能再试试
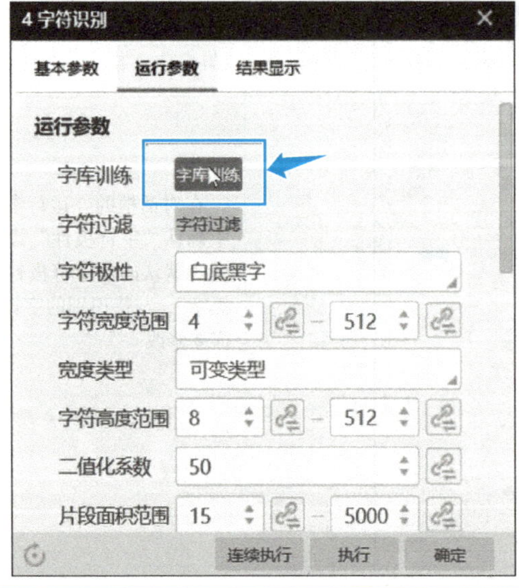	学习功能是通过用户标注字符的内容，扩充视觉软件的数据库，以达到更好的识别效果 单击“字符识别”工具的“运行参数”选项卡，找到“字库训练”并单击

（续）

图示	操作说明
	在弹出的对话框中单击矩形 ROI（如左图中箭头所示）。按住鼠标左键向右下方拉出一个矩形，刚好覆盖待识别的字符区域
	在“训练参数”一栏，观察默认的参数是否合适，包括字符的极性、宽度和高度等。单击“提取字符”按钮
	在弹出的对话框中可看到被分割的字符。虽然，视觉软件将这个字符正确地分割开了，但是，并没有识别出来

（续）

图示	操作说明
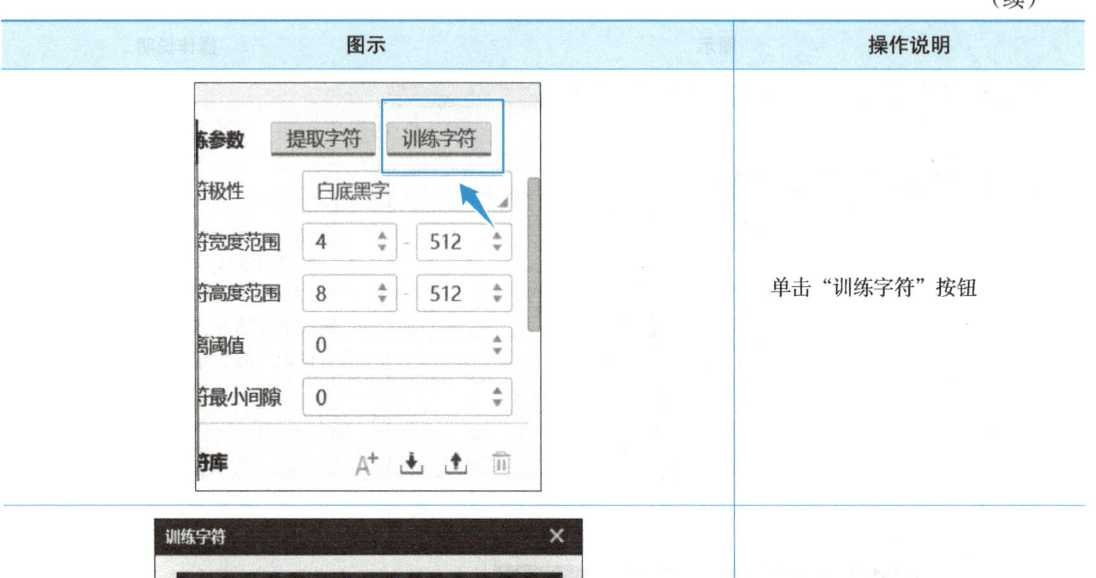	单击“训练字符”按钮
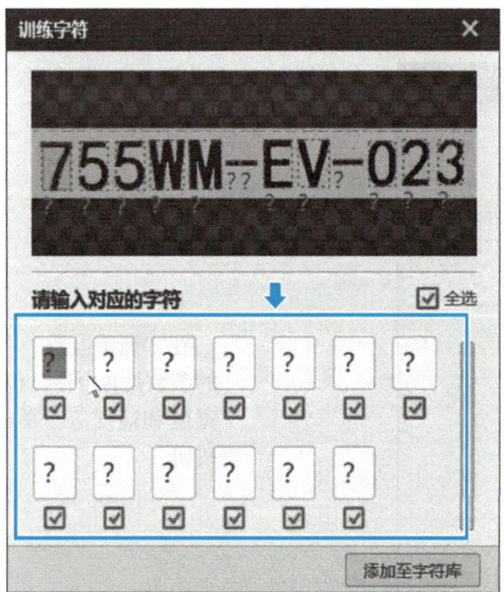	在左图箭头所示的位置上，输入对应的字符
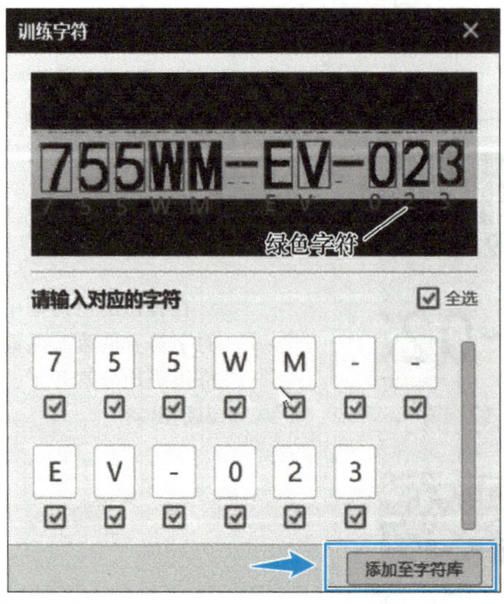	输入后，确认图像中显示的绿色字符是正确的。单击“添加至字符库”按钮

（续）

图示	操作说明
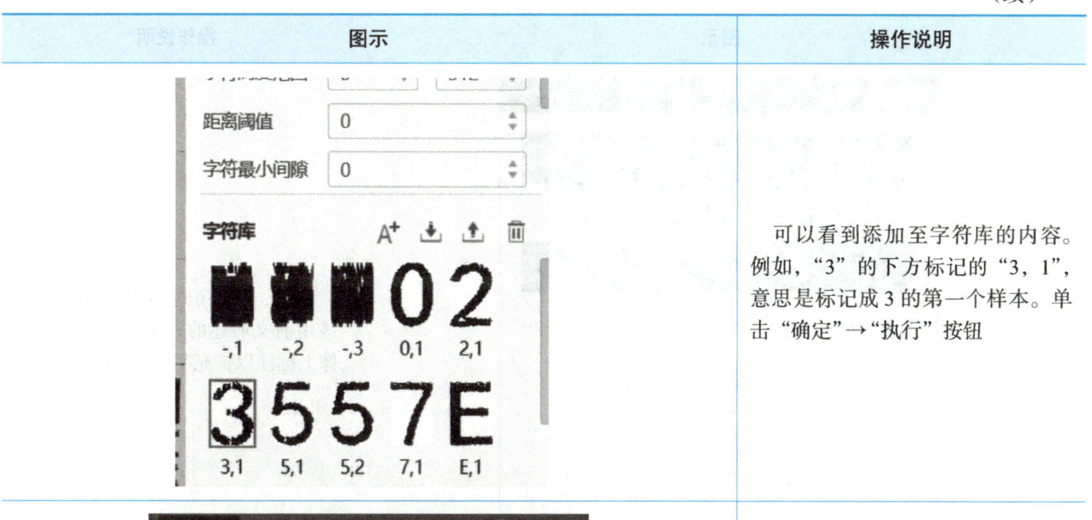	可以看到添加至字符库的内容。例如，“3”的下方标记的“3，1”，意思是标记成3的第一个样本。单击“确定”→“执行”按钮
	此时，在图像显示区可以看到字符识别后的内容。在结果显示区可以看到识别出的字符
	在识别其他字符时，会发现有时识别效果比较好，如左图所示
	但有时识别的效果却不好（如左图所示），原因是数据库中字符的种类和数量都太少了。如果待识别的字符不在数据库中，则算法只能从数据库中找一个最像的字符作为识别结果

（续）

图示	操作说明
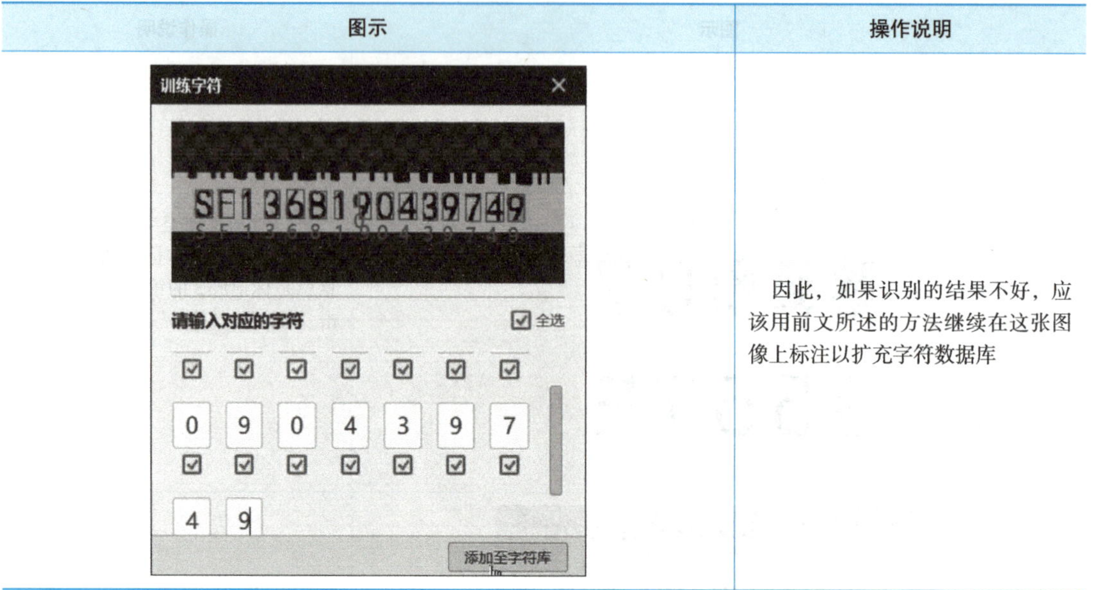	因此，如果识别的结果不好，应该用前文所述的方法继续在这张图像上标注以扩充字符数据库

7.3.3 字符个数的增加

数据库中的字符决定了最终字符识别的效果，而字符的存在形式可以有很多种，如图 7-3 所示。从图 7-3 可以看出，对于每一个数字，都有多种存在形式，而每一种存在形式都是正确的，软件应该将它们识别出来。因此，对于一个字符，如果能收集到它的更多形态（称为样本），那么也会增加对它的识别率。VisionMaster 的 OCR 工具支持将数据库中的字符的表现进行改变以生成更多的样本。

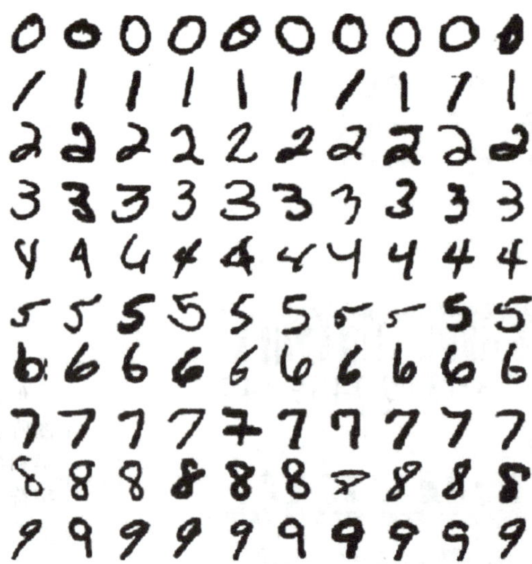

图 7-3　手写数字 0~9

增加字符个数的方法见表 7-4。

表 7-4　增加字符个数的方法

图示	操作说明
	在编程区先拖入“图像源”工具，选择本地图像，打开一张带有字符的图像，如左图所示 但是，左图所示的图像拍摄的角度有偏转，先将它旋转摆正
	在编程区找到“图像处理”模块，如左图所示
	将光标放在“图像处理”模块上，在展开的菜单中找到“几何变换”工具。将其拖入编程区中，与“图像源”工具相连
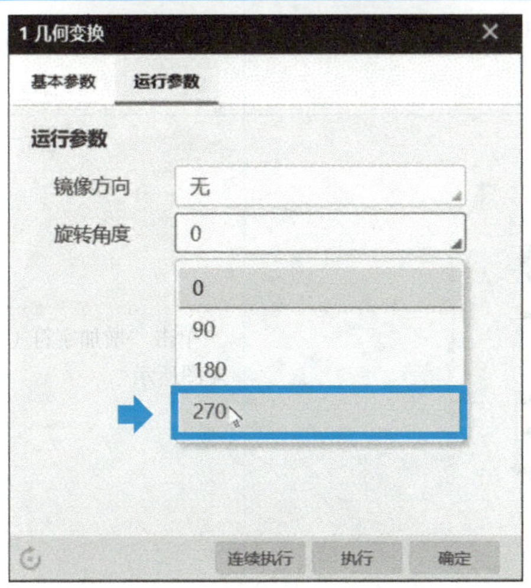	双击“几何变换”工具，在弹出的对话框中找到“运行参数”选项卡中的“旋转角度”。这里的“旋转角度”是指顺时针方向旋转的角度，对于这张图像来说需要调整 270°

（续）

图示	操作说明
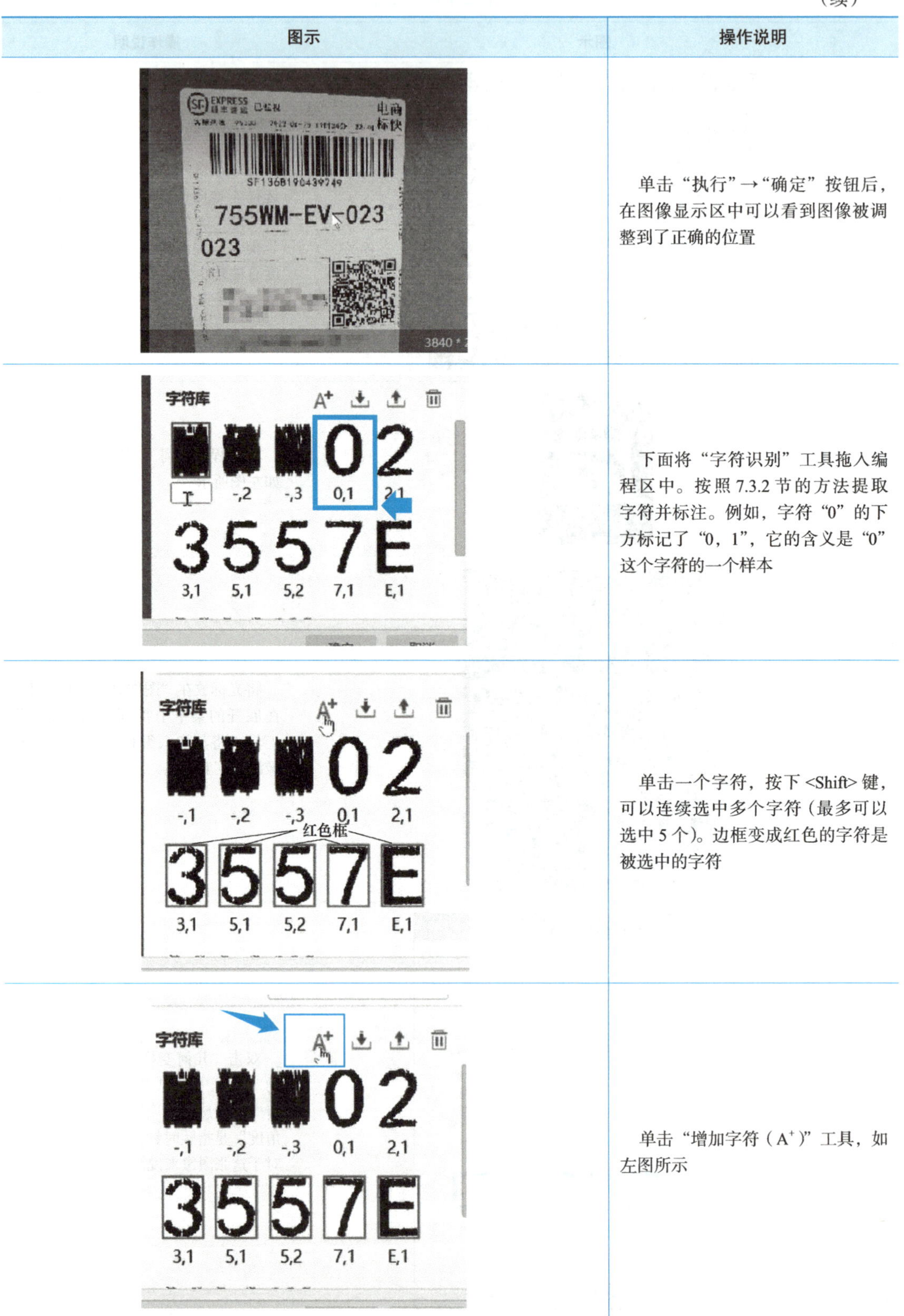	单击“执行”→“确定”按钮后，在图像显示区中可以看到图像被调整到了正确的位置
	下面将“字符识别”工具拖入编程区中。按照 7.3.2 节的方法提取字符并标注。例如，字符“0”的下方标记了“0，1”，它的含义是“0”这个字符的一个样本
	单击一个字符，按下 <Shift> 键，可以连续选中多个字符（最多可以选中 5 个）。边框变成红色的字符是被选中的字符
	单击“增加字符（A^+）”工具，如左图所示

（续）

图示	操作说明
	可见，每个字符的样本都增加到了 10 个
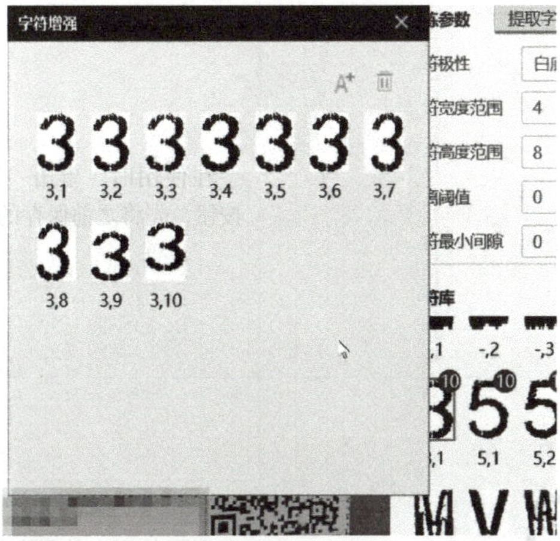	双击任意一个字符后可以看到该字符的 10 个样本的不同形态。有的字体粗一些，有的尺度小一些，有的位置偏高一些等
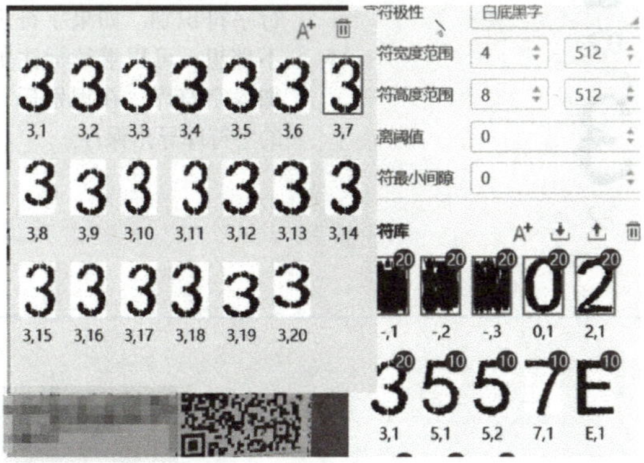	每次单击“A⁺”工具，被选中字符的样本数可以增加 10 个。如左图所示，再次单击“A⁺”工具后，“3”生成了 20 个样本

7.3.4　保存数据库

VM—增加和导出数据库

将生成好的字符库保存起来，每次使用“字符识别”工具时，将字符数据库导入进来，这样就可以利用之前标注好的数据库直接进行字符识别，方便又省力。保存数据库的方法见表 7-5。

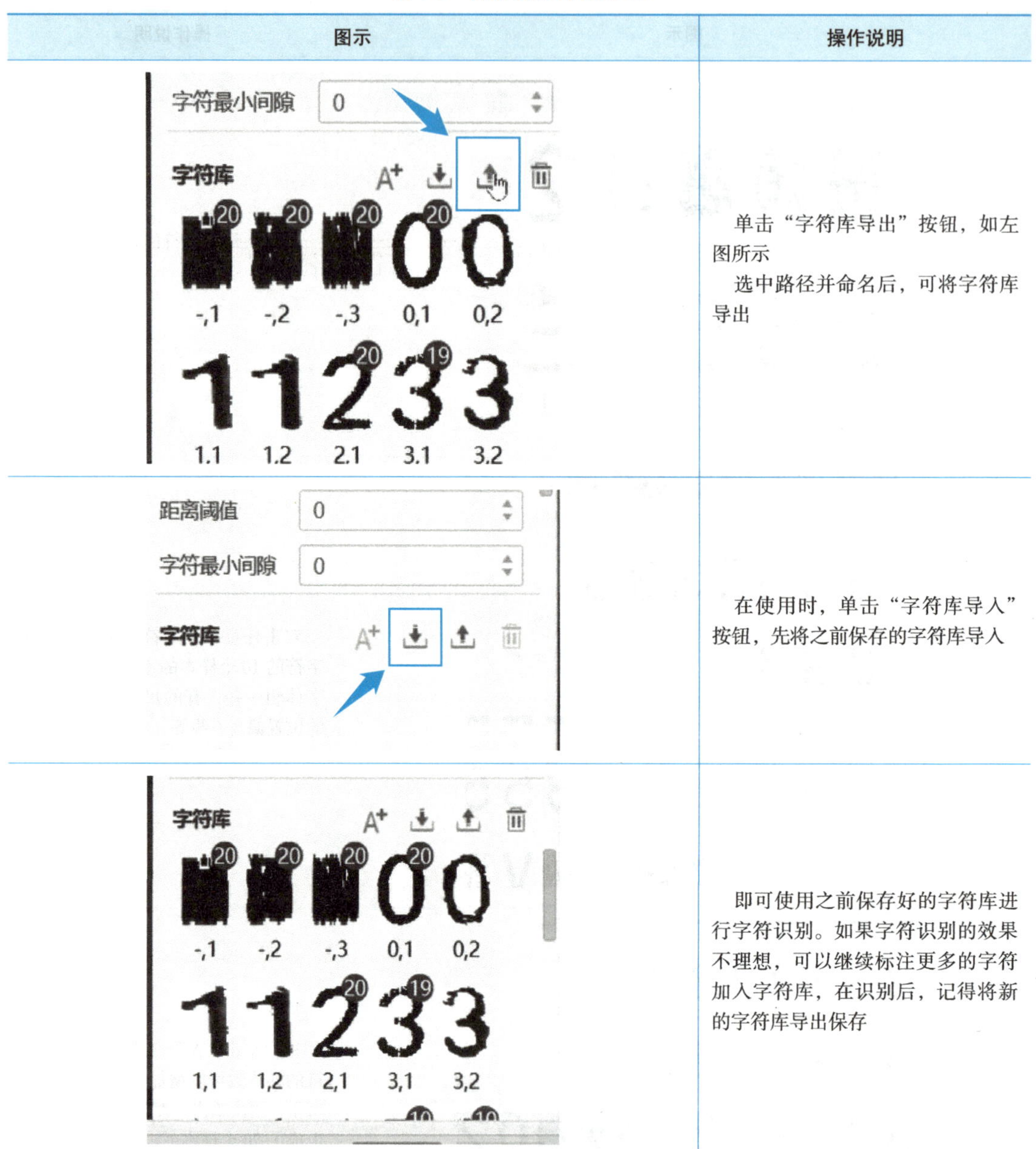

表 7-5　保存数据库的方法

图示	操作说明
	单击“字符库导出”按钮，如左图所示 选中路径并命名后，可将字符库导出
	在使用时，单击“字符库导入”按钮，先将之前保存的字符库导入
	即可使用之前保存好的字符库进行字符识别。如果字符识别的效果不理想，可以继续标注更多的字符加入字符库，在识别后，记得将新的字符库导出保存

7.4　结果显示设计

在进行测量和识别后，需要知道测量的工件是否合格，因此，还需要用比较明显的方式将最终是否合格的结论显示在图像上。那么这个结论要怎么得出呢？以测量工件的尺寸为例，首先，通过软件编程可以测量出工件的尺寸；其次，需要事先知道工件的标准尺寸和允许误差，例如，一个工件的标准尺寸是 5cm，允许误差范围是 ±5%；最后，要基于测量的结果、标准尺寸以及允许误差来判断工件是否合格。回到上面的例子，如果一个工件的标准尺寸是 5cm，允许误差范围是 ± 5%，意味着当工件尺寸在 4.75~5.25cm 之间时，它是合格的；当测量的尺寸不在这个范围内时，工件尺寸就是不合格的。这个判断的过程可以使用条件检测工具完成。

VM—条件检测工具

7.4.1　条件检测工具

条件检测工具的使用方法见表 7-6。

表 7-6　条件检测工具的使用方法

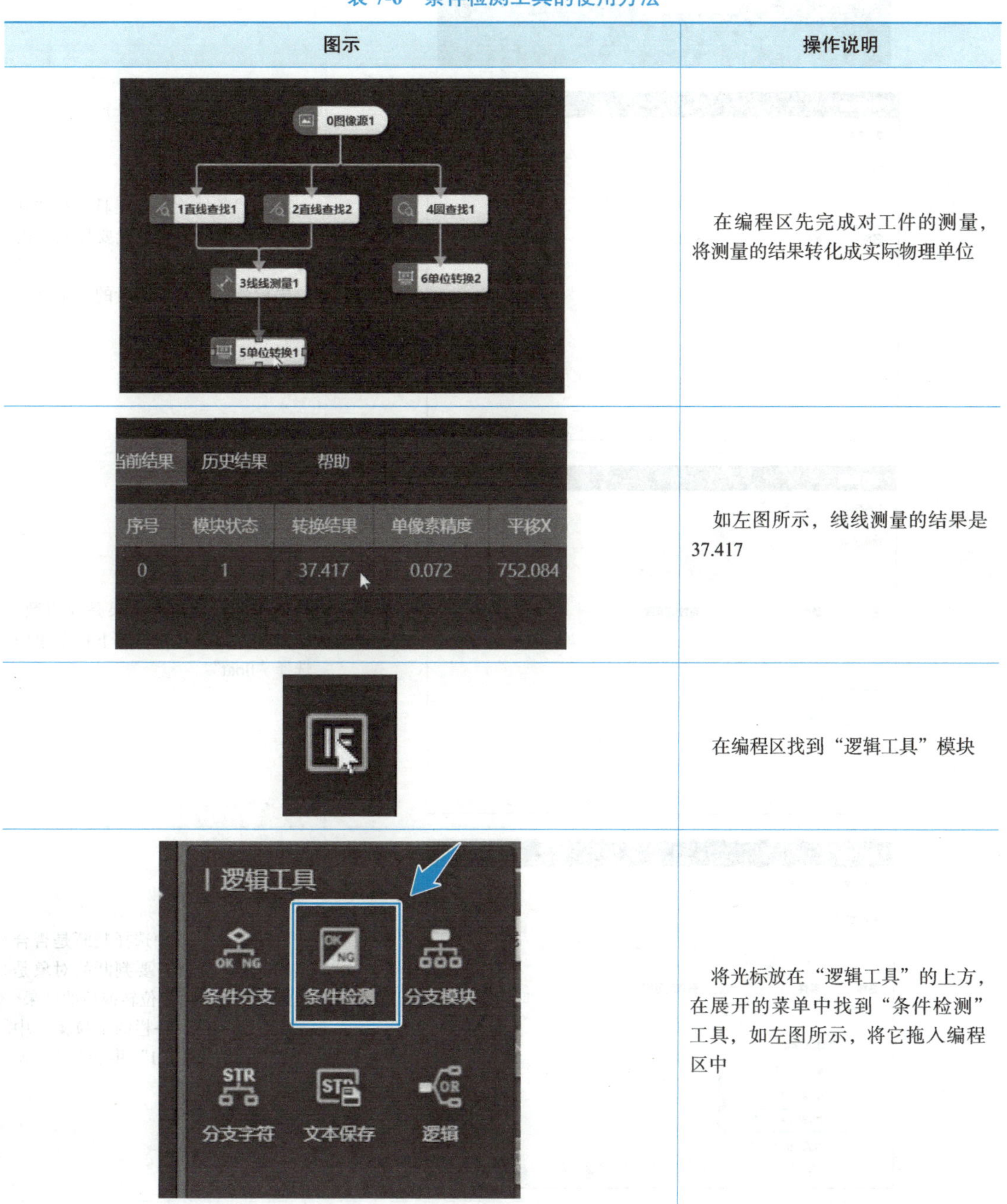

图示	操作说明
	在编程区先完成对工件的测量，将测量的结果转化成实际物理单位
	如左图所示，线线测量的结果是 37.417
	在编程区找到“逻辑工具”模块
	将光标放在“逻辑工具”的上方，在展开的菜单中找到“条件检测”工具，如左图所示，将它拖入编程区中

（续）

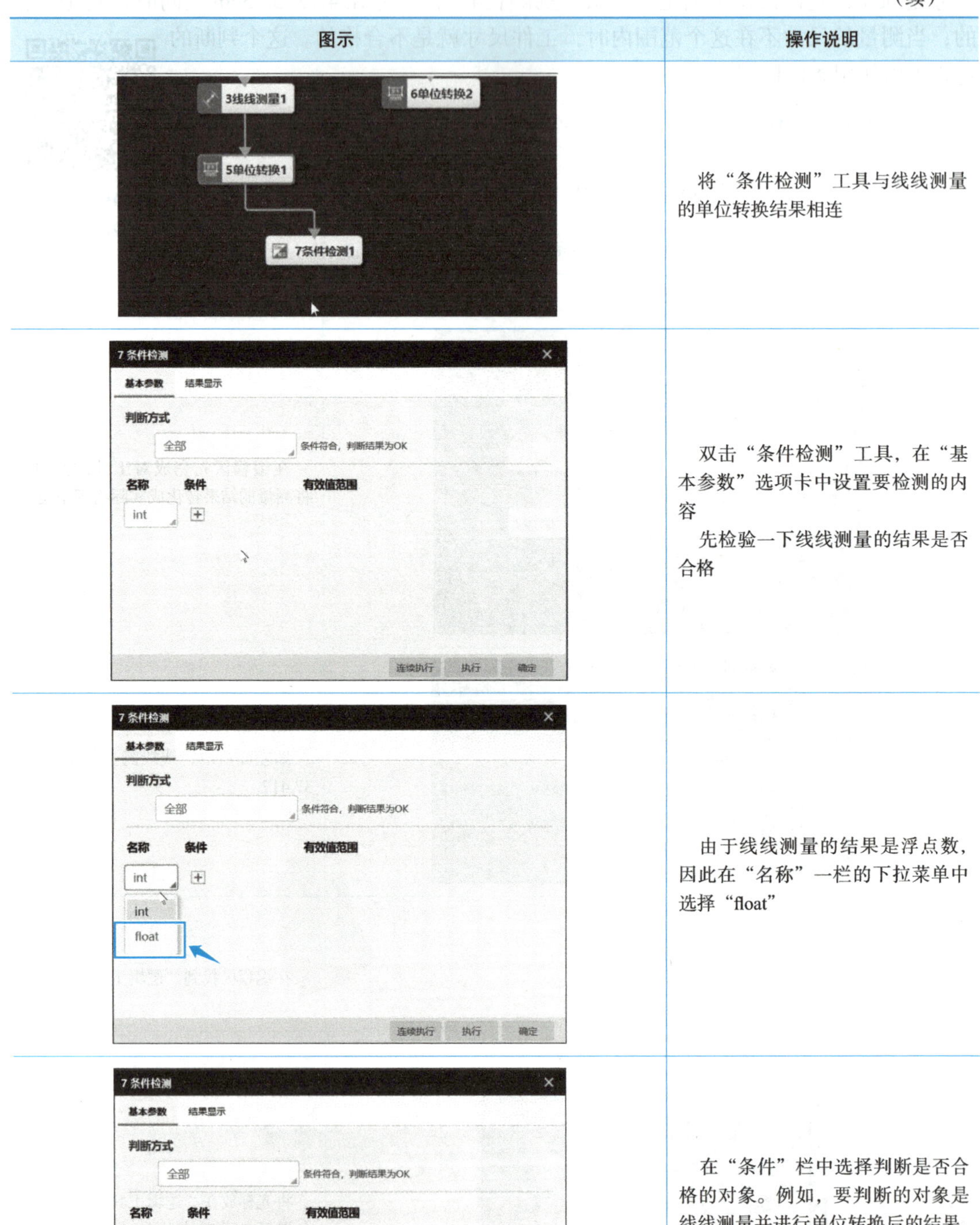

图示	操作说明
	将“条件检测”工具与线线测量的单位转换结果相连
	双击“条件检测”工具，在“基本参数”选项卡中设置要检测的内容 先检验一下线线测量的结果是否合格
	由于线线测量的结果是浮点数，因此在“名称”一栏的下拉菜单中选择“float”
	在“条件”栏中选择判断是否合格的对象。例如，要判断的对象是线线测量并进行单位转换后的结果。那么在“条件”一栏的下拉菜单中找到“5 单位转换 1”并单击“转换结果”

（续）

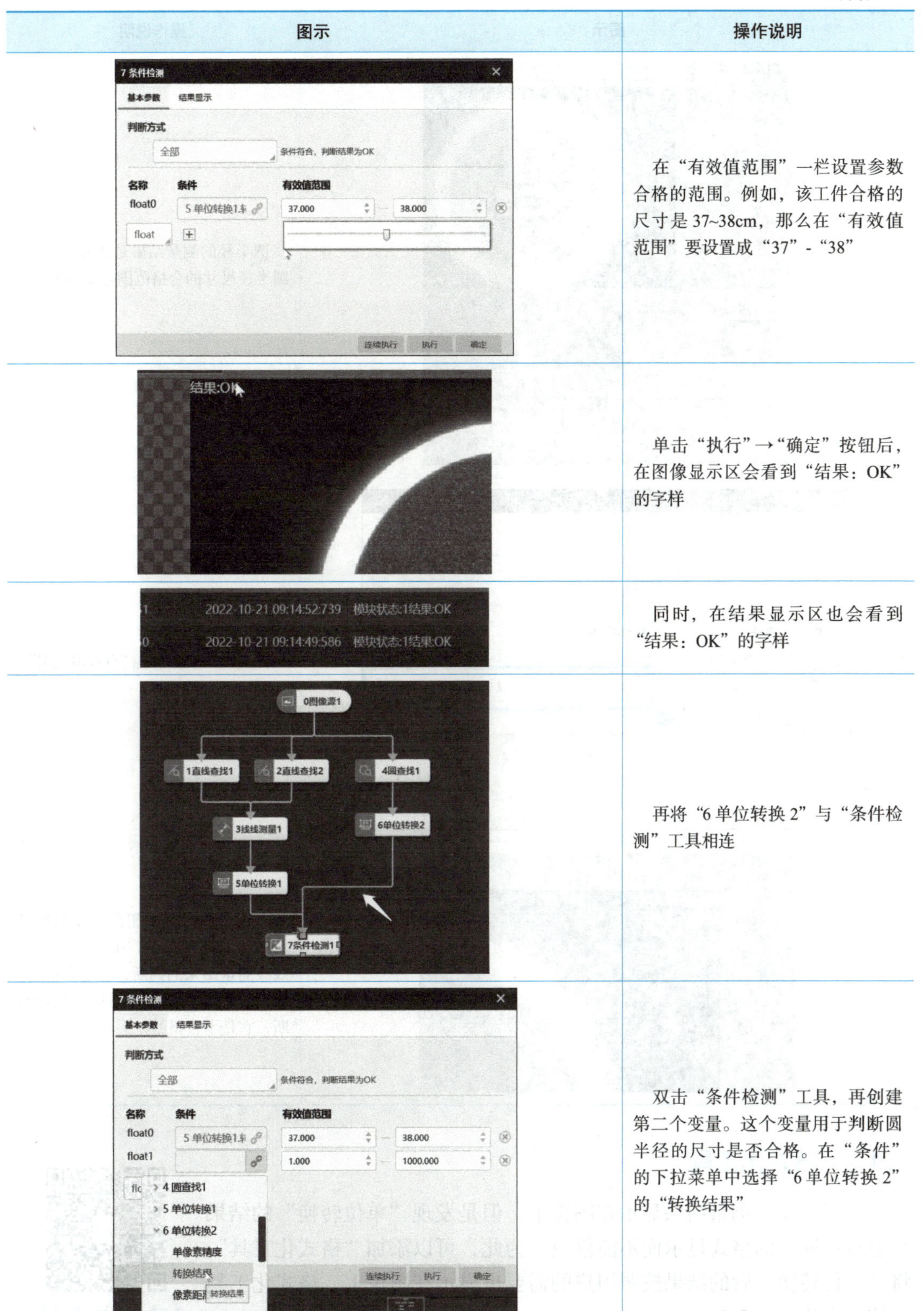

图示	操作说明
	在“有效值范围”一栏设置参数合格的范围。例如，该工件合格的尺寸是37~38cm，那么在“有效值范围”要设置成“37”-“38”
	单击“执行”→“确定”按钮后，在图像显示区会看到“结果：OK”的字样
	同时，在结果显示区也会看到“结果：OK”的字样
	再将“6 单位转换 2”与“条件检测”工具相连
	双击“条件检测”工具，再创建第二个变量。这个变量用于判断圆半径的尺寸是否合格。在“条件”的下拉菜单中选择“6 单位转换 2”的“转换结果”

（续）

图示	操作说明
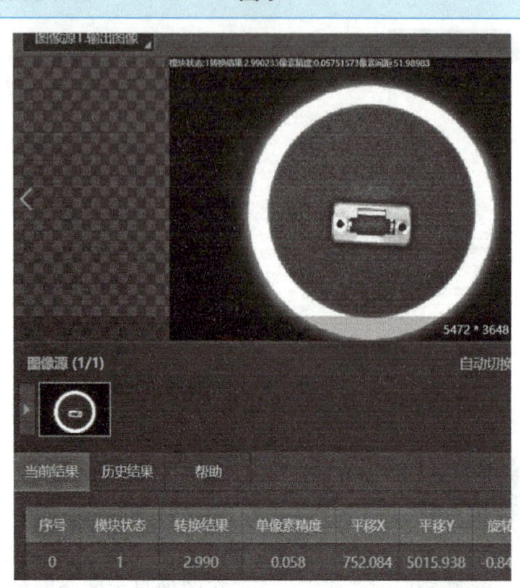	圆半径的测量结果是 2.990。假设圆半径尺寸的合格范围是 2.5~2.8cm
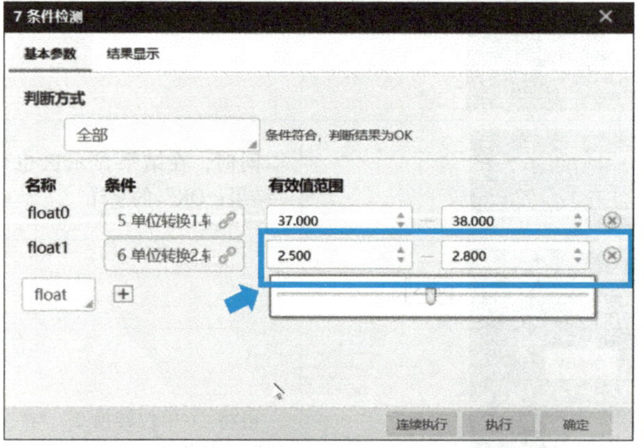	如左图所示，设置“有效值范围”
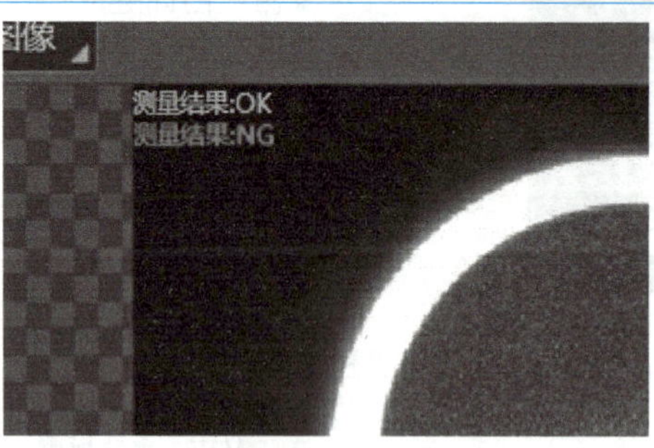	单击“执行”按钮后，在图像显示区会看到两行字，第一行字是对线线测量结果的判断，它是合格的。第二行字是对圆半径测量结果的判断，它是不合格的

7.4.2 格式化工具

VM—格式化工具

如果想要将测量结果显示在图像上，但是发现“单位转换”的结果只能按照固定的格式显示而不能修改。为此，可以添加“格式化工具”，将“单位转换”后的结果按照用户的需要也显示在图像上。格式化工具的使用方法见表 7-7。

表 7-7　格式化工具的使用方法

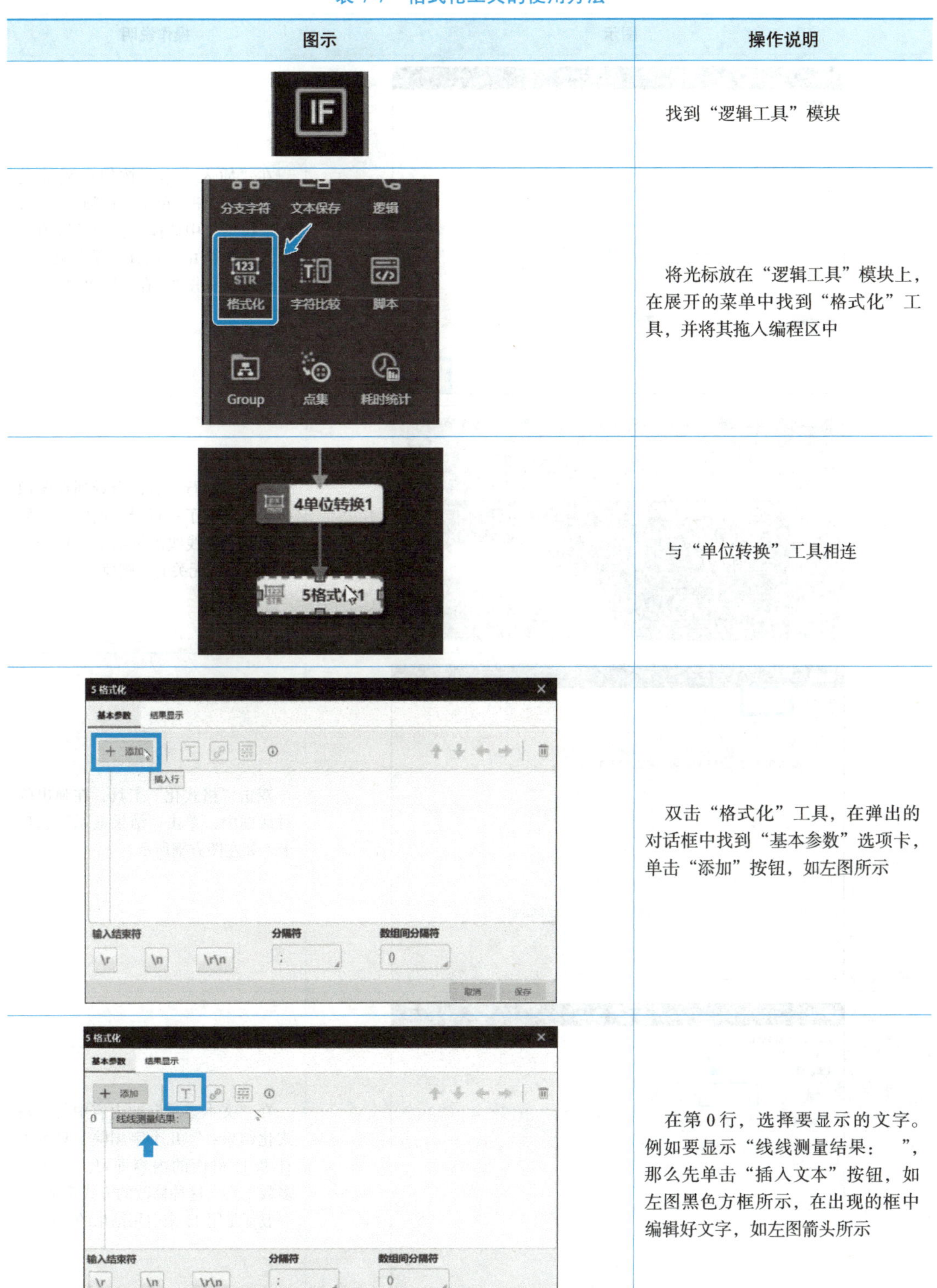

图示	操作说明
	找到“逻辑工具”模块
	将光标放在“逻辑工具”模块上，在展开的菜单中找到“格式化”工具，并将其拖入编程区中
	与“单位转换”工具相连
	双击“格式化”工具，在弹出的对话框中找到“基本参数”选项卡，单击“添加”按钮，如左图所示
	在第 0 行，选择要显示的文字。例如要显示“线线测量结果：　”，那么先单击“插入文本”按钮，如左图黑色方框所示，在出现的框中编辑好文字，如左图箭头所示

（续）

<table>
<tr><th>图示</th><th>操作说明</th></tr>
<tr><td>
</td><td>在“插入文本”按钮的后面是“订阅”按钮，单击“订阅”按钮，在下拉菜单中选择要显示的数值部分，在本例中，选择“单位转换”的结果，单击“保存”按钮即可</td></tr>
<tr><td>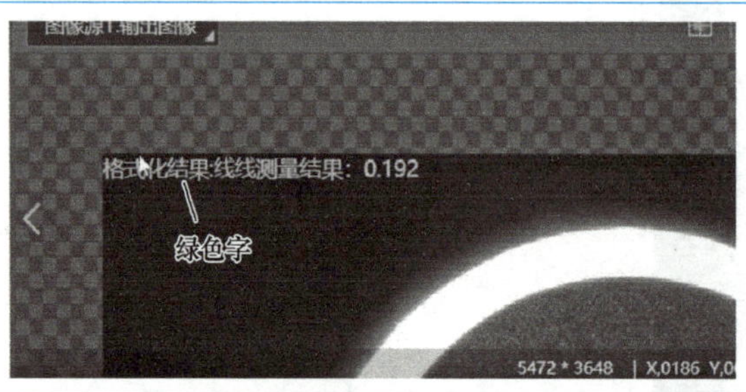
</td><td>单击“运行”后，会看到在图像显示区出现了一行绿色的字。如果只想显示“线线测量结果：0.192”，那么可以将无关的字删掉</td></tr>
<tr><td>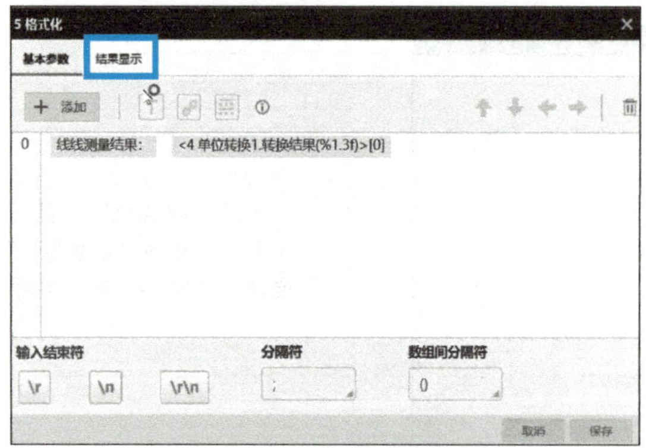
</td><td>双击“格式化”工具，在弹出的对话框中，单击“结果显示”选项卡，如左图方框所示</td></tr>
<tr><td>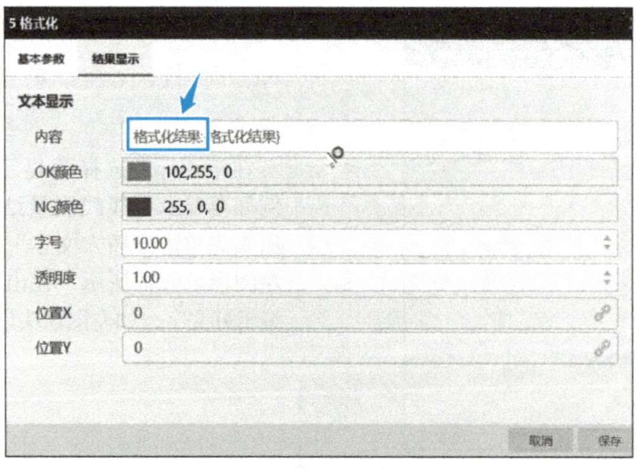
</td><td>在“文本显示”的内容中将“格式化结果：”几个字删除，只留下{}和{}里面的内容即可。对于大多数工具，这种修改的方式都适用，一般都是用{}来引用结果的数值</td></tr>
</table>

（续）

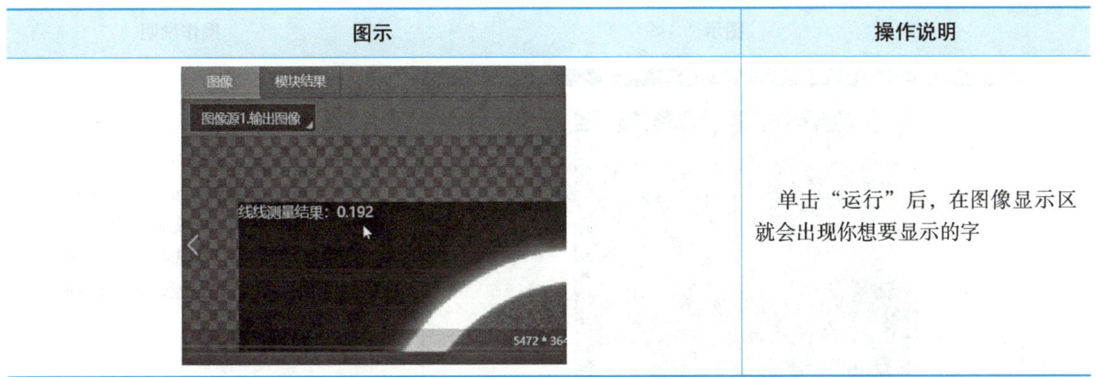

图示	操作说明
	单击“运行”后，在图像显示区就会出现你想要显示的字

7.5　运行界面工具

在前面测量和识别的应用中，每个工具只能单独显示该工具测量或识别的结果，并不能将所有测量和识别的结果都呈现在一个界面上。而在实际的工作中，需要软件将测量、识别或检测的结果都呈现在一个界面上。这样的好处是生产线上的工作人员不需要关心视觉软件编程的具体内容，而只关心界面上呈现的结果即可。这个功能在 VisionMaster 里叫作运行界面。下面将利用运行界面的功能，将多个测量的结果都呈现在一个界面中。运行界面工具的使用方法如表 7-8 所示。

VM—运行界面

表 7-8　运行界面工具的使用方法

图示	操作说明
	单击位于上方菜单栏最右边的“运行界面”按钮
	在弹出的界面中单击“界面编辑”按钮

（续）

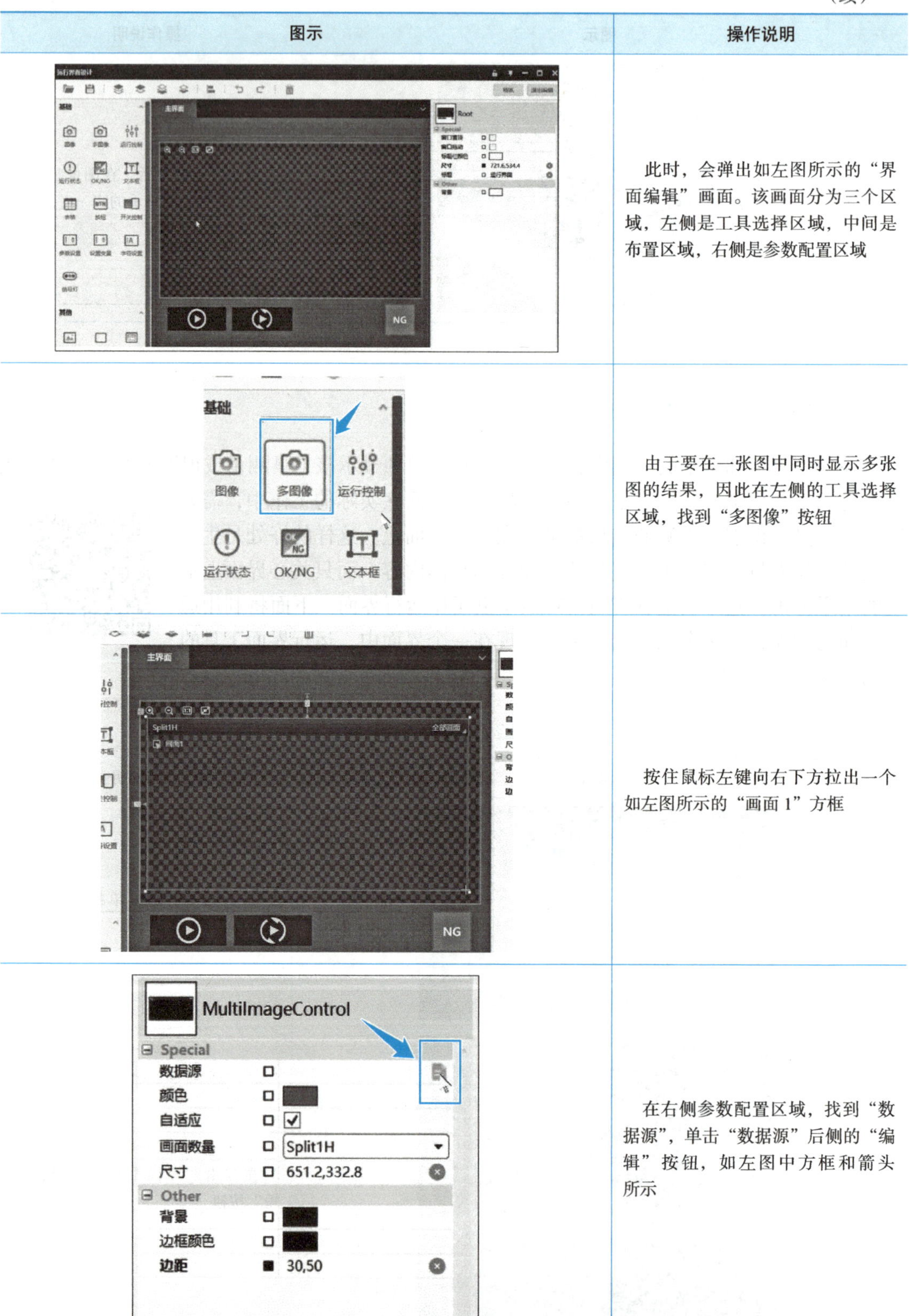

图示	操作说明
	此时，会弹出如左图所示的“界面编辑”画面。该画面分为三个区域，左侧是工具选择区域，中间是布置区域，右侧是参数配置区域
	由于要在一张图中同时显示多张图的结果，因此在左侧的工具选择区域，找到“多图像”按钮
	按住鼠标左键向右下方拉出一个如左图所示的“画面 1”方框
	在右侧参数配置区域，找到“数据源”，单击“数据源”后侧的“编辑”按钮，如左图中方框和箭头所示

（续）

图示	操作说明
	在弹出的对话框中，会看到很多可供编辑的内容
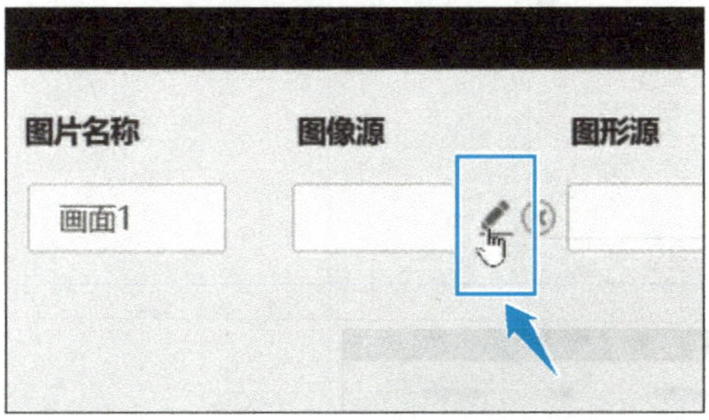	单击“图像源”方框的“编辑”按钮，如左图方框和箭头所示
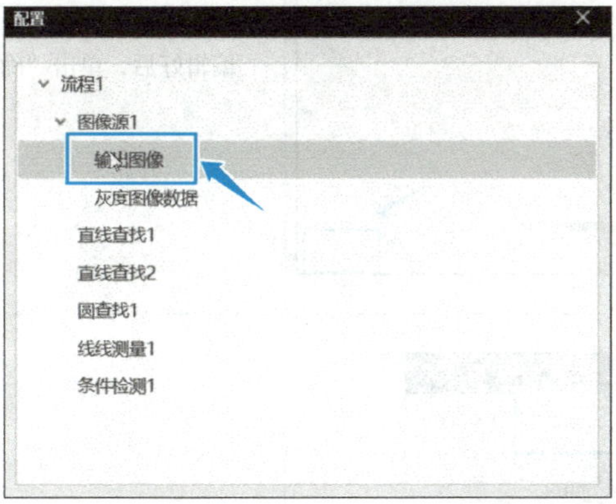	在弹出的对话框中单击“图像源1”，选择“输出图像” “多图像”按钮的图像源是指整个程序的输入图像，其他测量或识别工具的结果都可以在这张图上进行标记
	单击“图形源”方框旁边的“编辑”按钮，如左图中方框和箭头所示

（续）

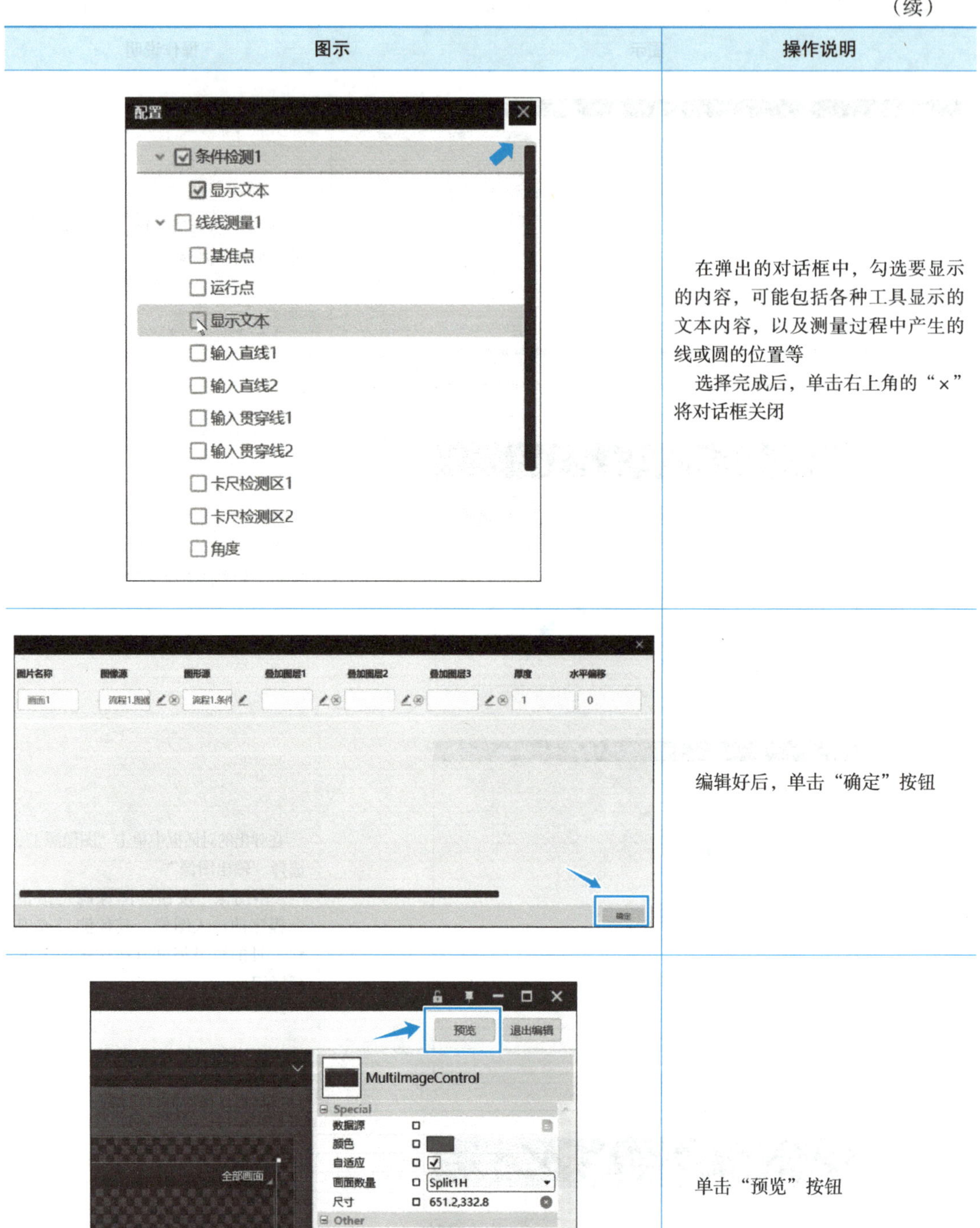

图示	操作说明
	在弹出的对话框中，勾选要显示的内容，可能包括各种工具显示的文本内容，以及测量过程中产生的线或圆的位置等 选择完成后，单击右上角的“×”将对话框关闭
	编辑好后，单击“确定”按钮
	单击“预览”按钮

（续）

图示	操作说明
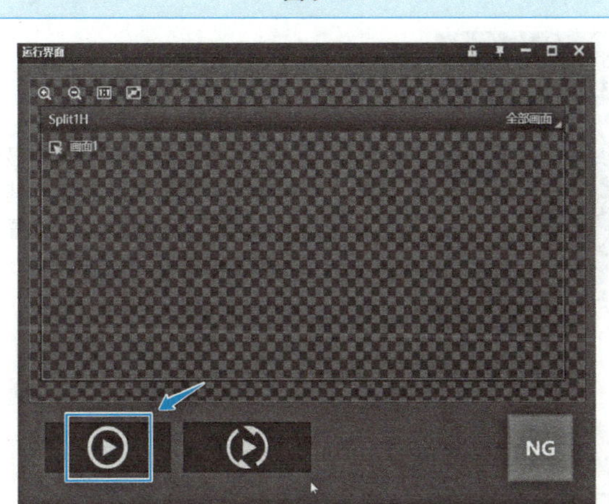	弹出如左图所示的“运行界面”窗口，单击“运行”按钮，如左图方框和箭头所示
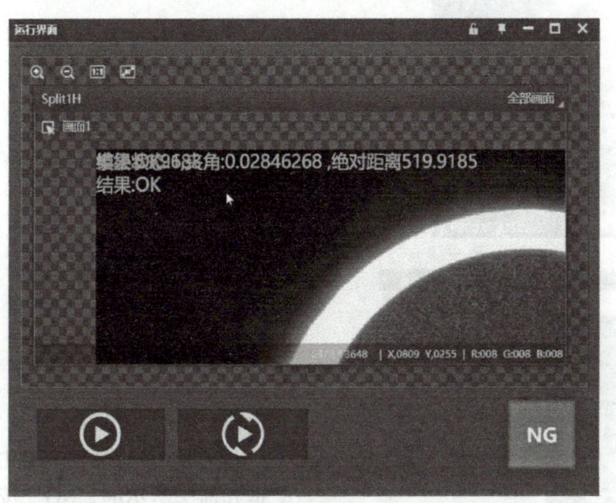	此时可以在一张图上看到多个工具运行的结果。但是，这里有一个问题，就是不同工具运行的结果在显示时会重叠。因此，要根据需要将工具的显示结果的位置重新布置
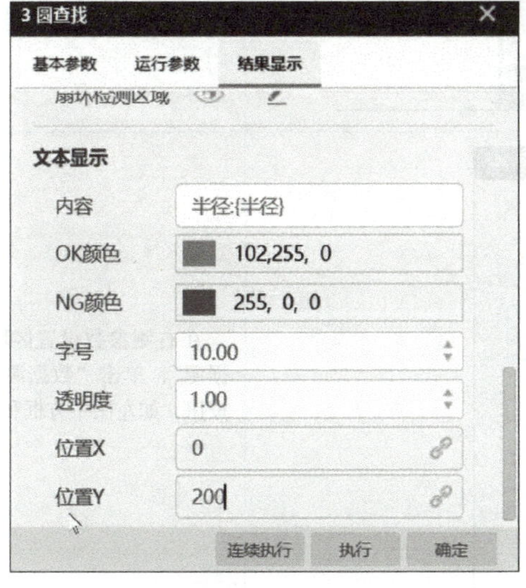	回到“圆查找”对话框，单击“结果显示”选项卡。找到“文本显示”部分，将“位置Y”的值修改成“200”，单击“执行”按钮

（续）

图示	操作说明
	在图像显示区会看到显示的内容向下移动了一段距离。其他的工具也可以参考这种方式设置文本内容放置的位置
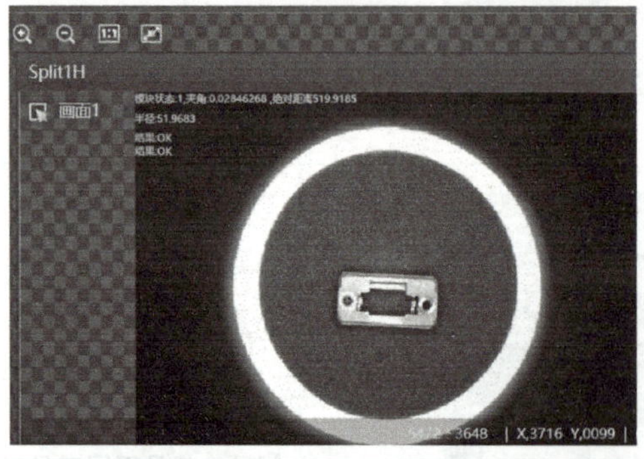	最终，在运行界面中不同工具显示的内容将不会重叠
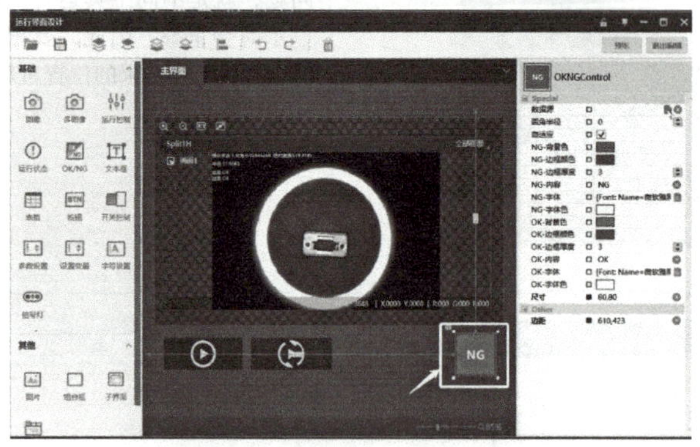	回到界面编辑区，单击左图中方框和箭头所示的“NG”按钮
	在右侧参数设置区域，找到“数据源”，单击“数据源”的“编辑”按钮，如左图中方框和箭头所示

（续）

图示	操作说明
	在弹出的“配置”对话框中单击“条件检测 1”，在下拉菜单中选择“结果（INT）”
	单击“预览”→“运行” 按钮，即可看到画面中显示了工件是否合格，单击“OK”按钮，如左图中方框和箭头所示

课后习题

1. 在字符识别工具中字库的用途是什么？哪些操作有助于扩大字库的内容？
2. 请简述字符识别工具的使用步骤和注意事项。
3. 请简述条件检测工具的使用步骤和注意事项。
4. 请简述格式化工具的使用步骤和注意事项。
5. 请简述运行界面的功能和使用方法。
6. 请分别找到一个条形码、二维码和 OCR，使用机器视觉系统识别它们，看看识别的结果是否准确。
7. 请使用条件检测和格式化工具判断并显示你测量的工件是否合格，并制作运行界面，将结果用“OK”或“NG”显示在界面上。

第 8 章 机器视觉用于定位

知识目标

1）掌握机器视觉用于定位的工作流程。
2）掌握九点标定的原理和方法。
3）掌握工业机器人的使用方法。
4）掌握机器视觉与工业机器人的通信方法。

技能目标

1）熟练配置工业机器人的板卡和 I/O 接口、示教机器人、回零并配置工具坐标系。
2）熟练操作工业机器人进行九点标定。
3）熟练使用高精度匹配工具识别工件。
4）熟练使用通信模块的工具实现机器视觉与工业机器人的通信。
5）熟练使用 RobotStudio 软件编写函数实现与机器视觉软件的通信。
6）熟练使用机器视觉与工业机器人配合实现定位和抓取。

素质目标

1）了解通信技术在现代社会发展的重要作用，培养爱国主义精神和家国情怀。

2）理解机器视觉技术在工业领域的自动化与智能化发展中的重要作用，了解学好此技术具有的重要意义。

3）培养学生注重知识体系的建立。

机器视觉用于定位，主要是指机器视觉作为工业机器人的眼睛告诉工业机器人待抓取工件的位置，工业机器人收到这个位置信息后可以准确地抓取工件。因此，从本章开始，机器视觉要与工业机器人一起协调工作。以单一工件抓取为例，机器视觉用于定位的工作流程如图 8-1 所示。

其中，步骤①和步骤⑤主要是在工业机器人端做的，步骤②主要是在机器视觉端做的，而步骤③、步骤④和步骤⑥是需要工业机器人和机器视觉共同完成的。下面按照顺序逐步说明。

以 ABB IRB 120 型工业机器人为例说明工业机器人端的操作。如果读者使用的是其他型号的工业机器人请参考相关的操作手册。如图 8-2 所示，为了让工业机器人能够工作，一般除了 ABB IRB 120 本体（图 8-2 中 B）以外，还有 IRC5 Compact 控制柜（图 8-2 中 A）、示教器（图 8-2 中 C）和装在法兰盘上的工具（图 8-2 中 D）。

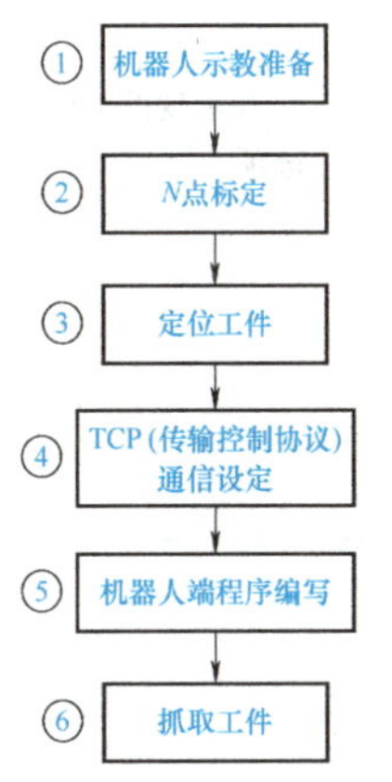

图 8-1　机器视觉用于定位的工作流程

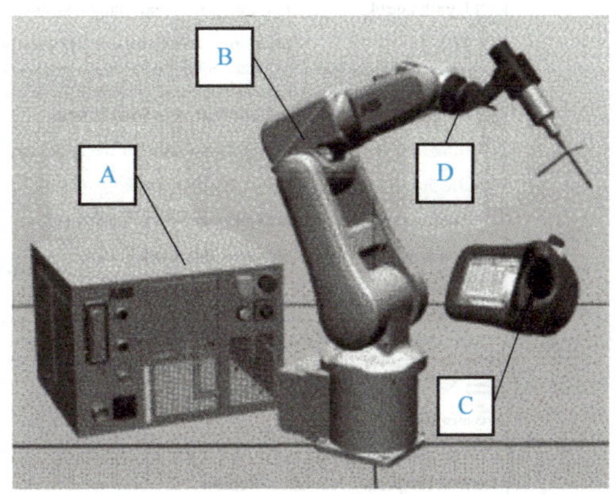

图 8-2　ABB IRB 120 型工业机器人及其周边设备

8.1　机器人示教准备

这一步主要涉及的操作包括示教器配置操作环境、操作机器人回原点、更新转数计数器、配置标准 I/O 板、对 I/O 进行仿真和强制操作（更换夹具、吸取工件和释放工件）以及设定工具坐标。

机器人部分准备工作

8.1.1　示教器配置操作环境

这一步主要的功能是将操作界面切换成中文界面，操作过程见表 8-1。

表 8-1　配置语言为中文的操作过程

图示	操作说明
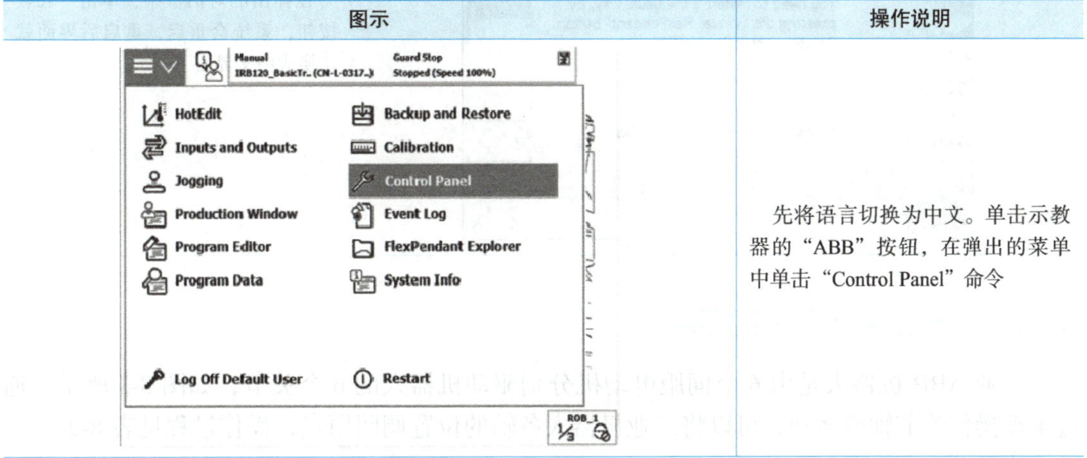 	先将语言切换为中文。单击示教器的“ABB”按钮，在弹出的菜单中单击“Control Panel”命令

（续）

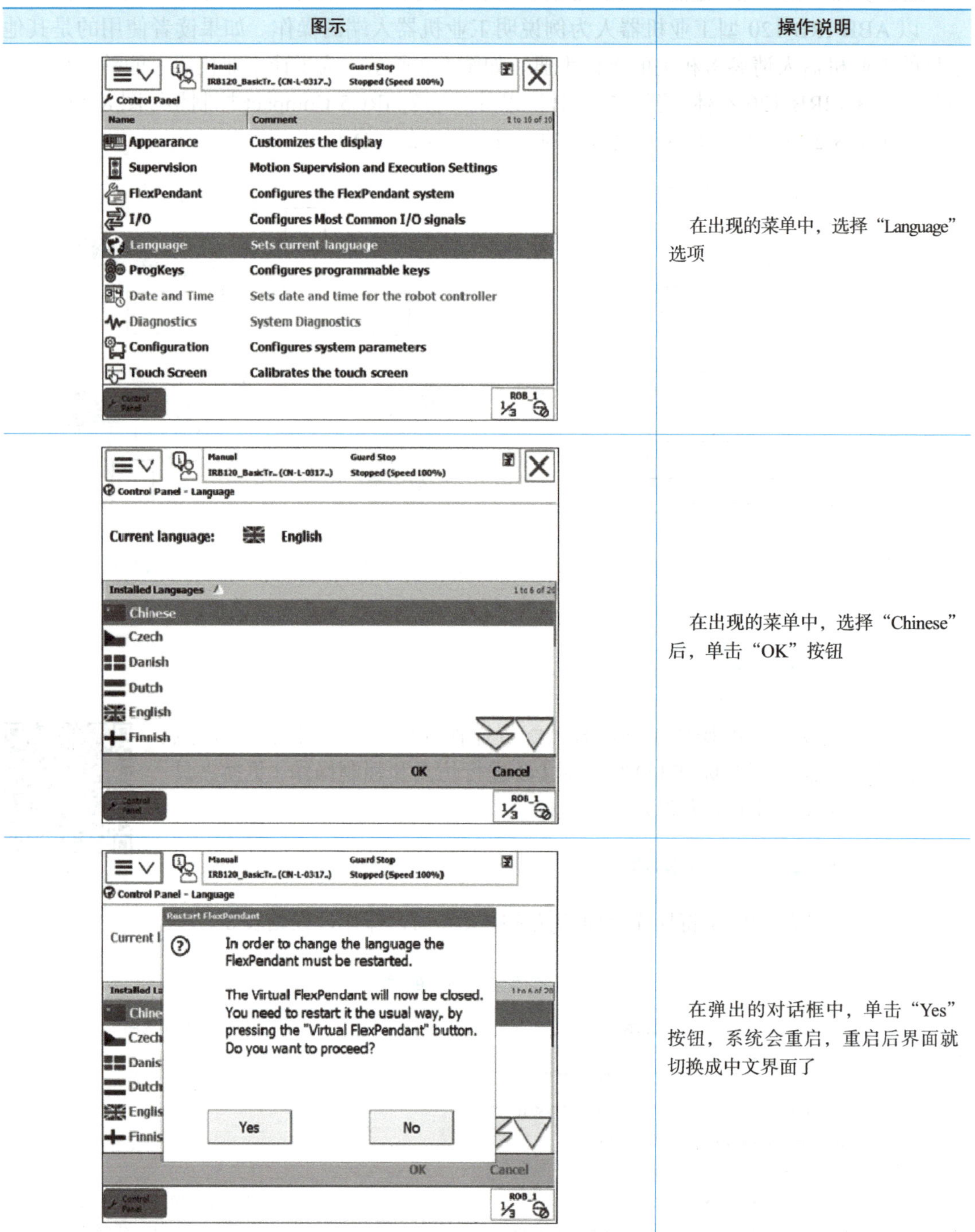

图示	操作说明
	在出现的菜单中，选择“Language”选项
	在出现的菜单中，选择“Chinese”后，单击“OK”按钮
	在弹出的对话框中，单击“Yes”按钮，系统会重启，重启后界面就切换成中文界面了

8.1.2 操作工业机器人回原点

工业 ABB 机器人是由 6 个伺服电动机分别驱动机器人的 6 个关节，如图 8-3 所示。通过手动操作关节轴的运动，可以将工业机器人各轴的位置调回原点，操作过程见表 8-2。

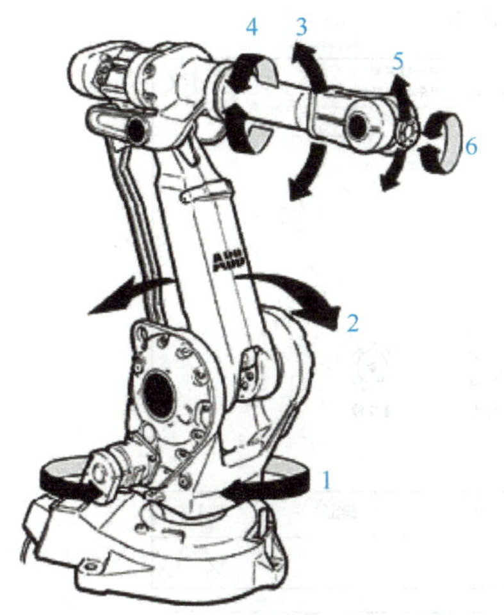

图 8-3　工业机器人的 6 个轴

机器人部分
回原点及校准

表 8-2　各轴回原点位置的操作过程

图示	操作说明
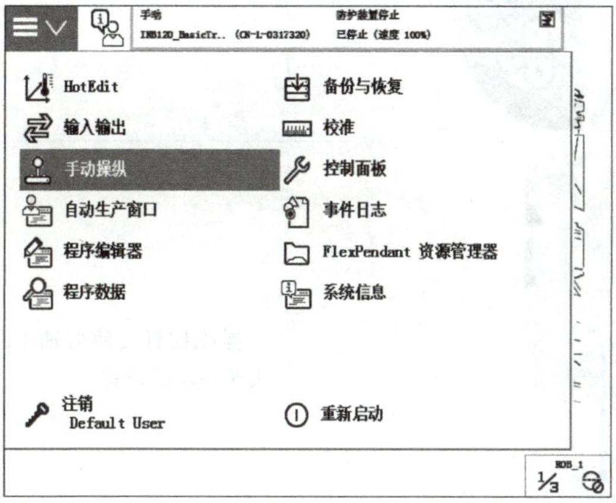 手动 IRB120_BasicTr.. (CN-L-0317320) 防护装置停止 已停止（速度 100%） HotEdit　备份与恢复 输入输出　校准 手动操纵　控制面板 自动生产窗口　事件日志 程序编辑器　FlexPendant 资源管理器 程序数据　系统信息 注销 Default User　重新启动 ROB_1 1/3	单击“ABB”按钮，在弹出的菜单中，单击“手动操纵”命令
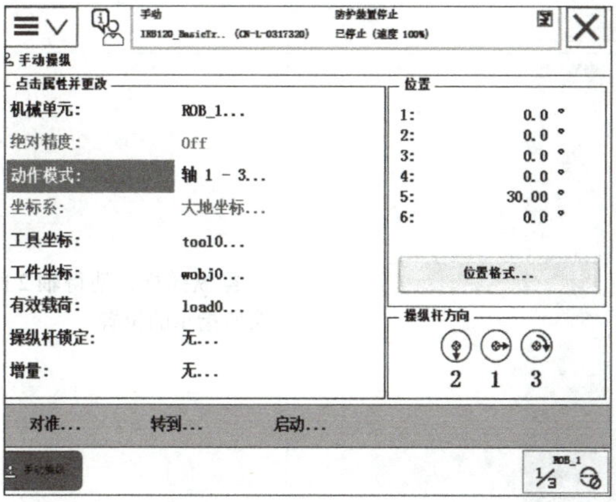 手动 IRB120_BasicTr.. (CN-L-0317320) 防护装置停止 已停止（速度 100%） 手动操纵 点击属性并更改 机械单元：ROB_1... 绝对精度：Off 动作模式：轴 1 - 3... 坐标系：大地坐标... 工具坐标：tool0... 工件坐标：wobj0... 有效载荷：load0... 操纵杆锁定：无... 增量：无... 位置 1: 0.0 ° 2: 0.0 ° 3: 0.0 ° 4: 0.0 ° 5: 30.00 ° 6: 0.0 ° 位置格式... 操纵杆方向 2 1 3 对准...　转到...　启动... ROB_1 1/3	在弹出的菜单中，选择“动作模式”

（续）

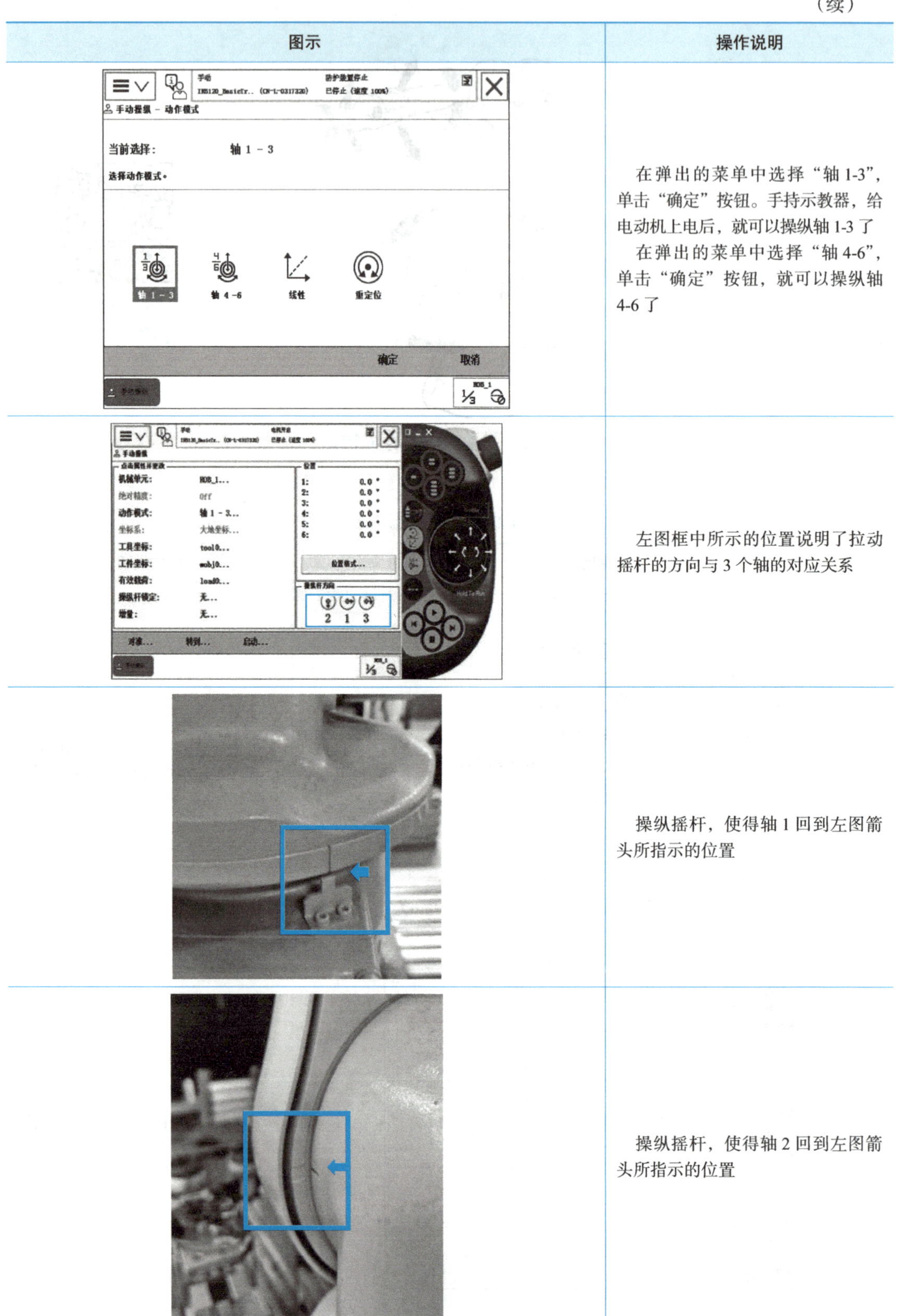

图示	操作说明
	在弹出的菜单中选择“轴 1-3”，单击“确定”按钮。手持示教器，给电动机上电后，就可以操纵轴 1-3 了 在弹出的菜单中选择“轴 4-6”，单击“确定”按钮，就可以操纵轴 4-6 了
	左图框中所示的位置说明了拉动摇杆的方向与 3 个轴的对应关系
	操纵摇杆，使得轴 1 回到左图箭头所指示的位置
	操纵摇杆，使得轴 2 回到左图箭头所指示的位置

（续）

图示	操作说明
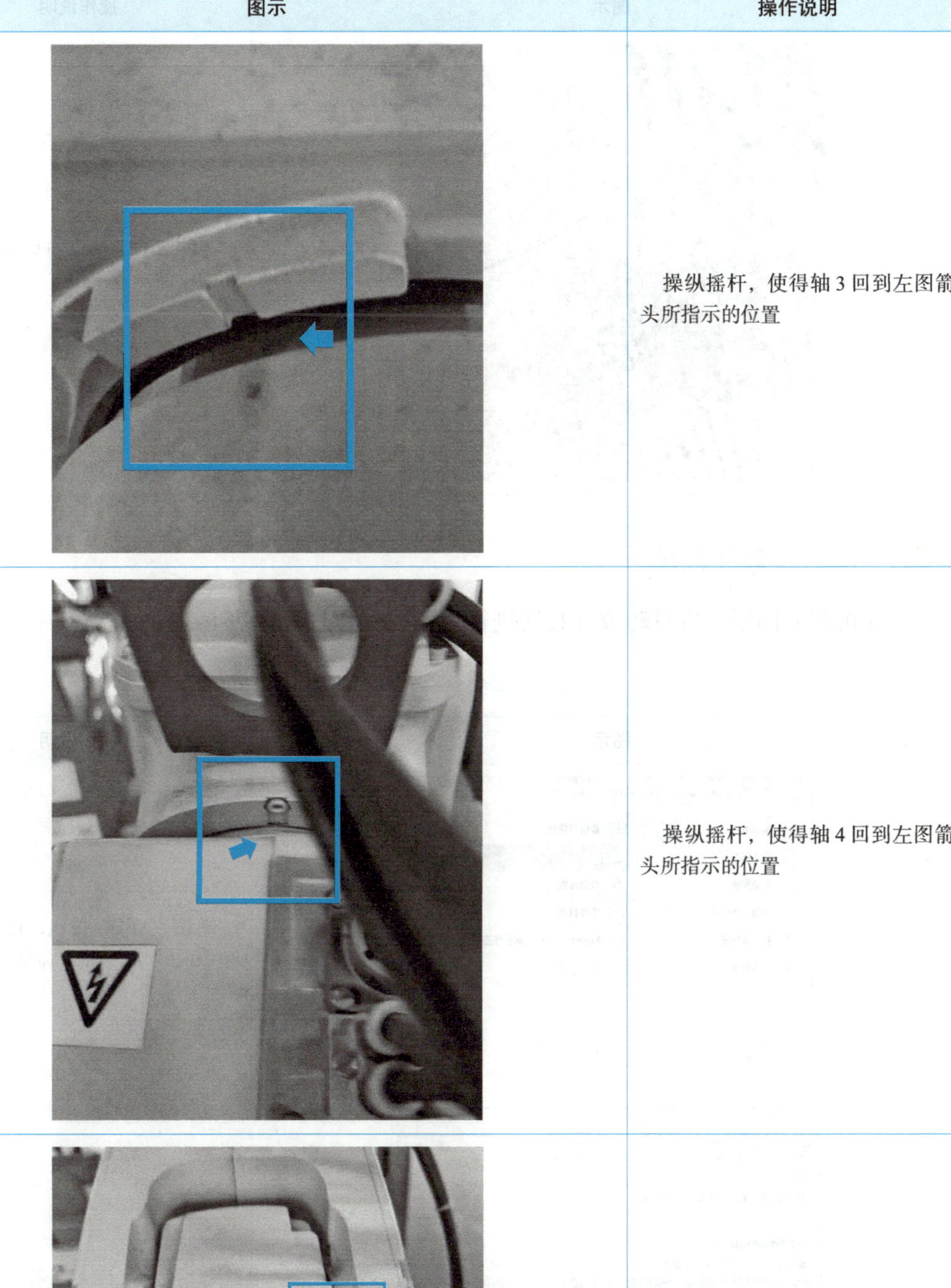	操纵摇杆，使得轴 3 回到左图箭头所指示的位置
	操纵摇杆，使得轴 4 回到左图箭头所指示的位置
	操纵摇杆，使得轴 5 回到左图箭头所指示的位置

（续）

图示	操作说明
	操纵摇杆，使得轴 6 回到左图所示的位置

8.1.3 更新转数计数器

工业机器人回原点后对转数计数器进行更新，操作过程见表 8-3。

表 8-3 更新转数计数器的操作过程

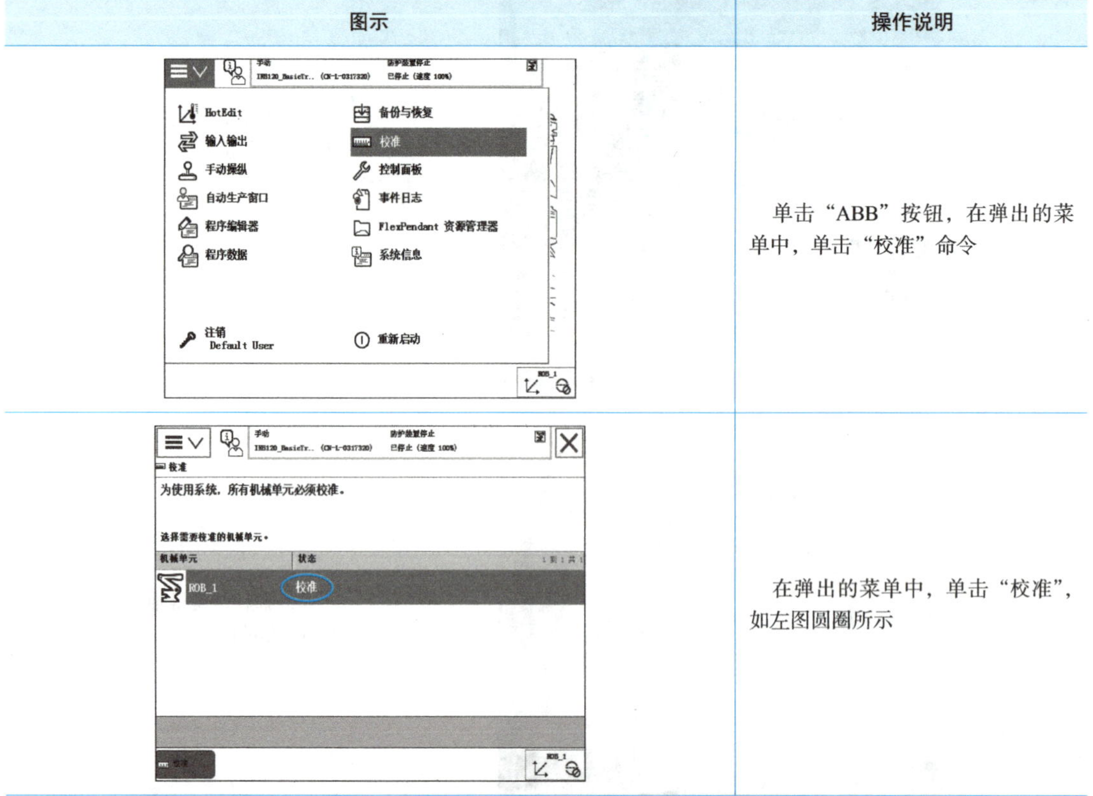

图示	操作说明
	单击“ABB”按钮，在弹出的菜单中，单击“校准”命令
	在弹出的菜单中，单击“校准”，如左图圆圈所示

（续）

图示	操作说明
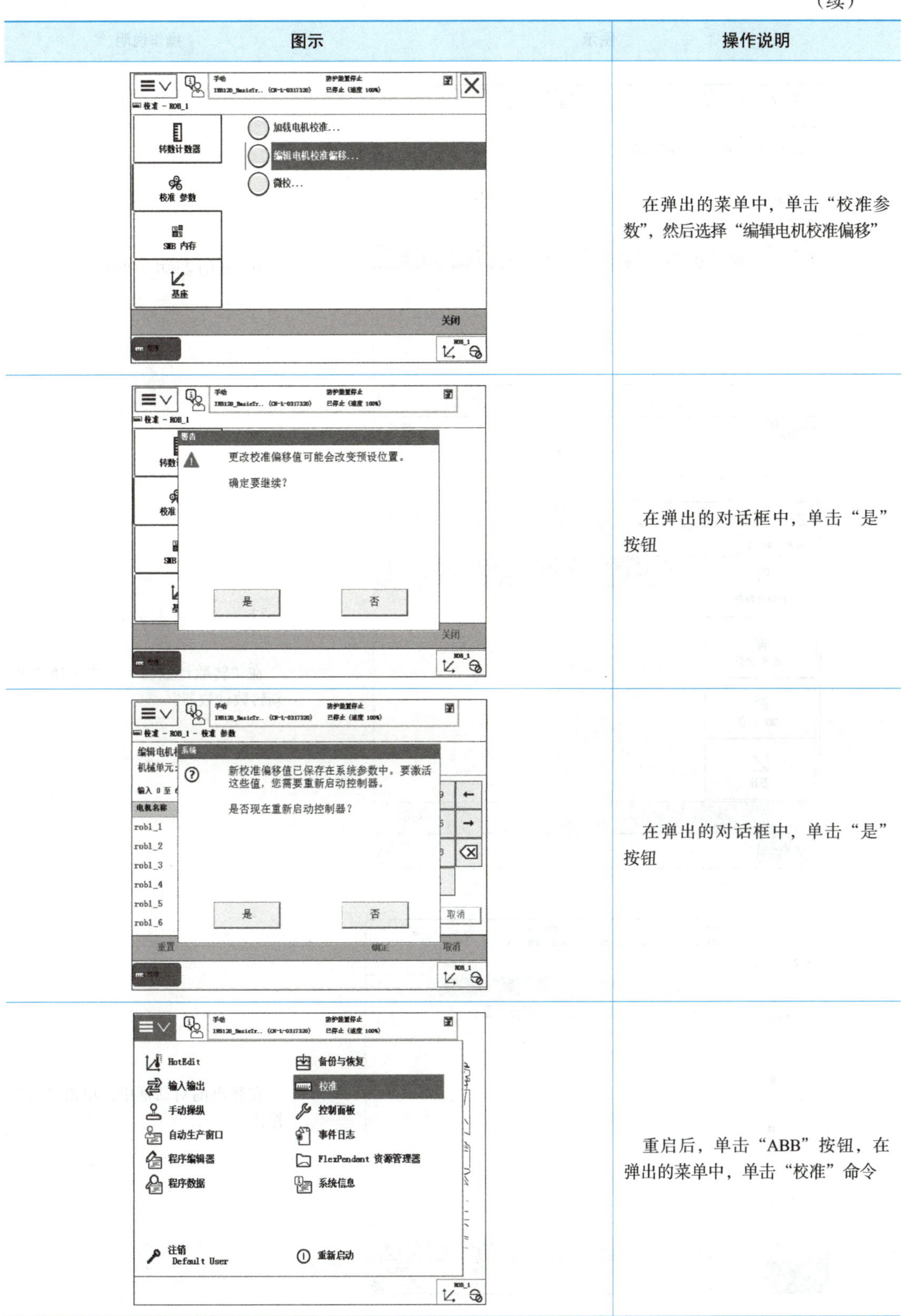	在弹出的菜单中，单击“校准参数”，然后选择“编辑电机校准偏移”
	在弹出的对话框中，单击“是”按钮
	在弹出的对话框中，单击“是”按钮
	重启后，单击“ABB”按钮，在弹出的菜单中，单击“校准”命令

（续）

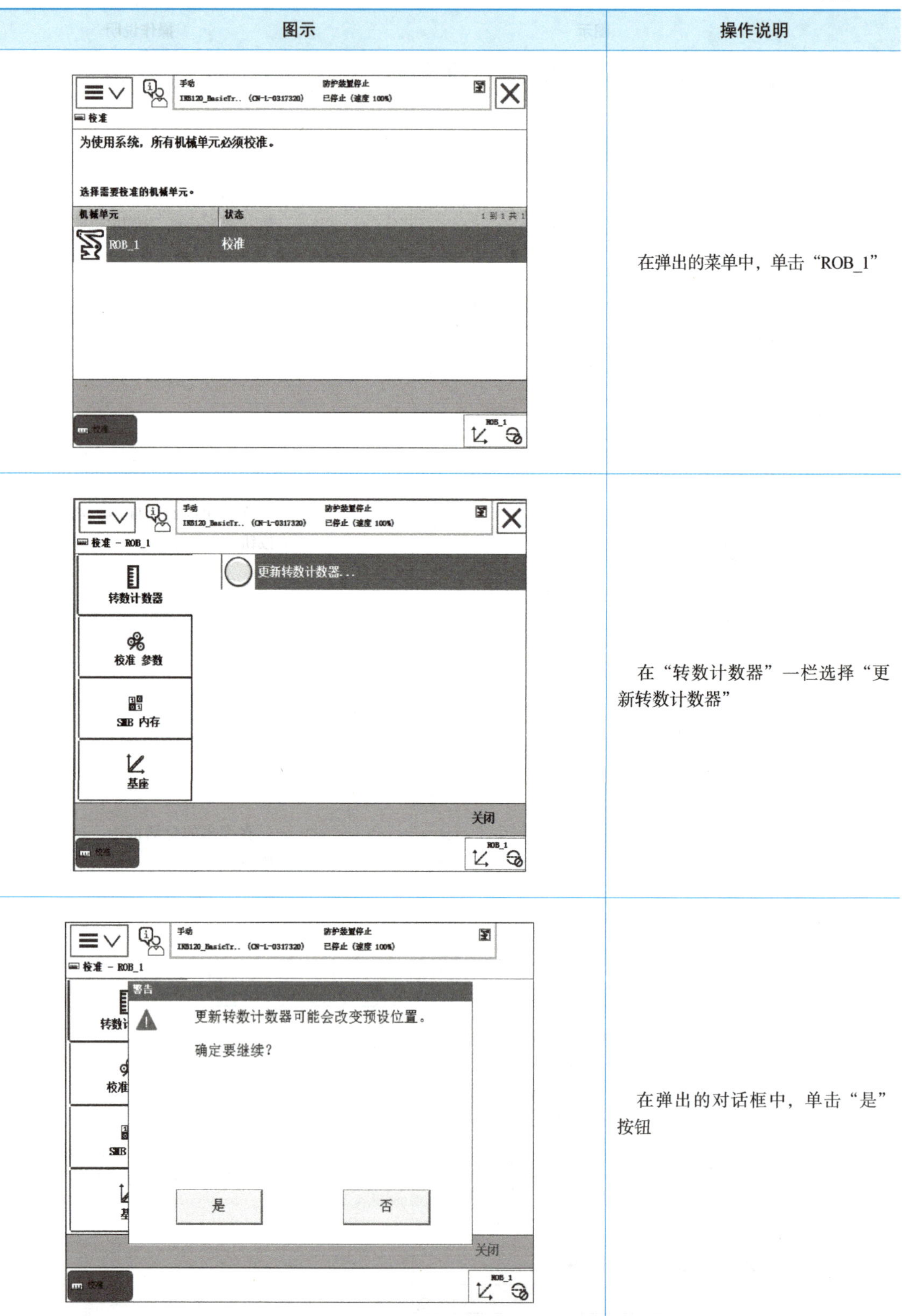

图示	操作说明
	在弹出的菜单中，单击“ROB_1”
	在“转数计数器”一栏选择“更新转数计数器”
	在弹出的对话框中，单击“是”按钮

（续）

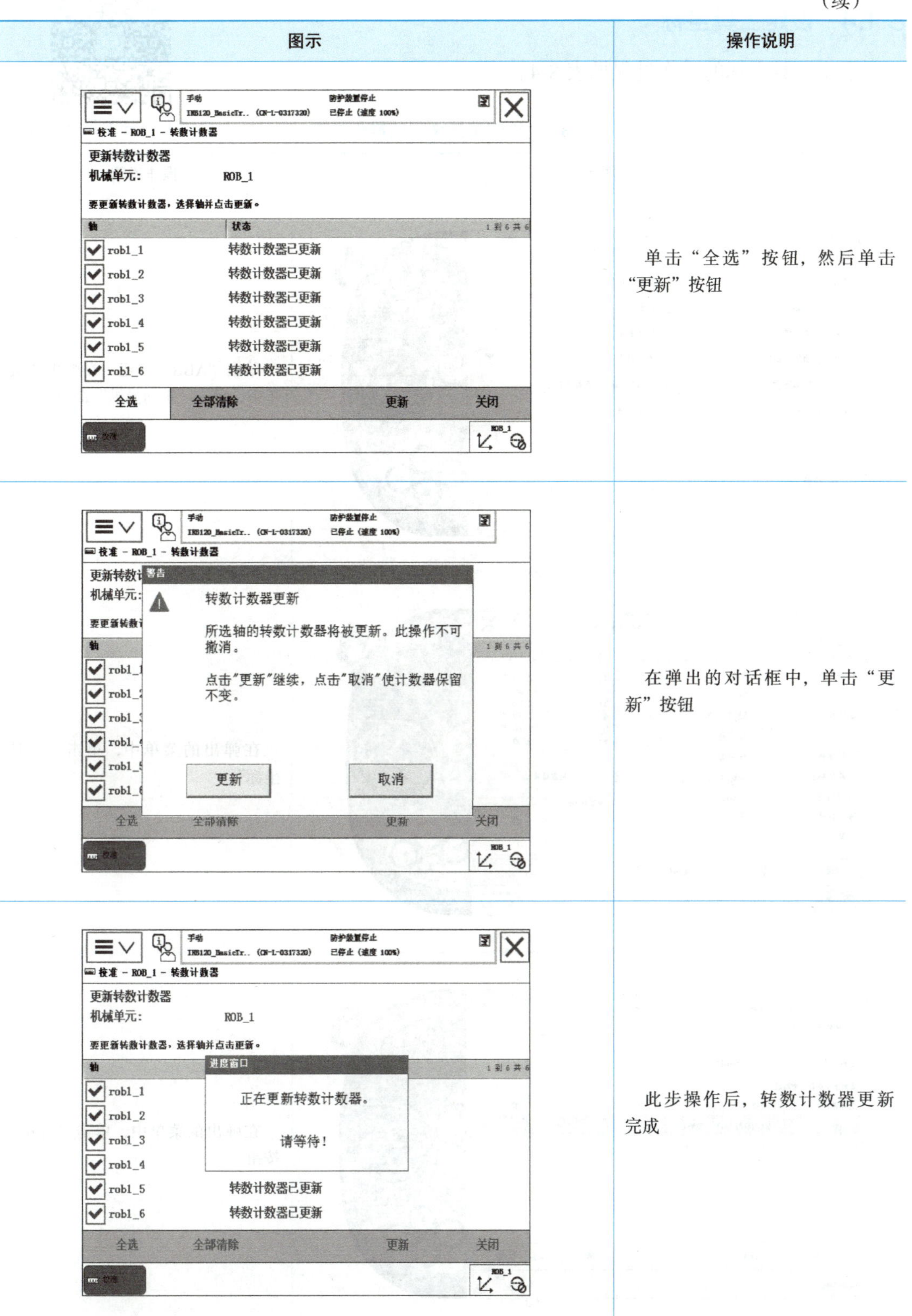

图示	操作说明
	单击“全选”按钮，然后单击“更新”按钮
	在弹出的对话框中，单击“更新”按钮
	此步操作后，转数计数器更新完成

8.1.4 设定工具坐标

机器人部分工具坐标设定

设定工具坐标的操作过程见表 8-4。

表 8-4 设定工具坐标的操作过程

图示	操作说明
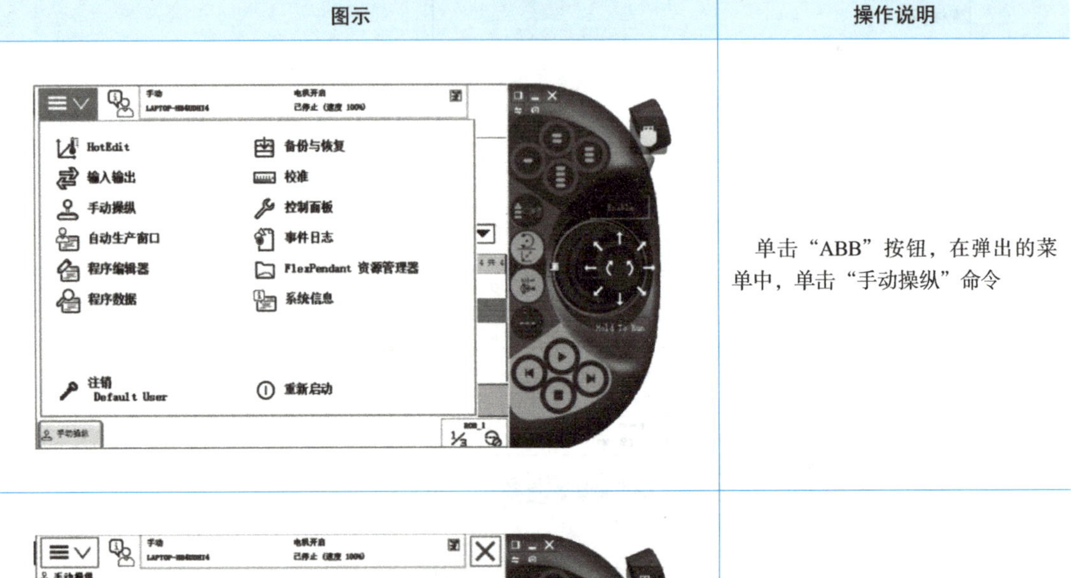	单击“ABB”按钮，在弹出的菜单中，单击“手动操纵”命令
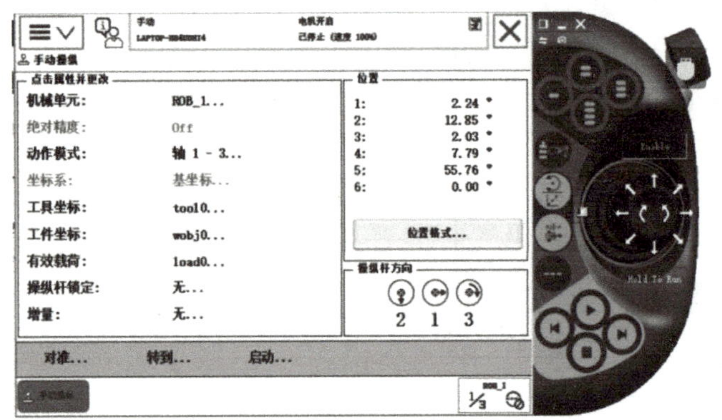	在弹出的菜单中，单击“工具坐标”
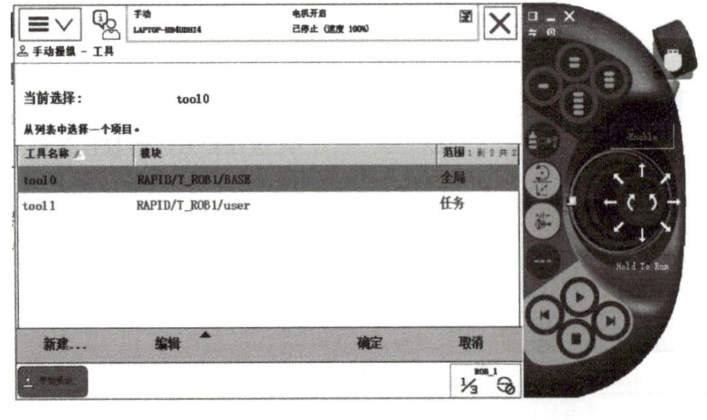	在弹出的菜单中，单击“新建”按钮

（续）

图示	操作说明
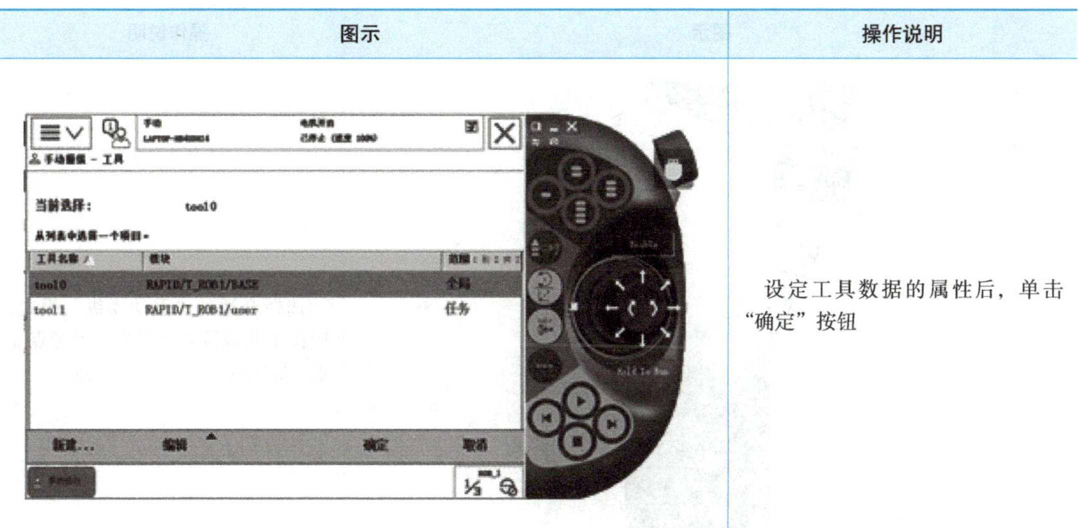	设定工具数据的属性后，单击“确定”按钮
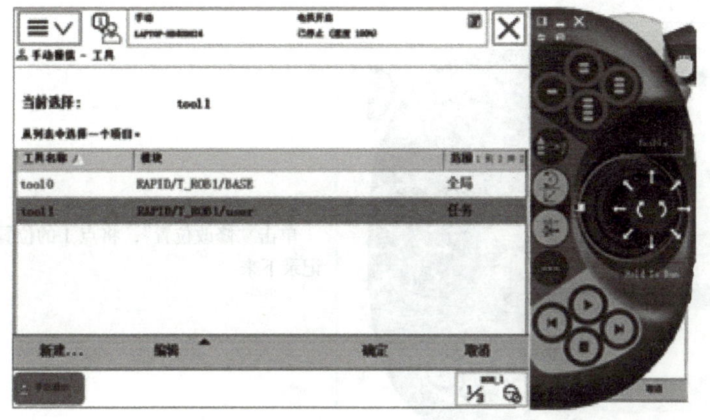	单击“tool1”，在弹出的菜单中，单击“定义”选项
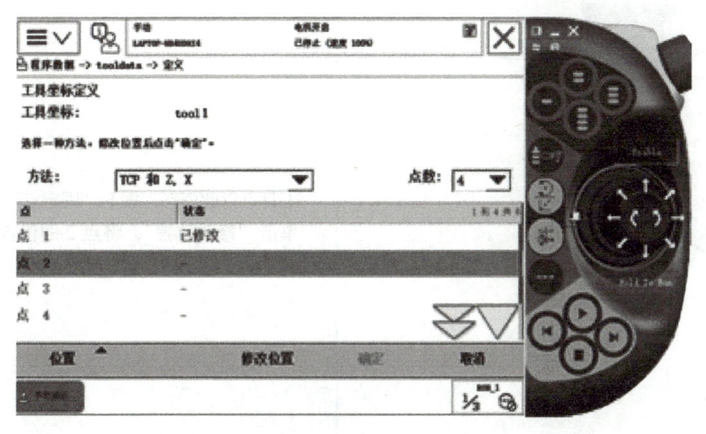	在“方法”的下拉列表框中，选择“TCP 和 Z，X”，使用 6 点法设定 TCP

（续）

图示	操作说明
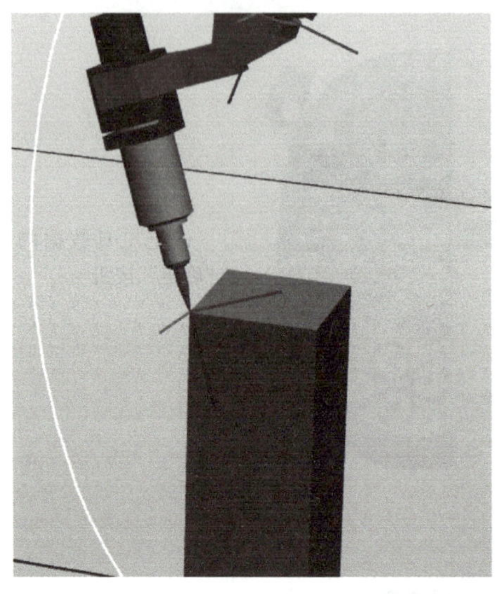	选择合适的“手动操纵”模式，操作工业机器人使得工具参考点靠近“固定点”，作为第一个点
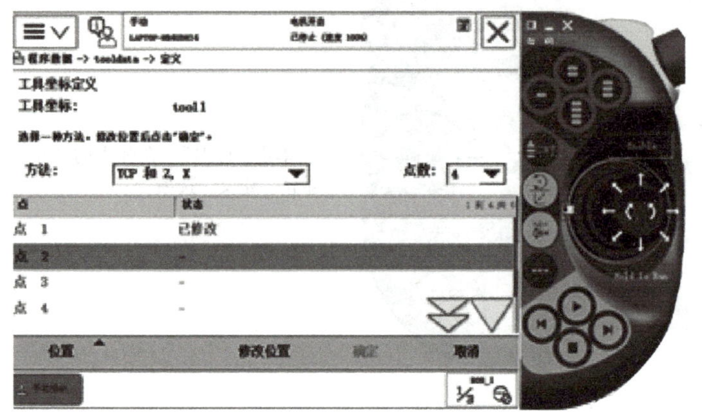	单击“修改位置”，将点 1 的位置记录下来
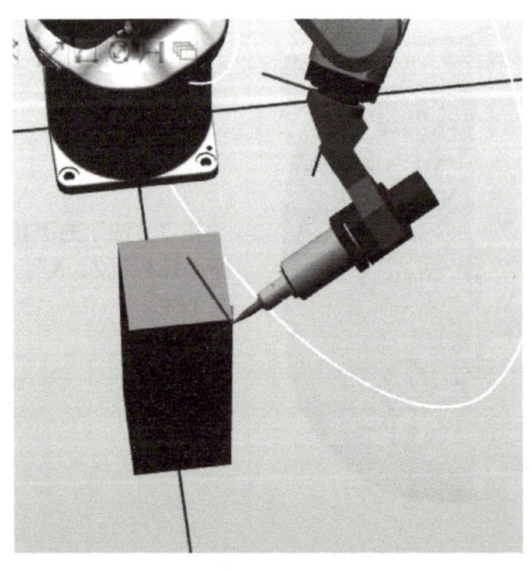	工具点以此姿态，靠上“固定点” 单击“修改位置”，将点 2 的位置记录下来

（续）

图示	操作说明
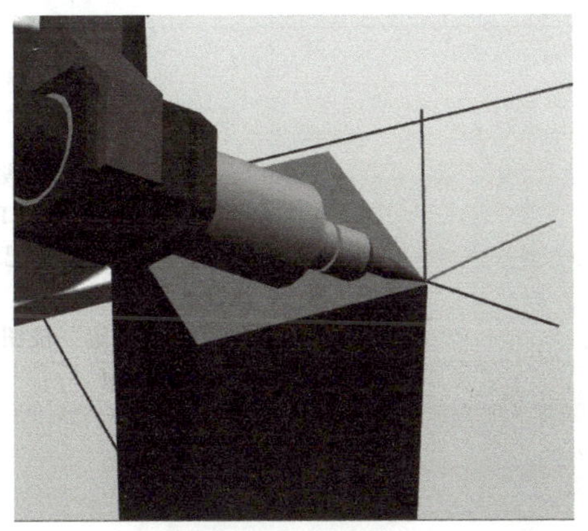	工具以此姿态靠近参考点。单击“修改位置”，将点 3 的位置记录下来
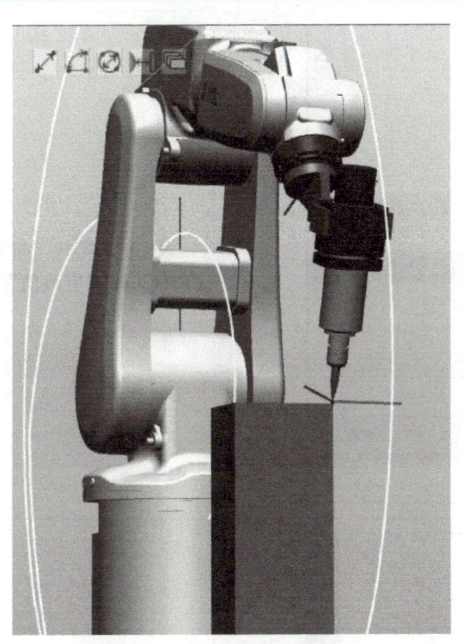	工具以此姿态垂直靠上参考点，这是第 4 个点。单击“修改位置”，将点 4 的位置记录下来
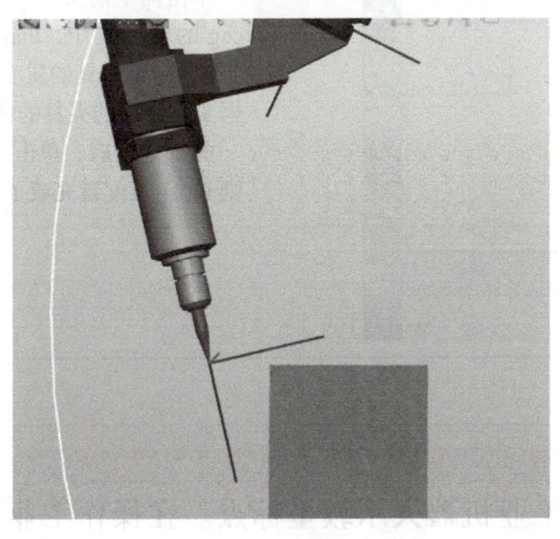	工具参考点以点 4 的姿态，从“固定点”移动到工具“TCP+X”的方向。单击“修改位置”，将延伸点 X 的位置记录下来

（续）

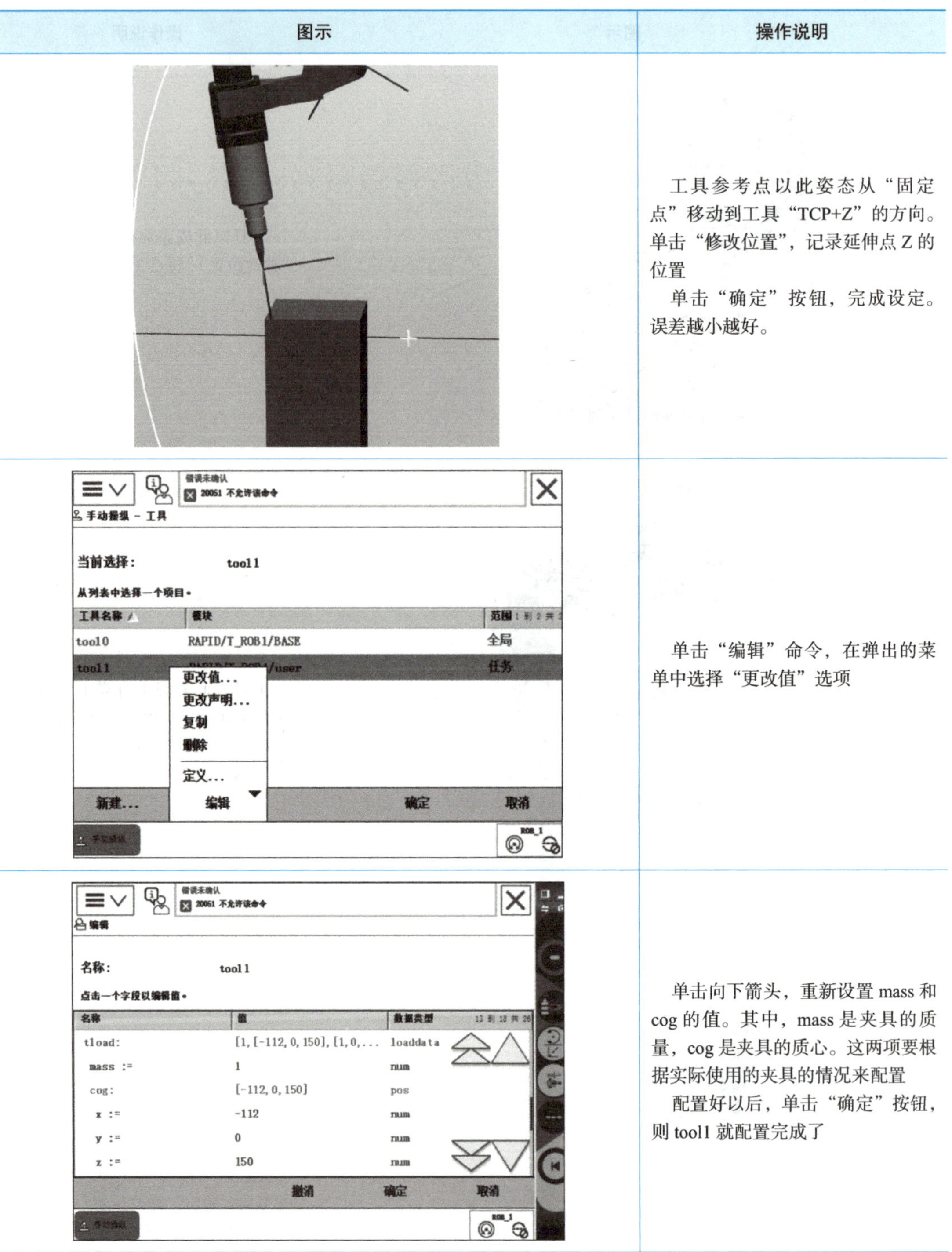

图示	操作说明
	工具参考点以此姿态从“固定点”移动到工具“TCP+Z”的方向。单击“修改位置”，记录延伸点 Z 的位置 单击“确定”按钮，完成设定。误差越小越好。
	单击“编辑”命令，在弹出的菜单中选择“更改值”选项
	单击向下箭头，重新设置 mass 和 cog 的值。其中，mass 是夹具的质量，cog 是夹具的质心。这两项要根据实际使用的夹具的情况来配置 配置好以后，单击“确定”按钮，则 tool1 就配置完成了

8.1.5 线性运动

在后续进行 9 点标定时，需要操作工业机器人示教坐标点。在操作工业机器人示教坐标点时，只需要进行简单的线性运动即可。下面讲解线性运动的操作步骤，操作过程见表 8-5。

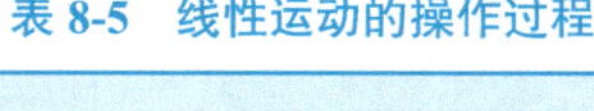

表 8-5 线性运动的操作过程

图示	操作说明
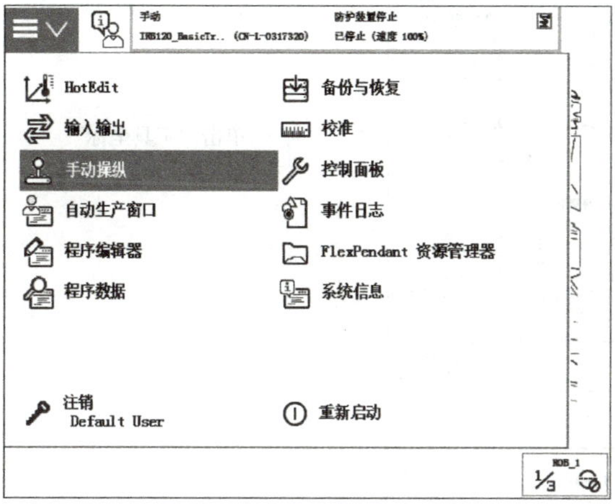	单击“ABB”按钮，在弹出的菜单中单击“手动操纵”命令
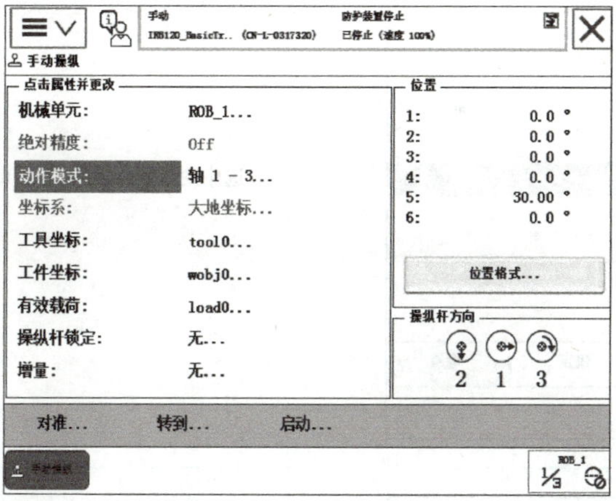	在弹出的菜单中单击“动作模式”
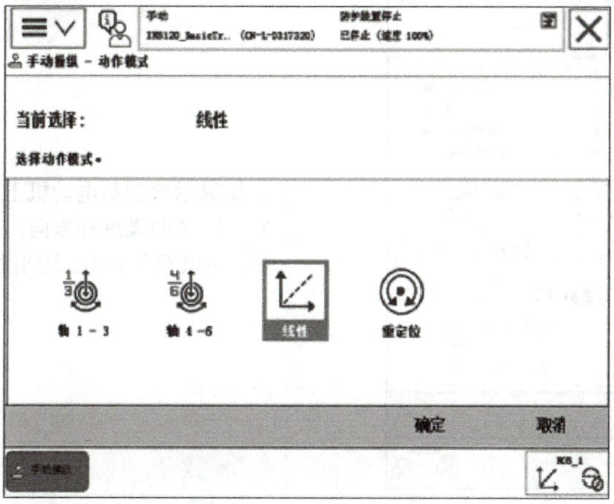	选择“线性”模式，单击“确定”按钮

（续）

<table>
<tr><th>图示</th><th>操作说明</th></tr>
<tr><td>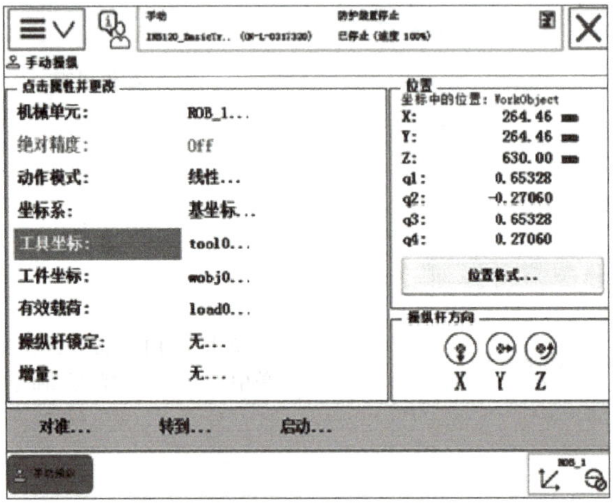
</td><td>单击“工具坐标”</td></tr>
<tr><td>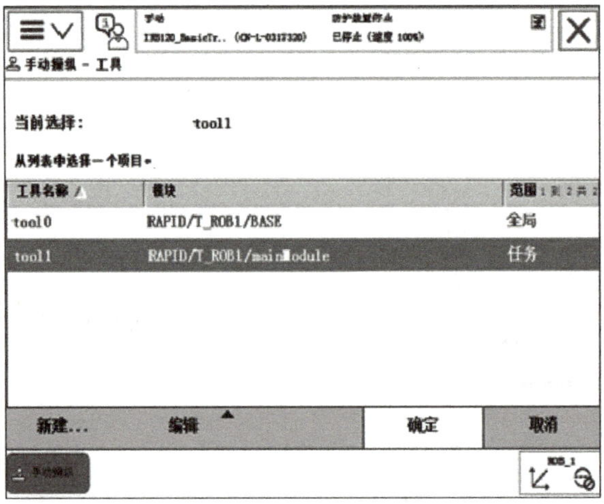
</td><td>选中对应的工具坐标“tool1”</td></tr>
<tr><td>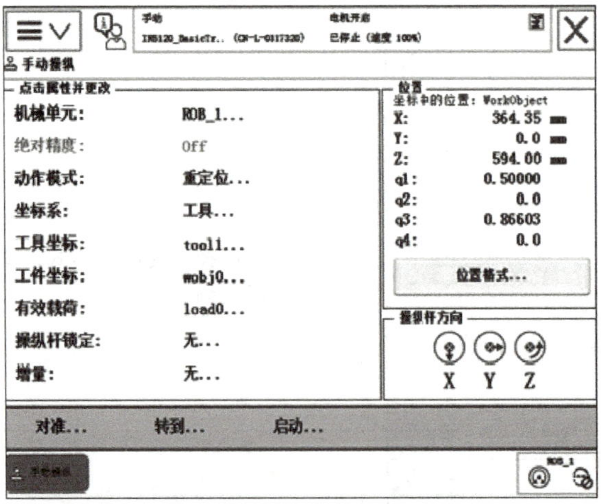
</td><td>操纵示教器给电动机上电，显示X、Y、Z的操纵杆方向。操纵操纵杆，可以看到工具在空间做线性移动</td></tr>
</table>

8.1.6　配置标准 I/O 板

配置标准 I/O 板的操作过程见表 8-6。

表 8-6　配置标准 I/O 板的操作过程

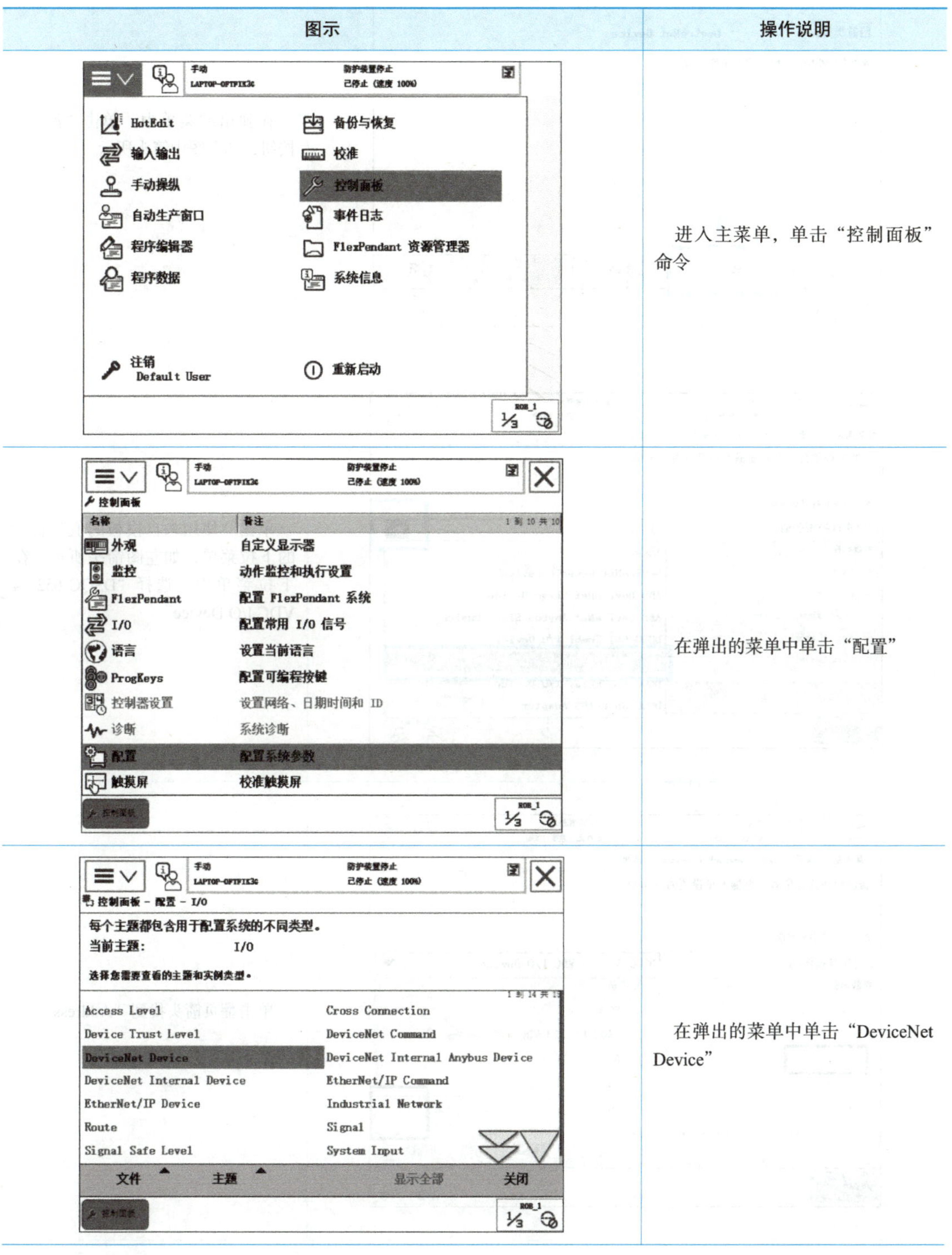

图示	操作说明
	进入主菜单，单击“控制面板”命令
	在弹出的菜单中单击“配置”
	在弹出的菜单中单击“DeviceNet Device”

（续）

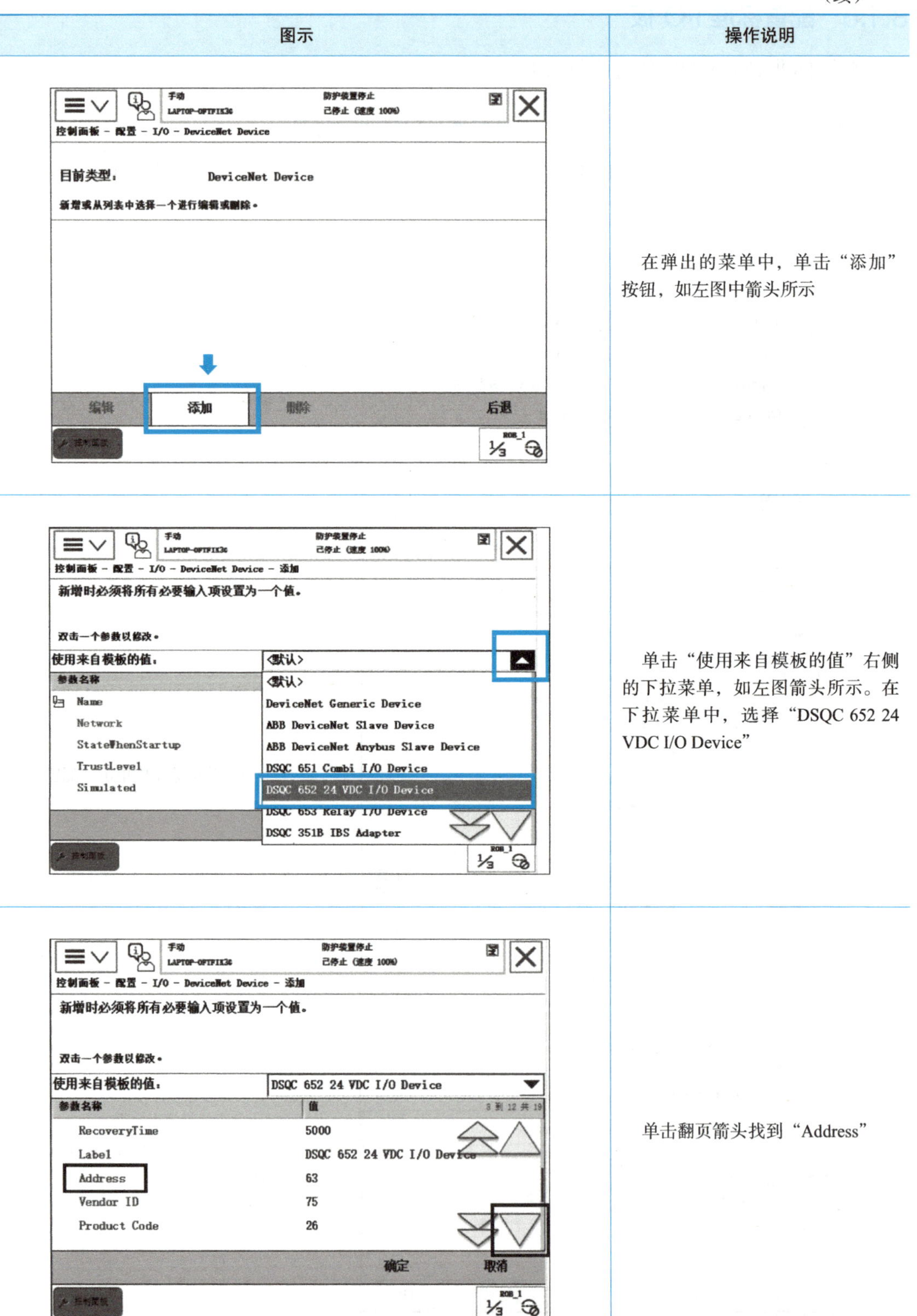

图示	操作说明
	在弹出的菜单中，单击“添加”按钮，如左图中箭头所示
	单击“使用来自模板的值”右侧的下拉菜单，如左图箭头所示。在下拉菜单中，选择“DSQC 652 24 VDC I/O Device”
	单击翻页箭头找到“Address”

（续）

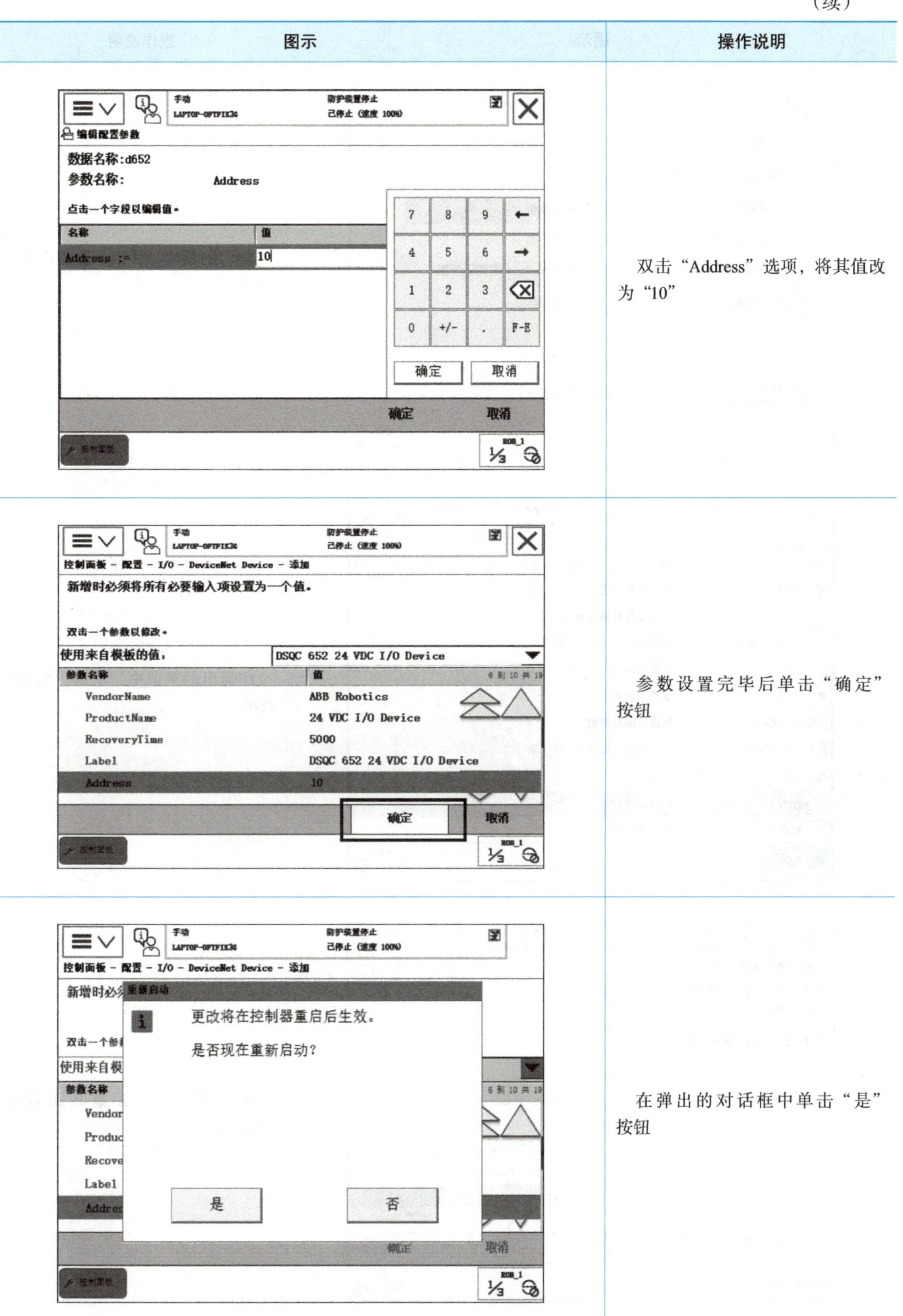

图示	操作说明
	双击“Address”选项，将其值改为“10”
	参数设置完毕后单击“确定”按钮
	在弹出的对话框中单击“是”按钮

（续）

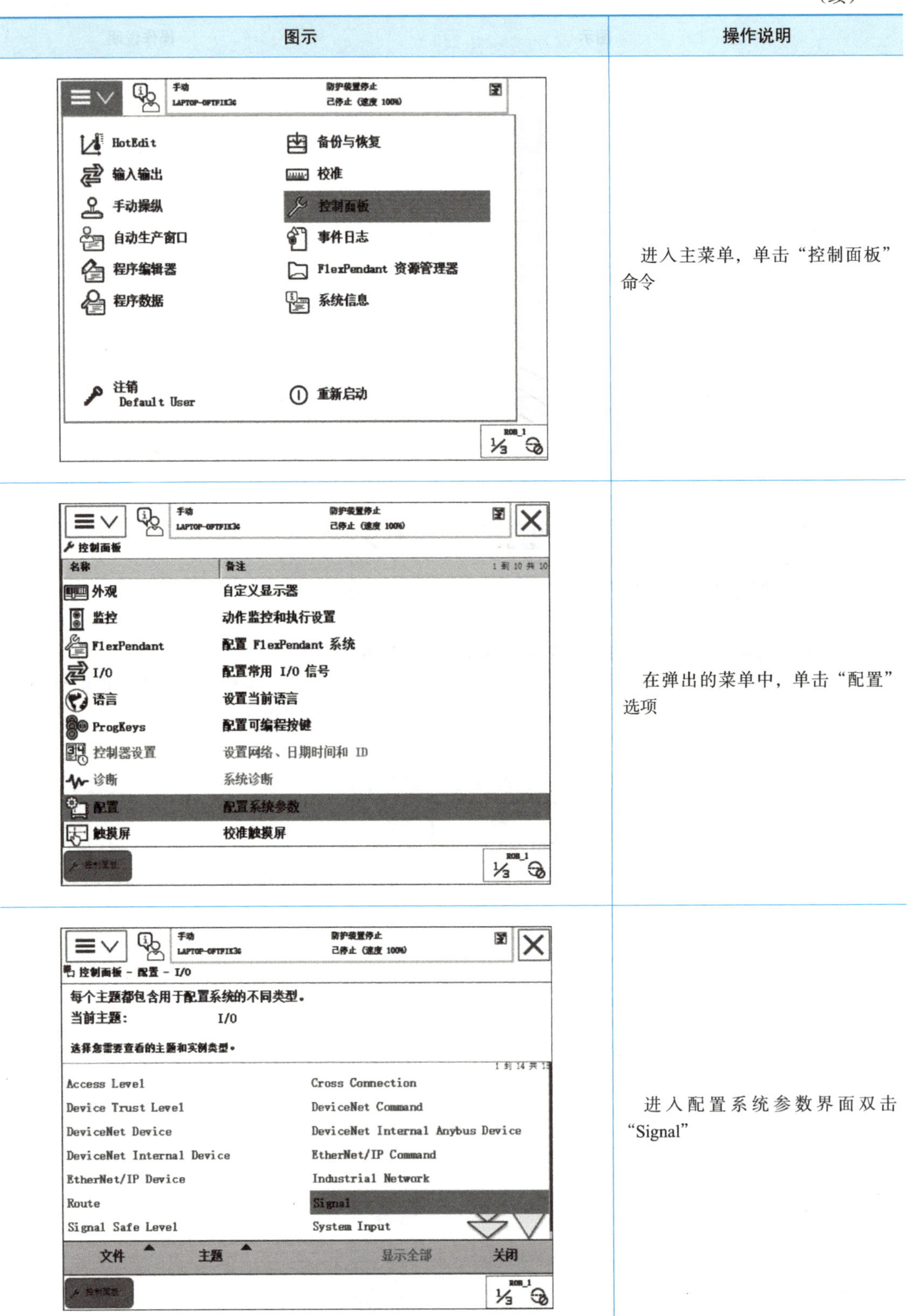

图示	操作说明
	进入主菜单，单击“控制面板”命令
	在弹出的菜单中，单击“配置”选项
	进入配置系统参数界面双击“Signal”

（续）

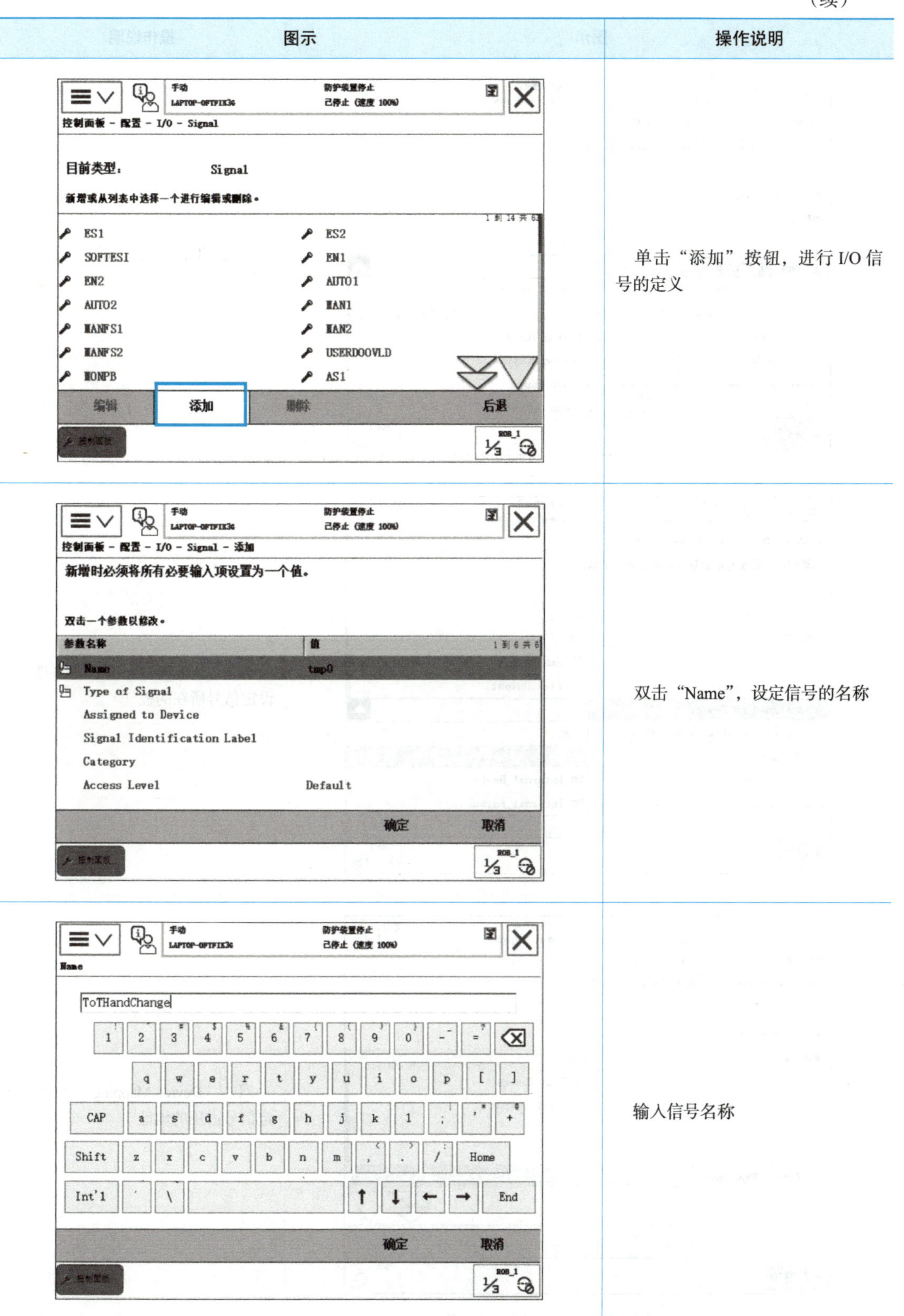

图示	操作说明
	单击“添加”按钮，进行I/O信号的定义
	双击“Name”，设定信号的名称
	输入信号名称

（续）

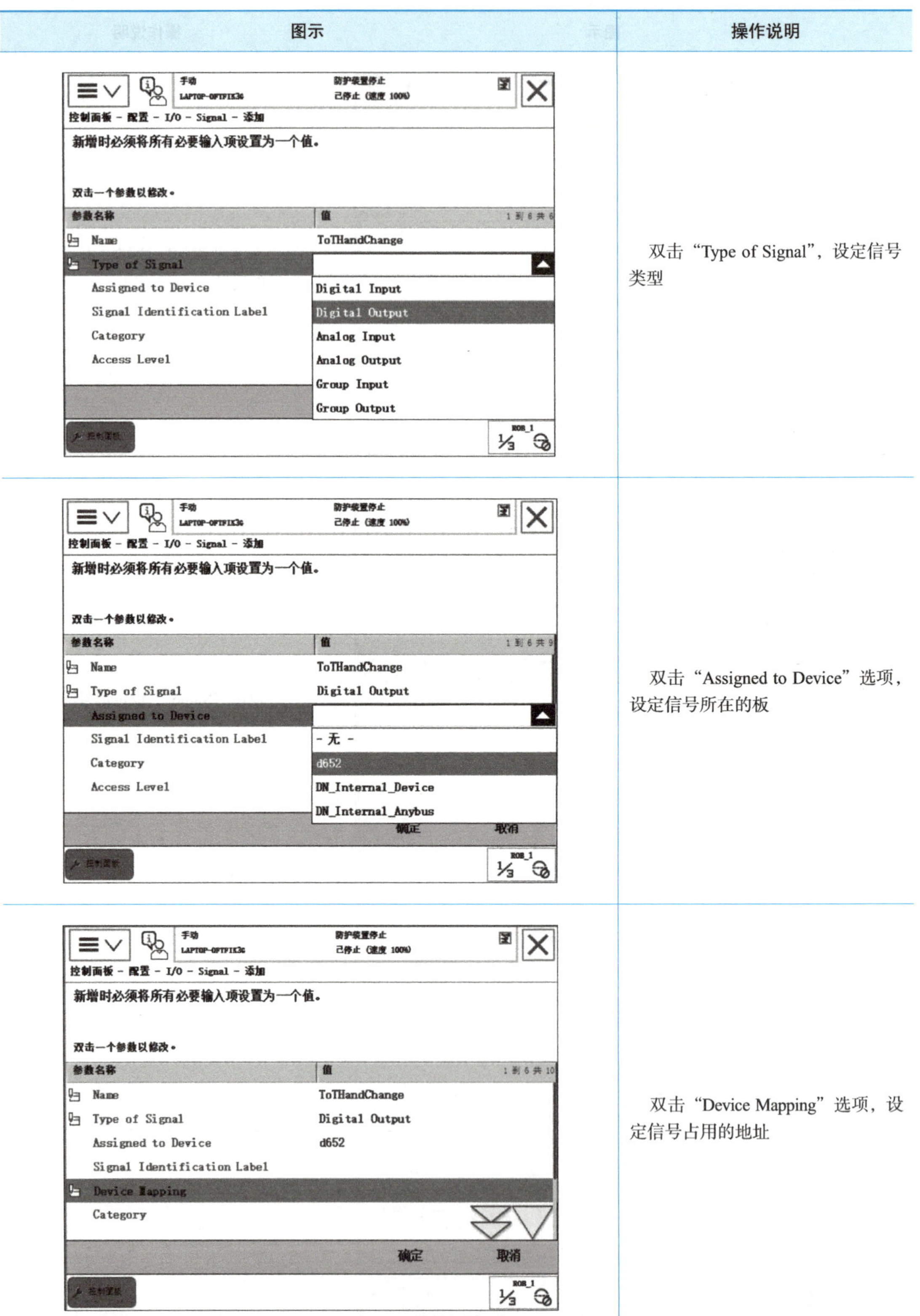

图示	操作说明
	双击“Type of Signal”，设定信号类型
	双击“Assigned to Device”选项，设定信号所在的板
	双击“Device Mapping”选项，设定信号占用的地址

（续）

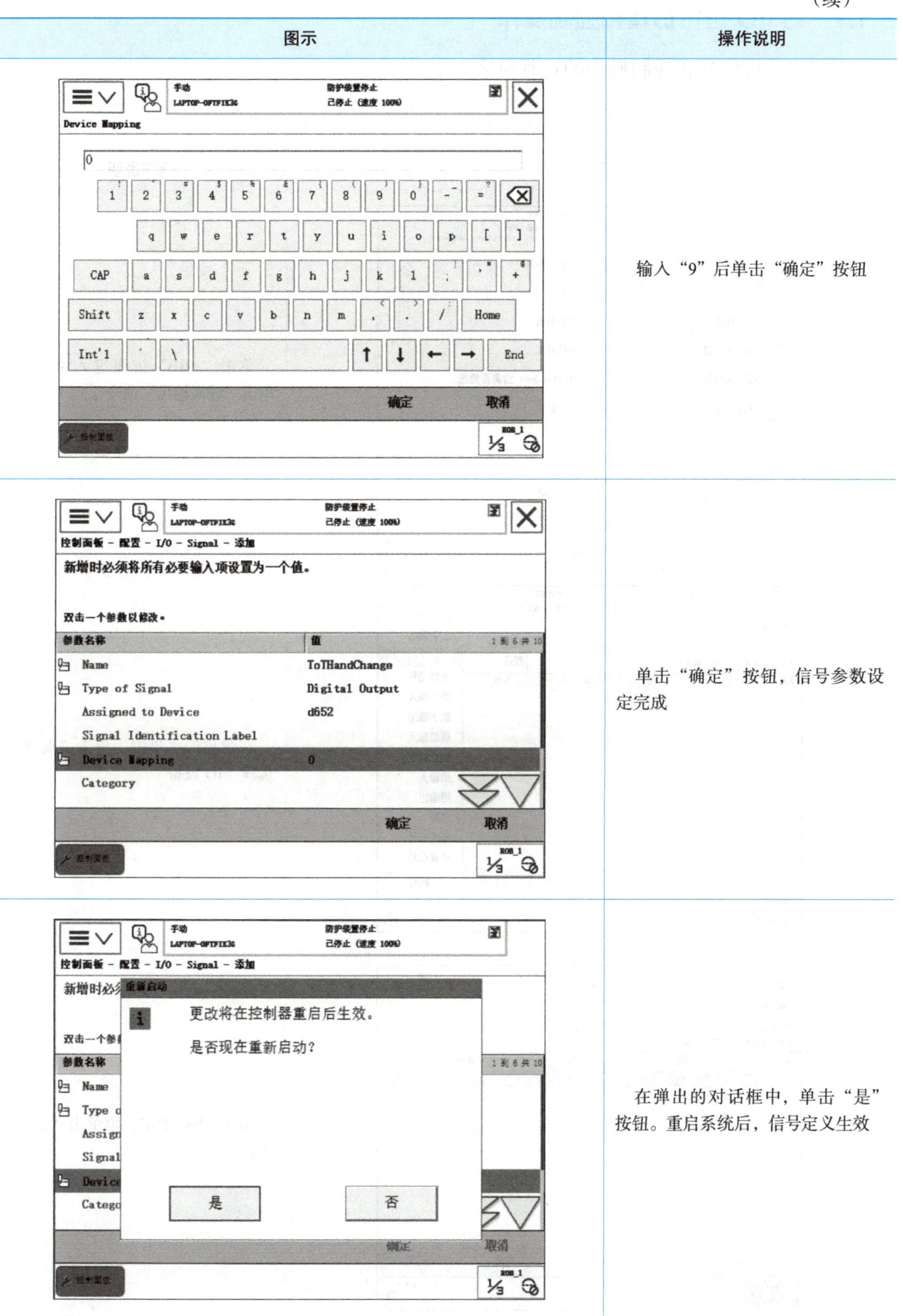

图示	操作说明
	输入“9”后单击“确定”按钮
	单击“确定”按钮，信号参数设定完成
	在弹出的对话框中，单击“是”按钮。重启系统后，信号定义生效

8.1.7 对 I/O 进行仿真和强制操作

对 I/O 进行仿真和强制操作的过程见表 8-7。

表 8-7 对 I/O 进行仿真和强制操作的过程

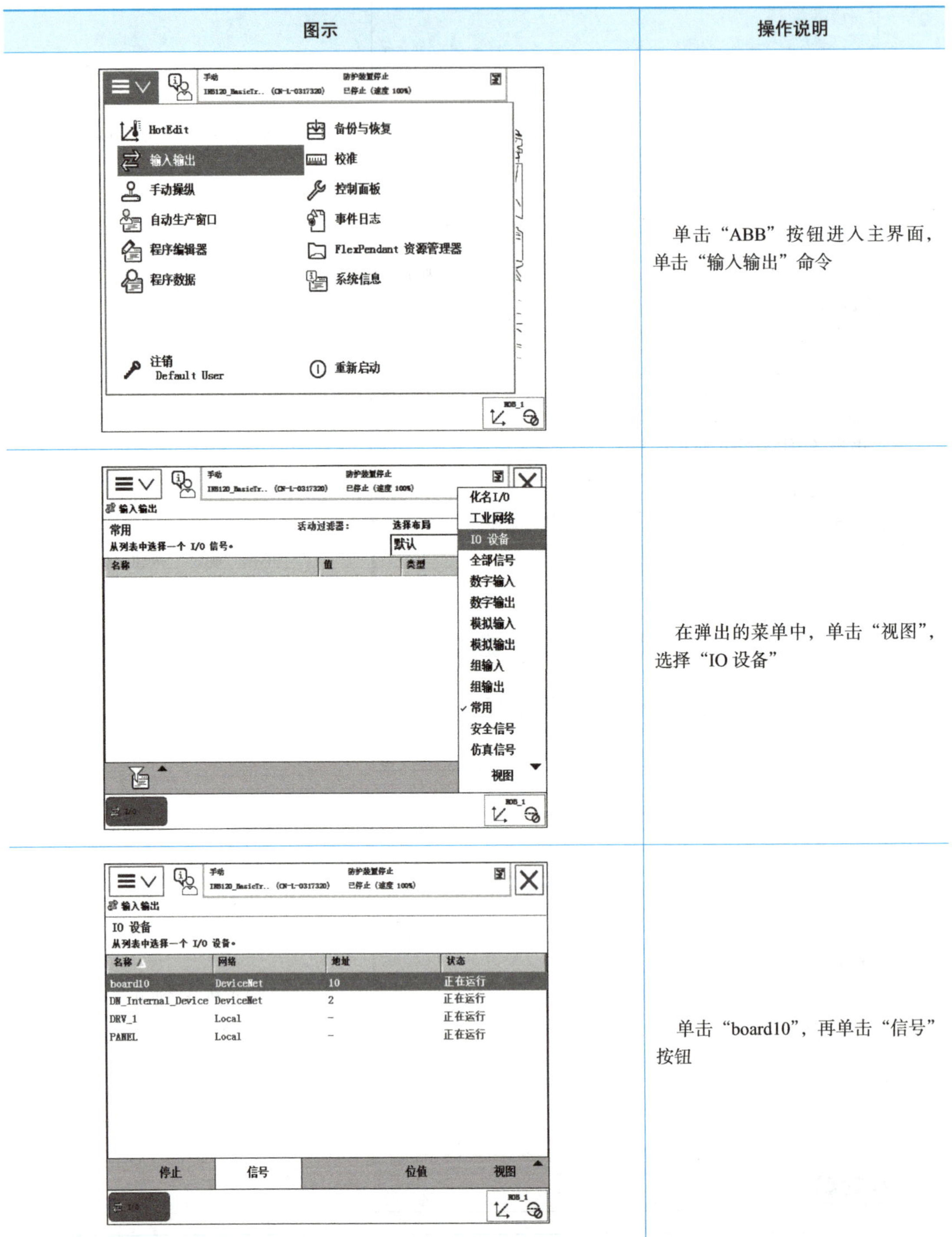

图示	操作说明
	单击“ABB”按钮进入主界面，单击“输入输出”命令
	在弹出的菜单中，单击“视图”，选择“IO 设备”
	单击“board10”，再单击“信号”按钮

（续）

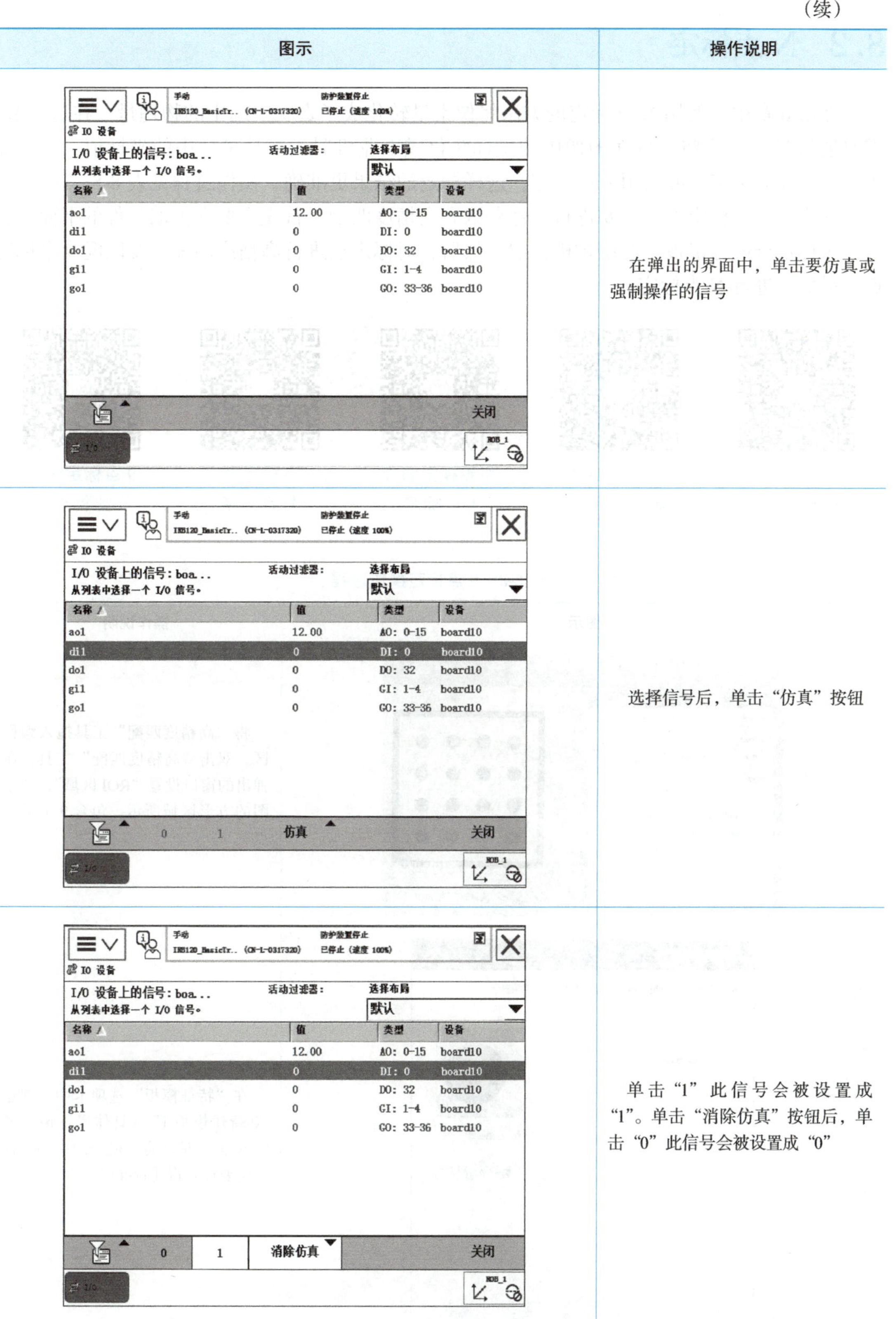

图示	操作说明
	在弹出的界面中，单击要仿真或强制操作的信号
	选择信号后，单击“仿真”按钮
	单击“1”此信号会被设置成“1”。单击“消除仿真”按钮后，单击“0”此信号会被设置成“0”

8.2 N 点标定

在第 6 章中，使用 N 点标定的方法将像素量转化成了真实空间中的物理量。在这一节，需要通过 N 点标定将工件在图像中的坐标转化成工业机器人工具坐标中的坐标值。与工业机器人之间的标定一般使用 9 点标定，这样标定的结果更准确，操作过程见表 8-8。

在进行 9 点标定之前，要进行图像获取和高精度匹配。首先，要在抓取工件的平面上放置一张标定纸或标定板。使用相机拍照。然后，对标定点进行高精度匹配，要匹配 9 个标定点。最后，进行 N 点标定。

机器视觉部分采集标定纸图像

机器视觉部分高精度匹配

机器视觉部分9 点标定

9 点标定确定标定顺序

9 点标定获取坐标点

表 8-8　9 点标定操作过程

图示	操作说明
	将“高精度匹配”工具拖入编程区。双击“高精度匹配”工具，在弹出的窗口设置“ROI 区域”，如左图的方形区域所示，包含 9 个标定点
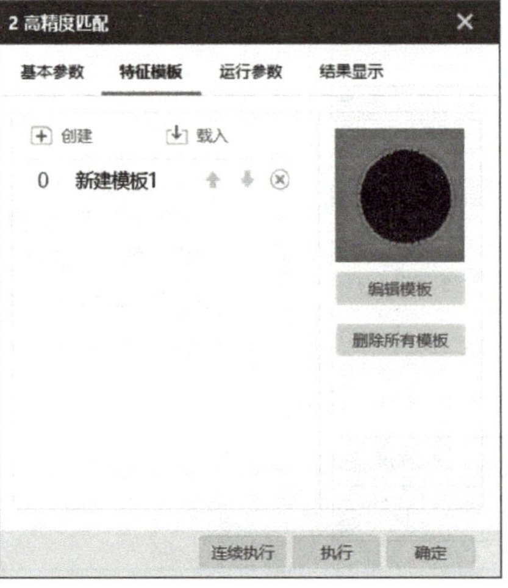	在“特征模板”选项卡中，创建“0 新建模板 1”（具体操作请参考第 6 章）。请注意：模板的中心位置一定要设置得比较准确

（续）

<table>
<tr><th>图示</th><th>操作说明</th></tr>
<tr><td>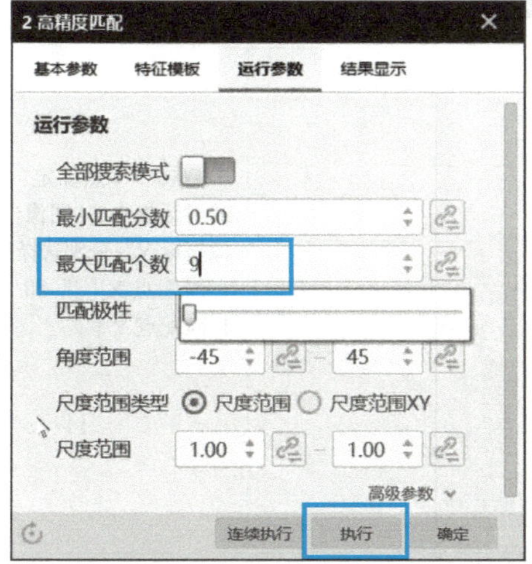
</td><td>在“运行参数”选项卡中，将“最大匹配个数”设置为“9”。单击“执行”按钮</td></tr>
<tr><td>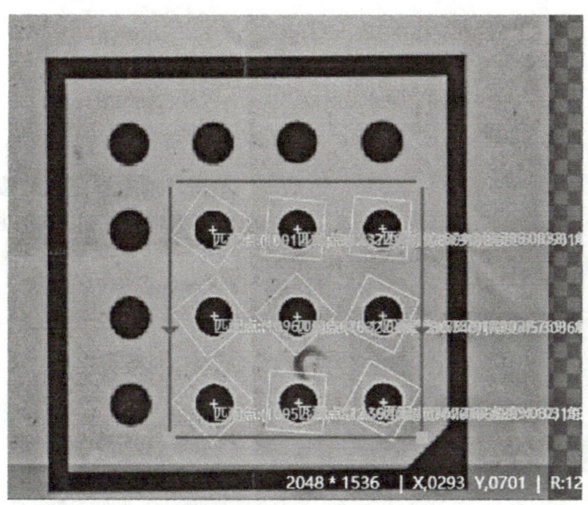
</td><td>可以看到，9 个标定点都被成功识别。单击“确定”按钮</td></tr>
<tr><td>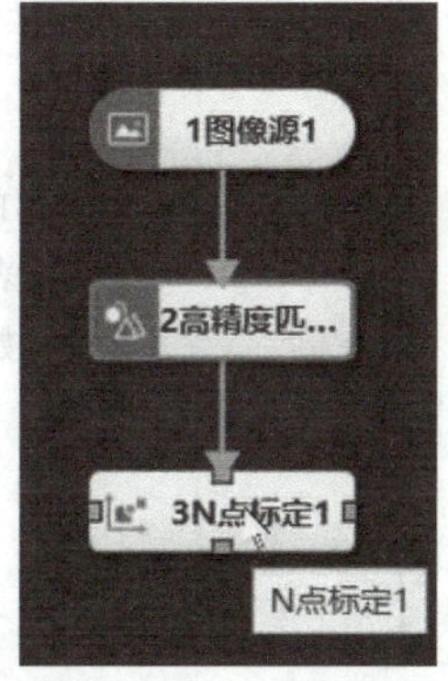
</td><td>将“N 点标定”工具拖入编程区</td></tr>
</table>

（续）

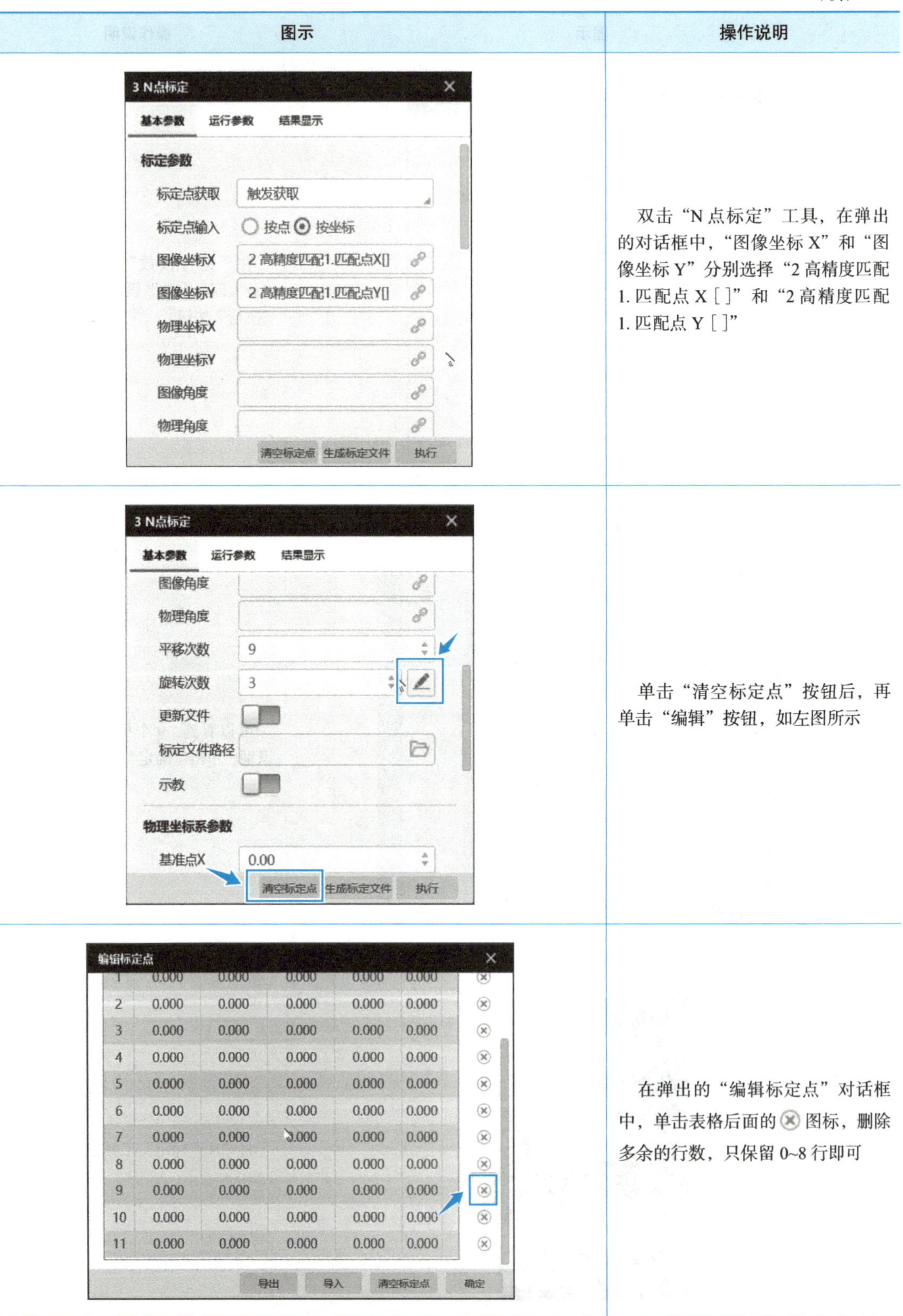

图示	操作说明
	双击“N 点标定”工具，在弹出的对话框中，“图像坐标 X”和“图像坐标 Y”分别选择“2 高精度匹配 1. 匹配点 X［］”和“2 高精度匹配 1. 匹配点 Y［］”
	单击“清空标定点”按钮后，再单击“编辑”按钮，如左图所示
	在弹出的“编辑标定点”对话框中，单击表格后面的 ⊗ 图标，删除多余的行数，只保留 0~8 行即可

（续）

<table>
<tr><th>图示</th><th>操作说明</th></tr>
<tr><td>3 N点标定
基本参数　运行参数　结果显示
旋转次数　0
更新文件
标定文件路径
示教
物理坐标系参数
基准点X　0.00
基准点Y　0.00
偏移X　1.00
偏移Y　1.00
清空标定点　生成标定文件　执行</td><td>单击“确定”按钮后，可关闭“编辑标定点”对话框
在“3N点标定”对话框中单击“执行”按钮</td></tr>
<tr><td>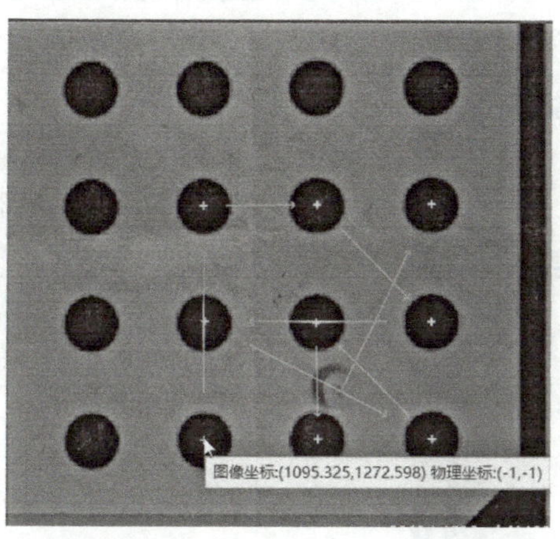
</td><td>在图像显示区会看到如左图所示的标定路径。按照标定箭头的指示，确定标定的顺序</td></tr>
<tr><td>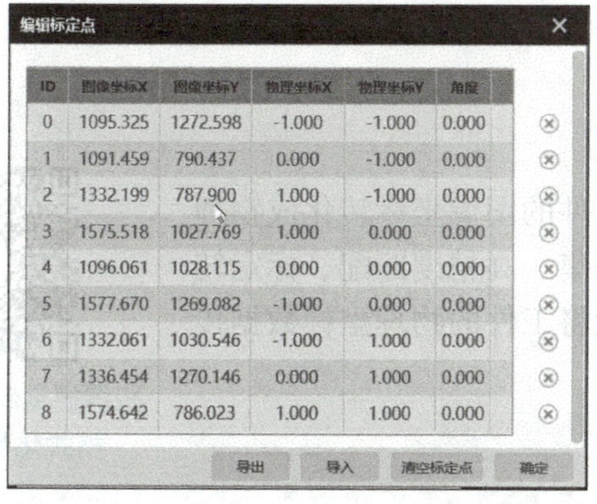
编辑标定点
<table>
<tr><th>ID</th><th>图像坐标X</th><th>图像坐标Y</th><th>物理坐标X</th><th>物理坐标Y</th><th>角度</th></tr>
<tr><td>0</td><td>1095.325</td><td>1272.598</td><td>-1.000</td><td>-1.000</td><td>0.000</td></tr>
<tr><td>1</td><td>1091.459</td><td>790.437</td><td>0.000</td><td>-1.000</td><td>0.000</td></tr>
<tr><td>2</td><td>1332.199</td><td>787.900</td><td>1.000</td><td>-1.000</td><td>0.000</td></tr>
<tr><td>3</td><td>1575.518</td><td>1027.769</td><td>1.000</td><td>0.000</td><td>0.000</td></tr>
<tr><td>4</td><td>1096.061</td><td>1028.115</td><td>0.000</td><td>0.000</td><td>0.000</td></tr>
<tr><td>5</td><td>1577.670</td><td>1269.082</td><td>-1.000</td><td>0.000</td><td>0.000</td></tr>
<tr><td>6</td><td>1332.061</td><td>1030.546</td><td>-1.000</td><td>1.000</td><td>0.000</td></tr>
<tr><td>7</td><td>1336.454</td><td>1270.146</td><td>0.000</td><td>1.000</td><td>0.000</td></tr>
<tr><td>8</td><td>1574.642</td><td>786.023</td><td>1.000</td><td>1.000</td><td>0.000</td></tr>
</table>
导出　导入　清空标定点　确定</td><td>单击“编辑”按钮，在弹出的“编辑标定点”对话框中，会看到“图像坐标X”和“图像坐标Y”都已经填写好，“物理坐标X”和“物理坐标Y”的位置需要操作工业机器人来标定</td></tr>
</table>

（续）

图示	操作说明
	操作工业机器人进行线性移动，直到工具的末端靠近标定点的位置为止
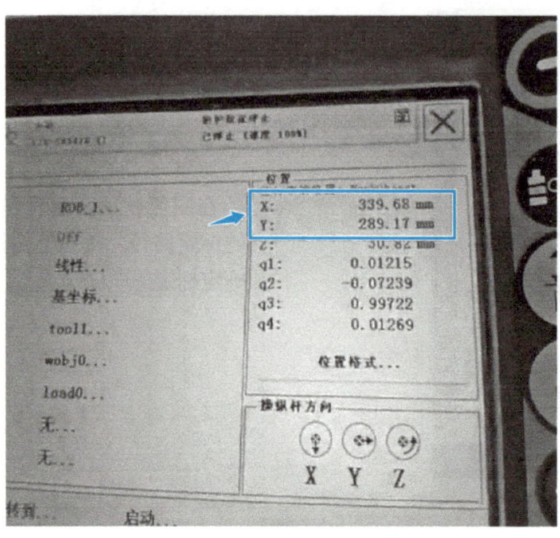	此时，查看示教器上的位置信息，将“X”和“Y”的值抄写在VisionMaster软件的“编辑标定点”表格中对应标定点的物理坐标X和Y中，当所有点都标定好以后，保存标定文件

8.3 定位工件

标定的目的是将视觉软件识别到的工件的图像坐标转化成物理坐标。因此，定位工件时需要经过图像采集、高精度匹配、标定转换、格式化和发送数据5步处理后，才能将工件的物理坐标数据传送给工业机器人。

机器视觉部分标定转换、格式化和发送数据

8.3.1 高精度匹配工具

高精度匹配工具的使用见表8-9。

表 8-9　高精度匹配工具的使用

图示	操作说明
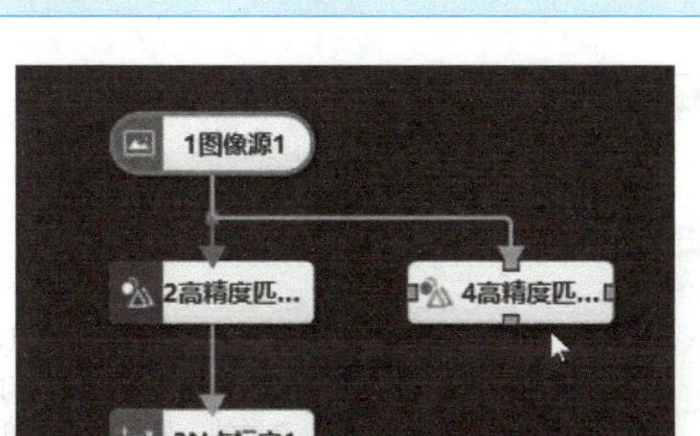	采集工件图像后，将“高精度匹配”工具拖入编程区，与图像源连接
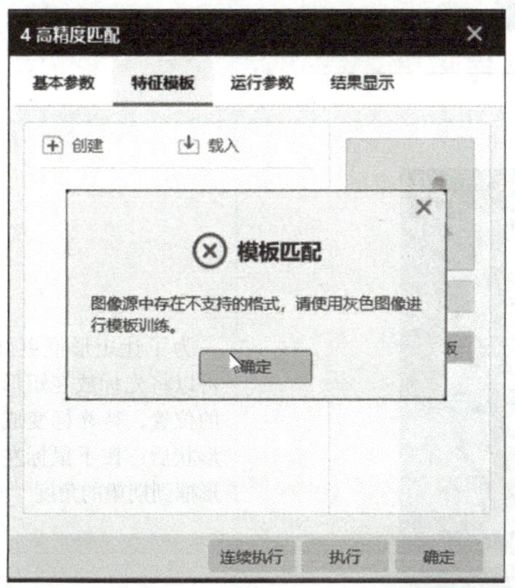	双击“高精度匹配”工具，在“特征模板”选项卡中创建模板。单击“创建”按钮，弹出如左图所示的对话框，说明“高精度匹配”的图像源是彩色图像而不是灰度图像
	此时，可以在“基本参数”选项卡的“输入源”一栏的下拉菜单中，选择“1 图像源 1. 灰度图像”

（续）

图示	操作说明
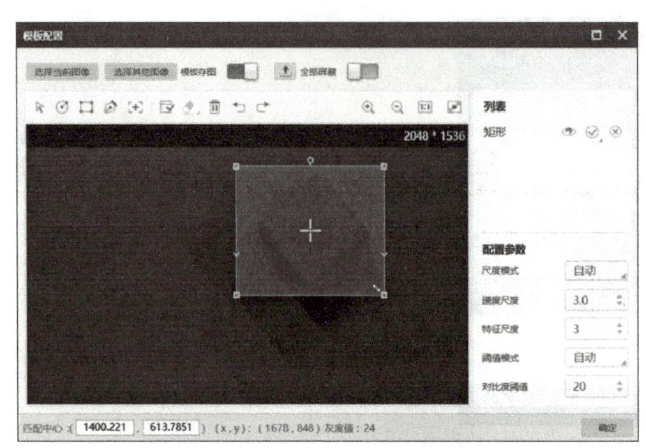	单击“创建”按钮，在弹出的对话框中先框选工件。由于工件是正方形的，所以选择用矩形框
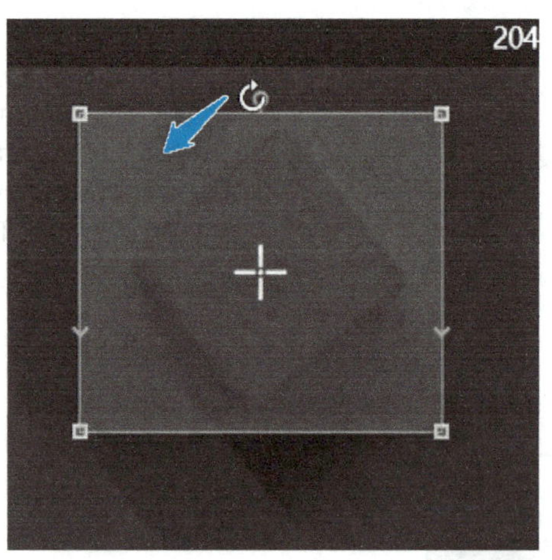	为了让矩形框更好地覆盖工件，可以将光标放在矩形框上边缘中心的位置，待光标变成如左图所示的形状后，按下鼠标左键即可旋转矩形框到期望的角度
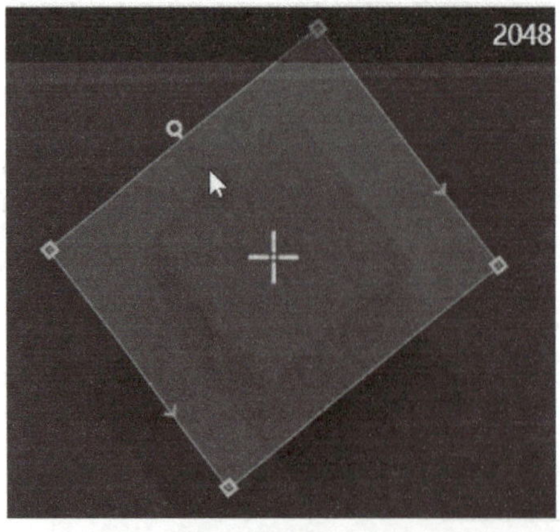	旋转后如左图所示

（续）

图示	操作说明
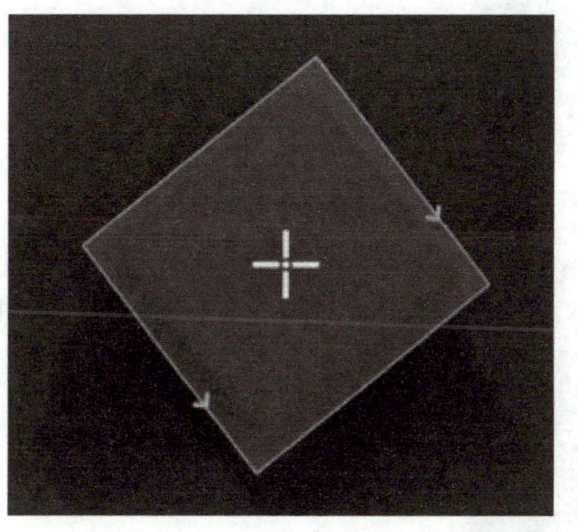	再调整一下矩形框的大小，尽量比较准确地覆盖到工件的全貌，又不引入多余的部分
	单击“确定”按钮，如左图箭头所示，在左图中出现检测到的工件的轮廓，单击“确定”按钮
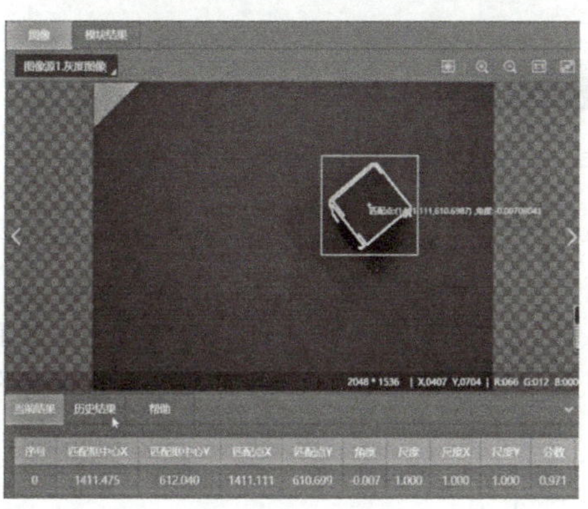	单击“运行”按钮后，在图像显示区可以看到识别到的工件，如左图所示在结果显示区可以看到工件在图像中的位置信息。 但是，这些信息是以像素为单位的，还要转化成工业机器人工具坐标下的坐标值，工业机器人才能去抓取工件

8.3.2 标定转换工具

标定转换工具的使用见表 8-10。

表 8-10　标定转换工具的使用

图示	操作说明
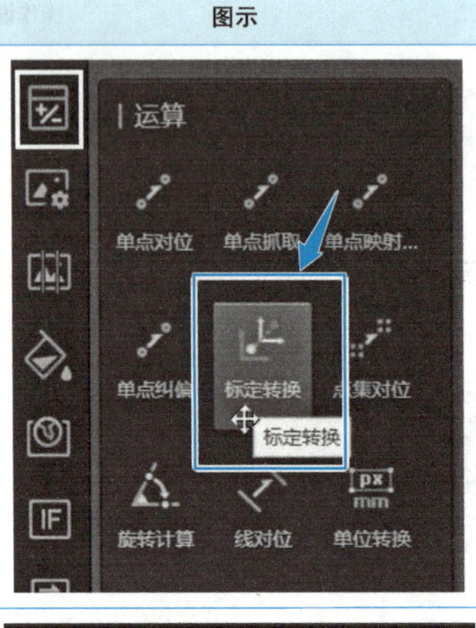	将光标放在“运算”模块上，在展开的菜单中找到“标定转换”工具，将其拖入编程区中
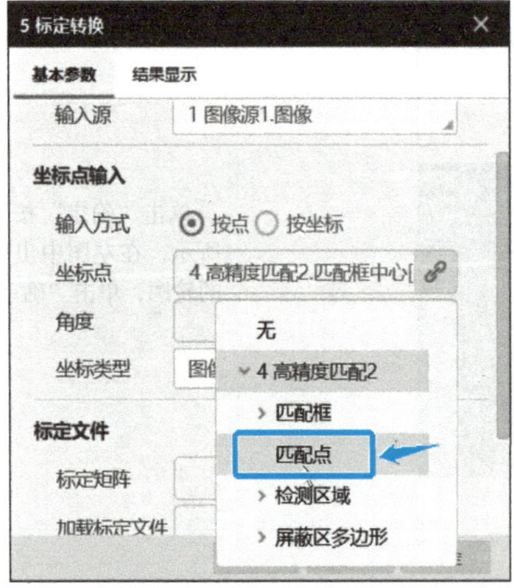	双击“标定转换”工具，在弹出的对话框中找到“坐标点输入”，在“坐标点”下拉菜单中选择“4 高精度匹配 2”的“匹配点”
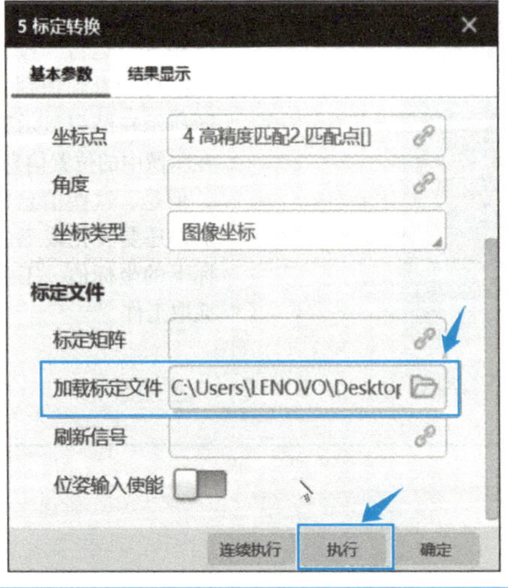	在“加载标定文件”一栏选择“N 点标定”的标定文件，然后单击“执行”按钮

（续）

图示	操作说明
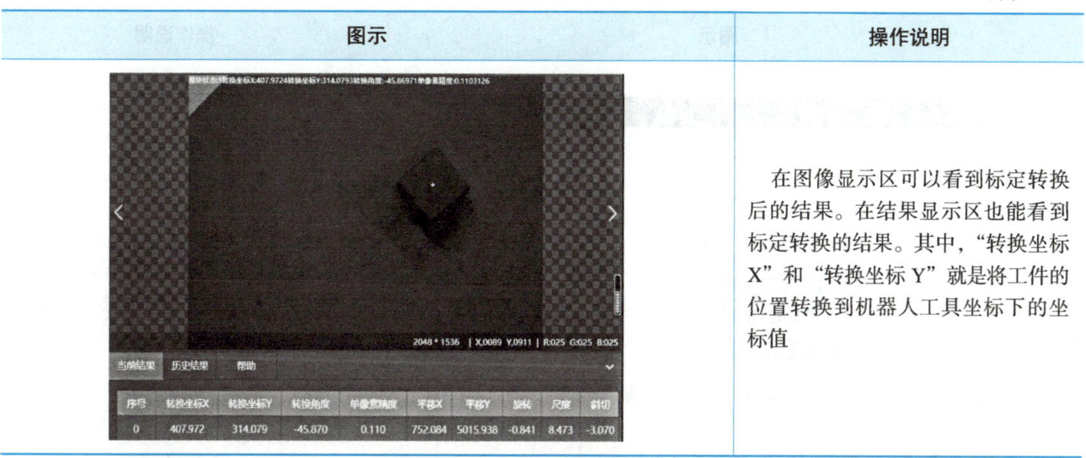	在图像显示区可以看到标定转换后的结果。在结果显示区也能看到标定转换的结果。其中，“转换坐标X”和“转换坐标Y”就是将工件的位置转换到机器人工具坐标下的坐标值

8.3.3 格式化工具

格式化工具负责将坐标X和Y组合成字符串，便于后续由“发送数据”工具将此字符串以消息的形式发送给工业机器人。格式化工具的使用见表8-11。

表8-11　格式化工具的使用

图示	操作说明
	将光标放在“逻辑工具”模块上，在展开的菜单中找到“格式化”工具，将其拖入编程区，与“标定转换”工具相连
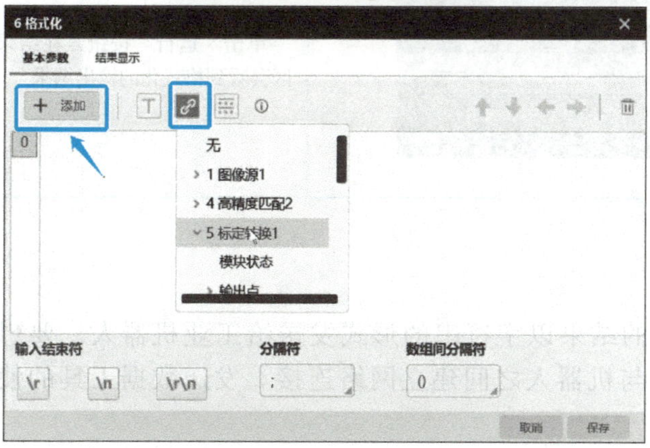	双击“格式化”工具，在弹出的对话框中单击“添加”按钮，如左图箭头所示，再单击“订阅”按钮

（续）

图示	操作说明
	在下拉菜单中单击“5 标定转换 1”→“输出点”→“转换坐标 X”
	单击“插入文本” T 图标，在编辑窗口中输入分隔符“,”
	单击“订阅”按钮，在下拉菜单中选择“5 标定转换 1. 转换坐标 Y”，单击“确定”按钮
	单击“运行”按钮，在结果显示区会看到格式化的输出结果

8.3.4 发送数据工具

发送数据工具负责将格式化的结果以字符串的形式发送给工业机器人。要想成功实现数据的传输，需要视觉软件与机器人之间建立网络连接。发送数据工具的使用见表 8-12。

表 8-12　发送数据工具的使用

图示	操作说明
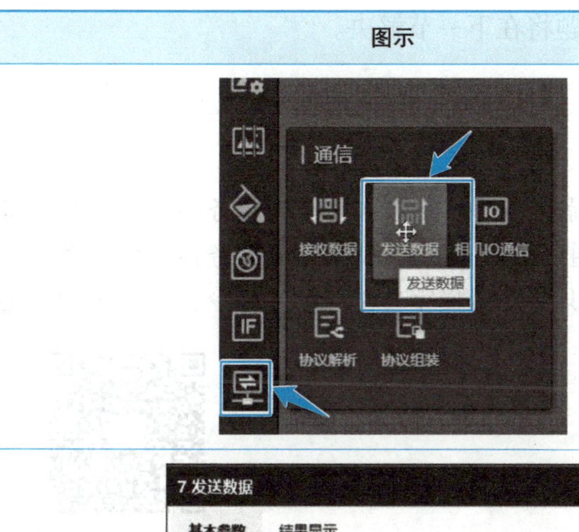	将光标放在“通信”模块上，在展开的菜单中找到“发送数据”工具，将其拖入编程区，与“格式化”工具相连
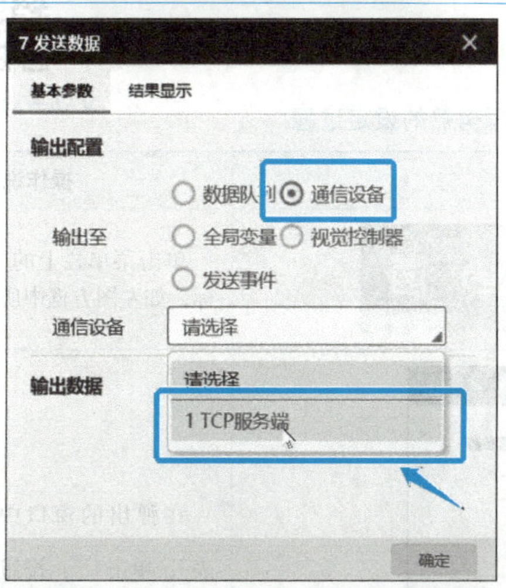	双击“发送数据”工具，在弹出的对话框中找到“输出配置”，选择输出至“通信设备”，在“通信设备”一栏的下拉菜单中，选择“1TCP 服务端”
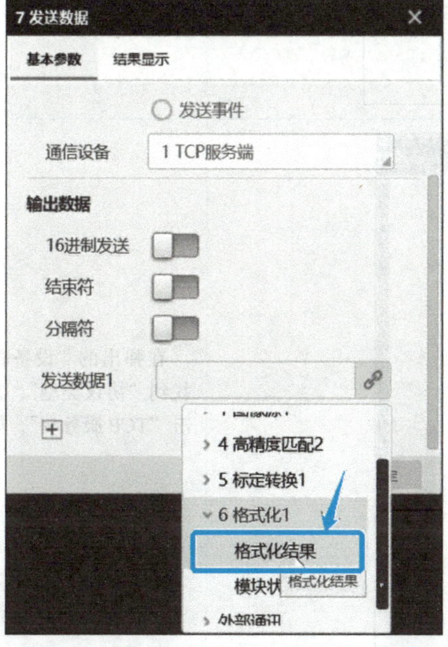	在“发送数据 1”一栏，单击“订阅”按钮，在下拉菜单中选择“6 格式化 1”→“格式化结果”，单击“确定”按钮

此时，单击“运行”按钮会发现“发送数据”工具无法运行，其原因是机器视觉与工业机器人之间的通信网络还没有建立好，这个问题将在下一节解决。

8.4　TCP 通信设定

TCP 通信要求网络中有服务器端和客户端，一般将视觉软件作为服务器端，而将工业机器人作为客户端。在视觉软件端直接通过通信设置就可以快速完成服务器端的配置。但是，在工业机器人端要通过 RobotStudio 能够识别的套接字（Socket）指令，写出客户端通信的流程，来实现双方的通信。

8.4.1　服务器设定

服务器的设定过程见表 8-13。

VM—TCP 服务器设定

表 8-13　服务器的设定过程

图示	操作说明
	单击菜单栏上的“通信管理”图标，如左图方框中所示
	在弹出的窗口中找到“设备列表”，单击 按钮，以添加设备
	在弹出的“设备管理”对话框中找到“协议类型”，在下拉菜单中单击“TCP 服务端”，如左图箭头所示

（续）

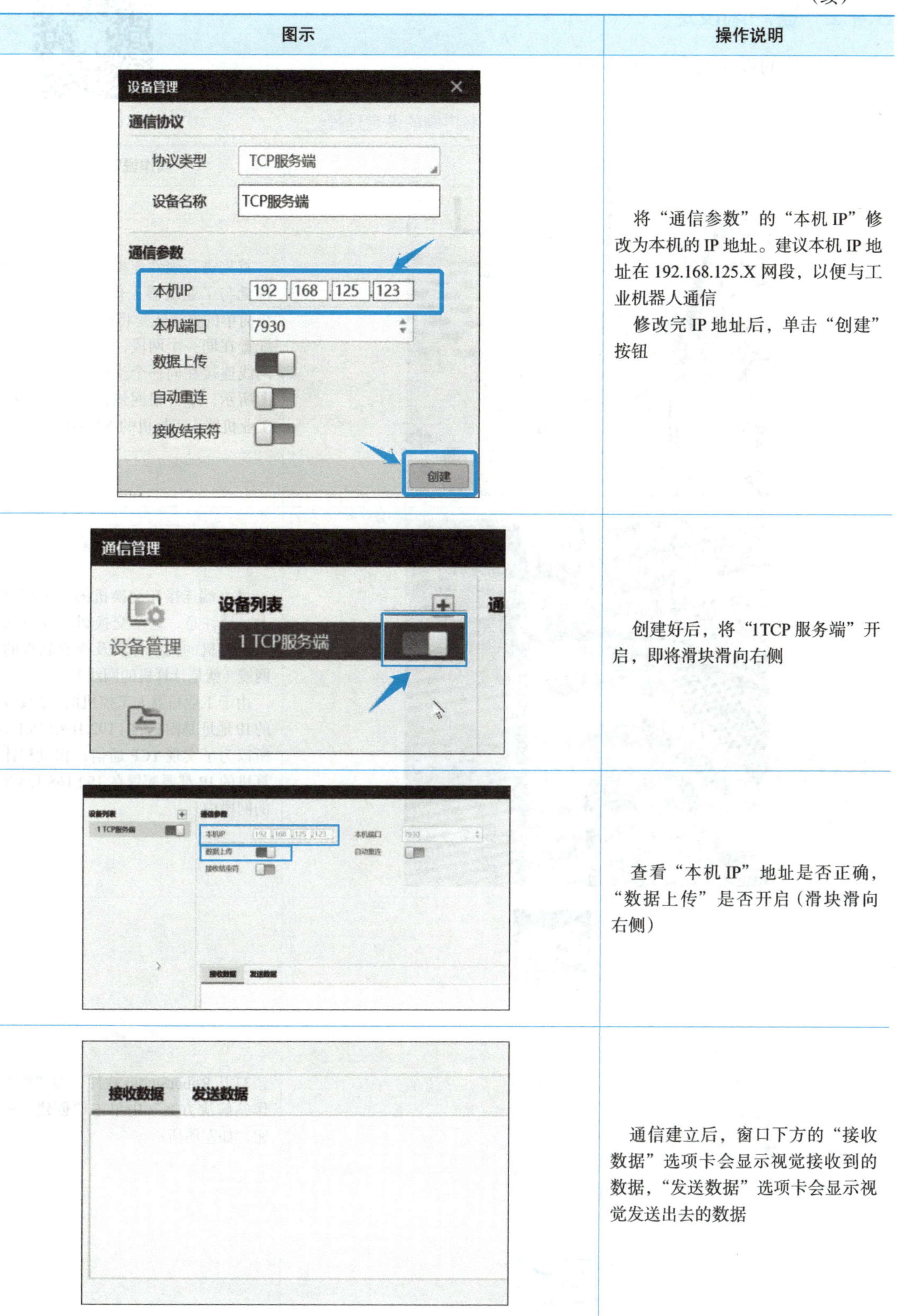

图示	操作说明
	将“通信参数”的“本机 IP”修改为本机的 IP 地址。建议本机 IP 地址在 192.168.125.X 网段，以便与工业机器人通信 修改完 IP 地址后，单击“创建”按钮
	创建好后，将“1TCP 服务端”开启，即将滑块滑向右侧
	查看“本机 IP”地址是否正确，“数据上传”是否开启（滑块滑向右侧）
	通信建立后，窗口下方的“接收数据”选项卡会显示视觉接收到的数据，“发送数据”选项卡会显示视觉发送出去的数据

8.4.2 客户端设定

VM—TCP 客户端设定

客户端的设定过程见表 8-14。

表 8-14 客户端的设定过程

图示	操作说明
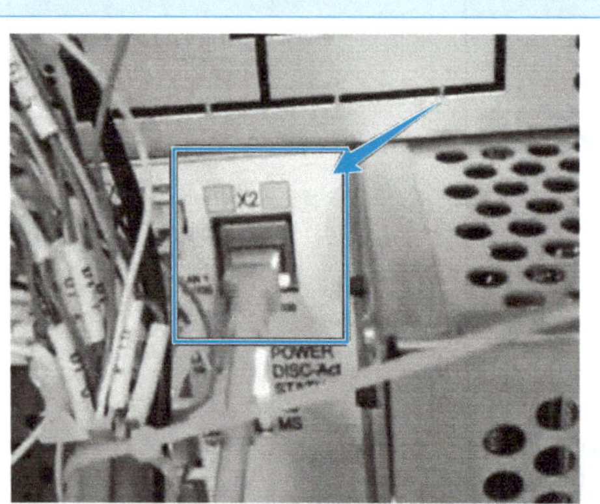	首先进行硬件连接。要想让机器视觉与工业机器人使用 TCP 通信，最简单的方法就是将两者的 IP 地址配置在同一个网段，并且将两者的网线连接在同一个交换机上。如左图所示，拿一根网线，一端连接在工业机器人工控机的 X2 端口上
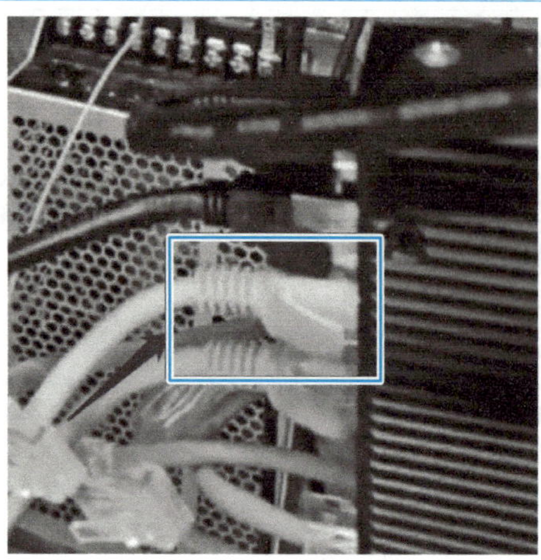	另一端连接在交换机的一个端口上。请注意，这个交换机上还应该连接相机的网线，以及视觉软件的网线（就是计算机的网线） 由于工业机器人工控机的 X2 端口的 IP 地址是固定的（192.168.125.1），所以为了实现 TCP 通信，相机和计算机的 IP 都要配置在 192.168.125.X 的网段内
 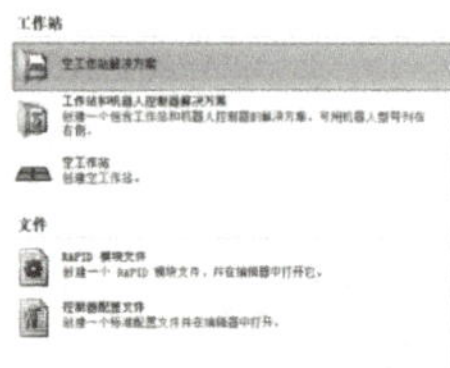 	打开 RobotStudio 软件，在“空工作站解决方案”中单击“创建”按钮，如左图所示

（续）

图示	操作说明
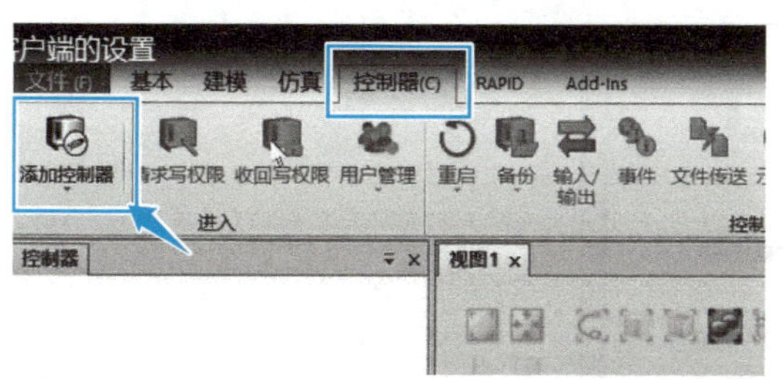	在打开界面的最上方的菜单栏中先单击“控制器”，再单击“添加控制器”
	在下方窗口会出现如左图所示的控制器信息，这说明 RobotStudio 与工业机器人连接正常，单击“RAPID”
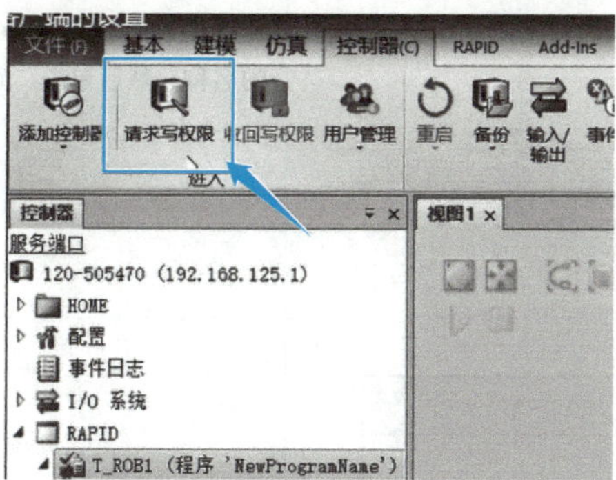	在“控制器”菜单项中单击“请求写权限”
	弹出如左图所示的对话框，在机器人示教器上单击“同意”后，此对话框会自行关闭。随后可在 RobotStudio 端直接写指令到示教器

（续）

图示	操作说明
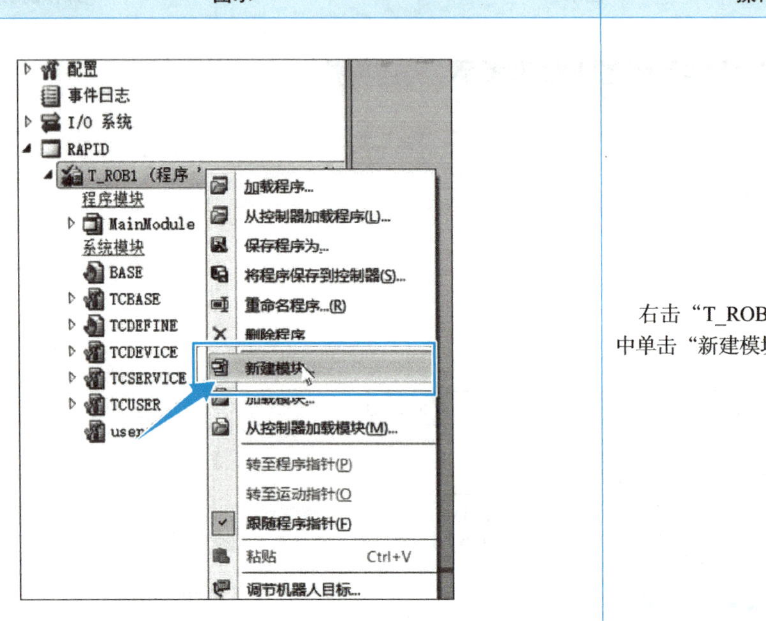	右击“T_ROB1”，在弹出的菜单中单击“新建模块”
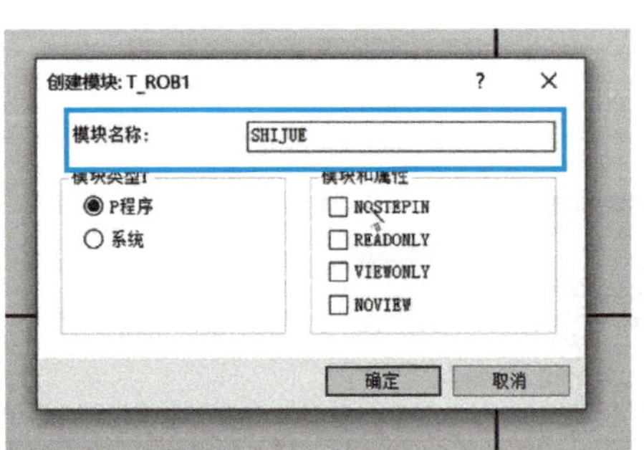	在弹出的对话框中输入新建模块的名称，然后单击“确定”按钮

控制器工具
视图1　120-505470 (192.168.125.1) ×
T_ROB1/SHIJUE* ×
MODULE SHIJUE
    VAR socketdev socket;
    VAR string s1;
 	
    PROC mymain()
        client;
    ENDPROC
    PROC client()
        SocketClose socket;
        SocketCreate socket;
        SocketConnect socket,"192.168.125.123",7930;
        SocketSend socket\str:="123";
        SocketReceive socket\str:=s1;
        waittime 1;
    ENDPROC
ENDMODULE
	在打开的模块中编写程序，以实现机器视觉与工业机器人的通信
	左图所示程序的功能是用套接字指令建立 TCP 连接并向视觉软件发送“123”字符串，将接收到的字符串保存在 s1 中

（续）

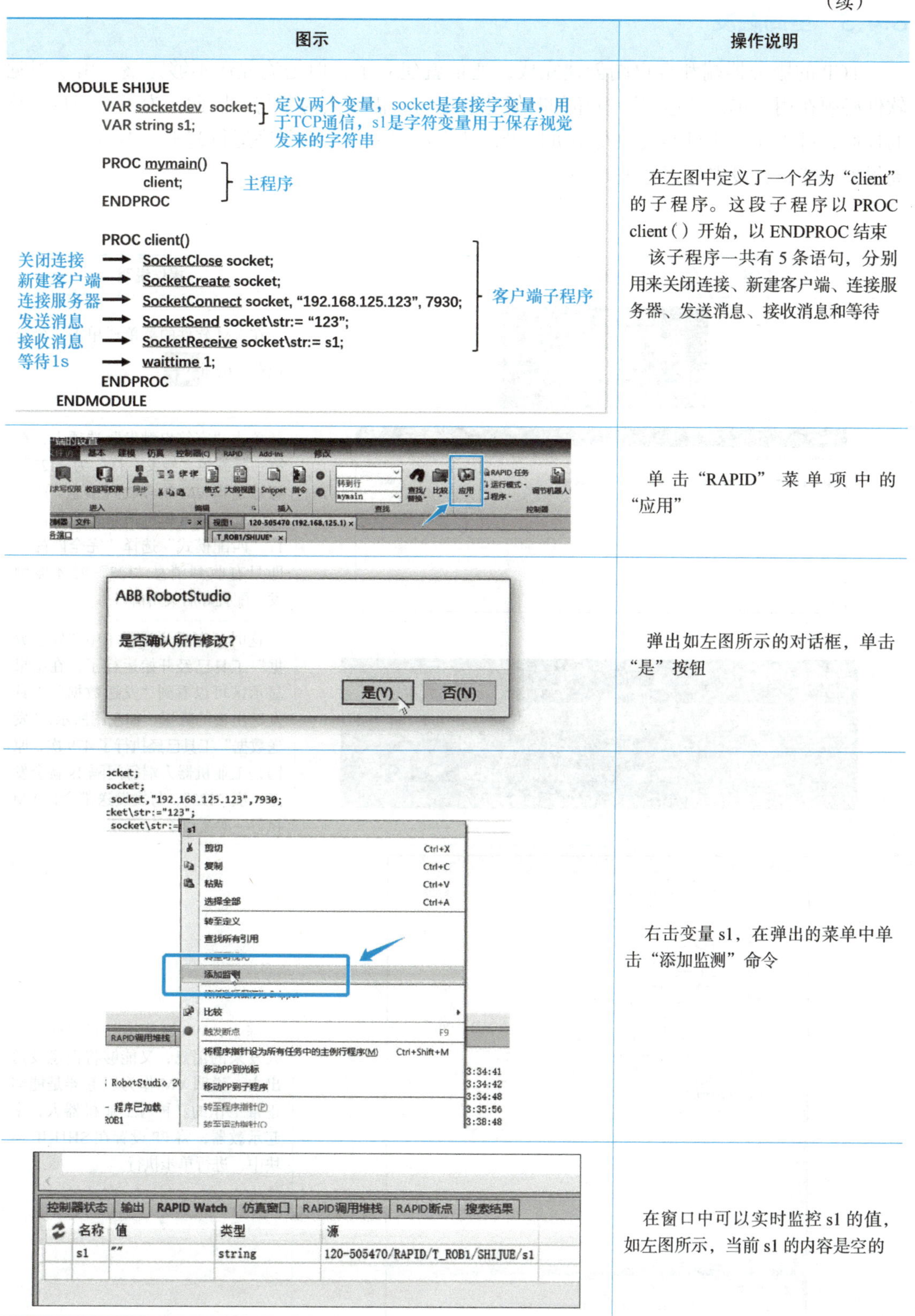

操作说明
在左图中定义了一个名为“client”的子程序。这段子程序以PROC client( )开始，以ENDPROC结束 该子程序一共有5条语句，分别用来关闭连接、新建客户端、连接服务器、发送消息、接收消息和等待
单击“RAPID”菜单项中的“应用”
弹出如左图所示的对话框，单击“是”按钮
右击变量s1，在弹出的菜单中单击“添加监测”命令
在窗口中可以实时监控s1的值，如左图所示，当前s1的内容是空的

8.4.3 全局触发

TCP 的服务器端和客户端创建完成，通信就建立了，但是流程还不够完整。由于视觉软件必须在用户单击“运行”按钮的时候才能运行，需要人为参与。因此，为了实现自动化的控制，可以让工业机器人触发相机拍摄，从而让视觉软件的程序运行起来。本节将讲解全局触发功能，其设定过程见表 8-15。

表 8-15　全局触发的设定过程

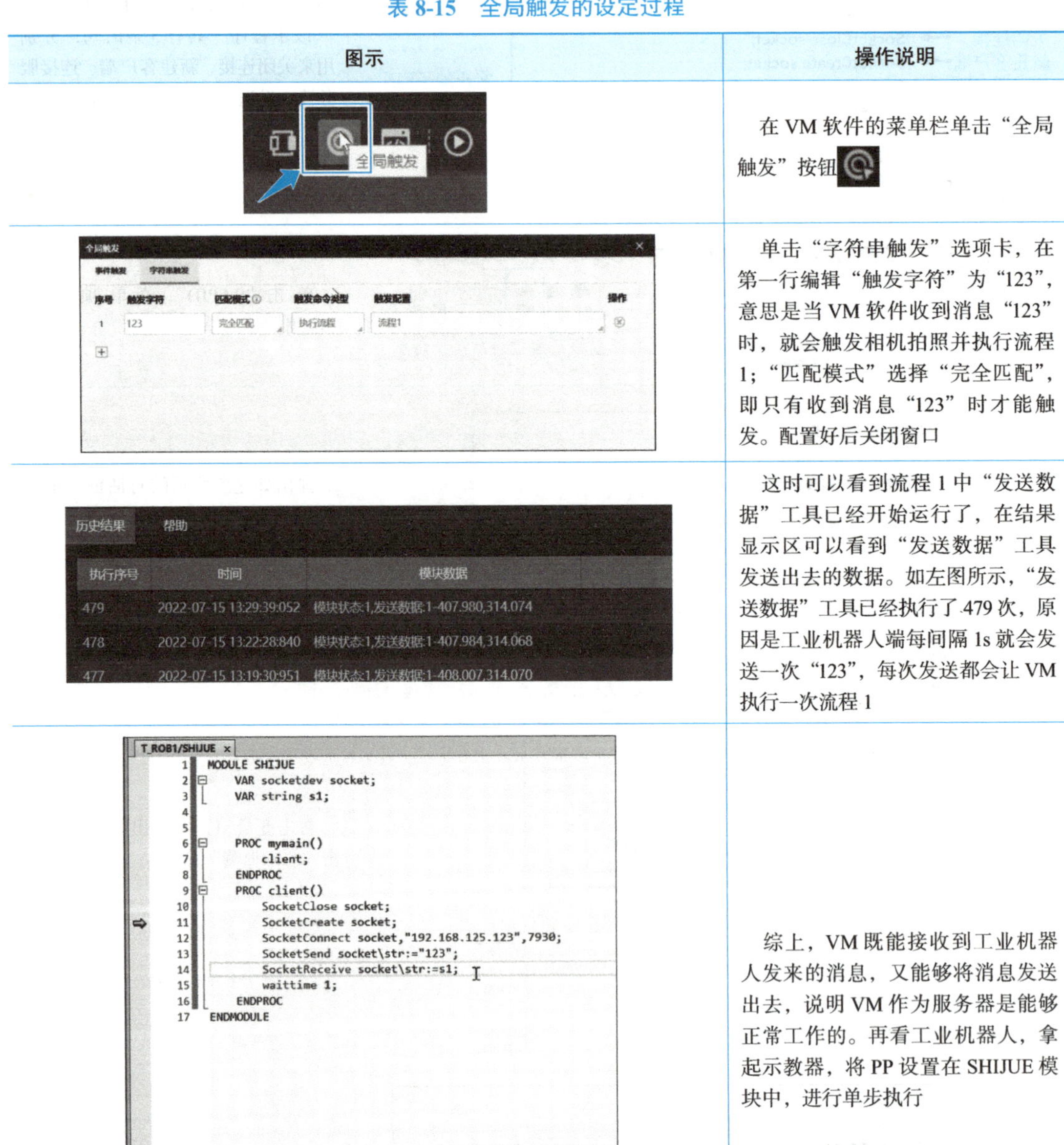

图示	操作说明
	在 VM 软件的菜单栏单击“全局触发”按钮
	单击“字符串触发”选项卡，在第一行编辑“触发字符”为“123”，意思是当 VM 软件收到消息“123”时，就会触发相机拍照并执行流程 1；“匹配模式”选择“完全匹配”，即只有收到消息“123”时才能触发。配置好后关闭窗口
	这时可以看到流程 1 中“发送数据”工具已经开始运行了，在结果显示区可以看到“发送数据”工具发送出去的数据。如左图所示，“发送数据”工具已经执行了 479 次，原因是工业机器人端每间隔 1s 就会发送一次“123”，每次发送都会让 VM 执行一次流程 1
	综上，VM 既能接收到工业机器人发来的消息，又能够将消息发送出去，说明 VM 作为服务器是能够正常工作的。再看工业机器人，拿起示教器，将 PP 设置在 SHIJUE 模块中，进行单步执行

（续）

<table>
<tr><th>图示</th><th>操作说明</th></tr>
<tr><td> 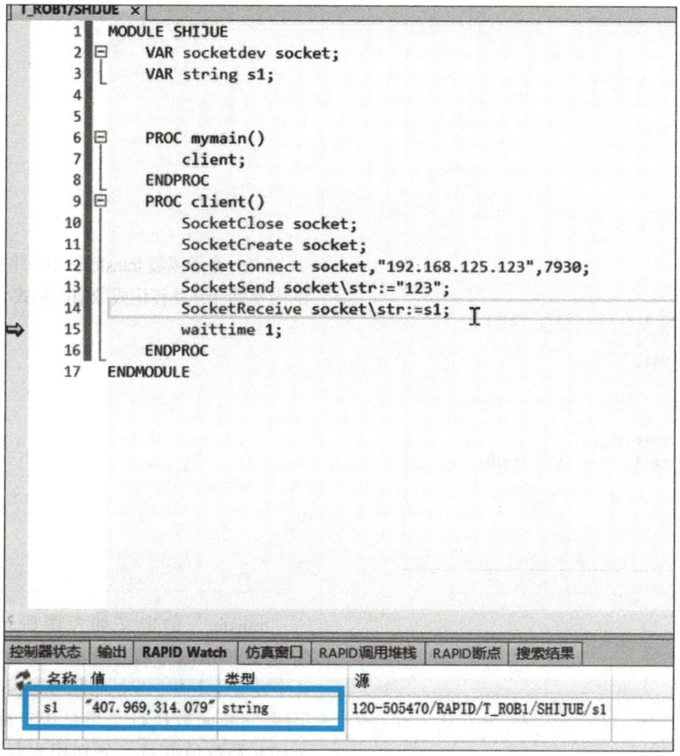T_ROB1/SHIJUE ×
MODULE SHIJUE
    VAR socketdev socket;
    VAR string s1;

    PROC mymain()
        client;
    ENDPROC
    PROC client()
        SocketClose socket;
        SocketCreate socket;
        SocketConnect socket,"192.168.125.123",7930;
        SocketSend socket\str:="123";
        SocketReceive socket\str:=s1;
        waittime 1;
    ENDPROC
ENDMODULE

控制器状态 | 输出 | RAPID Watch | 仿真窗口 | RAPID调用堆栈 | RAPID断点 | 搜索结果
名称 | 值 | 类型 | 源
s1 | "407.969,314.079" | string | 120-505470/RAPID/T_ROB1/SHIJUE/s1</td><td>单步执行后，可以看到s1的内容如左图所示</td></tr>
</table>

8.5 工业机器人端程序编写

工业机器人成功接收到位置信息后，接下来的工作就是移到相应位置将工件搬走。整个流程可以细化成如下几个步骤：

步骤一：位置信息转化成数值形式。

步骤二：取工件。

步骤三：放工件。

下面将分别说明这几个步骤的程序。

8.5.1 位置信息转化函数

工业机器人接收到工件的位置信息，但是x值和y值是放在一起且以字符串的形式呈现的。工业机器人的MOVL和MOVJ等指令中的位置信息一定是以数值形式呈现的。因此，需要写一个专门的函数将s1的内容拆分成x值和y值，并且要转化成数值的形式。拆分坐标的函数说明见表8-16。

将坐标转化成数字

表 8-16　拆分坐标的函数说明

图示	操作说明

MODULE shijue
VAR socketdev socket;
VAR string s1;
VAR bool b;
VAR num x;
VAR num y;
VAR num temp;
 	
PROC mymain()
client;
transfer;
ENDPROC
PROC client()
SocketClose socket;
SocketCreate socket;
SocketConnect socket, "192.168.125.123", 7930;
SocketSend socket\str:="123";
SocketReceive socket\str:=s1;
ENDPROC
PROC transfer()
temp:=StrFind(s1,1,",");
b:=StrToVal(StrPart(s1,1,temp-1),x);
b:=StrToVal(StrPart(s1,temp+1,StrLen(s1)-temp),y);
ENDPROC
 	
ENDMODULE
	定义一个子函数 transfer，用于将 s1 的内容拆分开并转化成数值的形式

MODULE SHIJUE
…
VAR bool b;
VAR num x;
VAR num y;
VAR num temp;
PROC mymain()
…
transfer;
ENDPROC
PROC transfer()
temp:= StrFind(s1,1,",");
b := StrToVal(StrPart(s1, 1, temp-1), x);
b := StrToVal(StrPart(s1, temp+1, StrLen(s1)- temp), y);
ENDPROC
ENDMODULE
 	
找到“,”的位置
“,”前面的字符转化成数值并保存在x中
“,”后面的字符转化成数值并保存在y中
客户端子程序
	“transfer”的定义如左图所示，在定义 transfer 子程序之前，要增加 4 个变量。其中，b 是布尔变量，仅用来判断函数执行结果是否正确；x 和 y 是数值变量，分别用来存放工件的 x 坐标值和 y 坐标值；temp 也是一个数值变量，用来存放分隔符（如“,”）在字符串中的位置。transfer 子程序以 PROC transfer() 开始，以 ENDPROC 结束，其内部一共包含 3 个语句，分别用来获取分隔符的位置、将 x 坐标值存储在 x 变量中，将 y 坐标值存储在 y 变量中

,"); s1,1,temp-1),x); s1,temp+1,Str ... y); VAR num x 行：5 当前值：407.984 -1),x); ,StrLen(s1)-temp),y); VAR num y 行：6 当前值：314.074	采用单步执行，可以看到在工业机器人端 x 和 y 都是数值形式的坐标值

8.5.2　取工件函数

取工件和放工件程序

取工件函数说明见表 8-17。

表 8-17　取工件函数说明

图示	操作说明
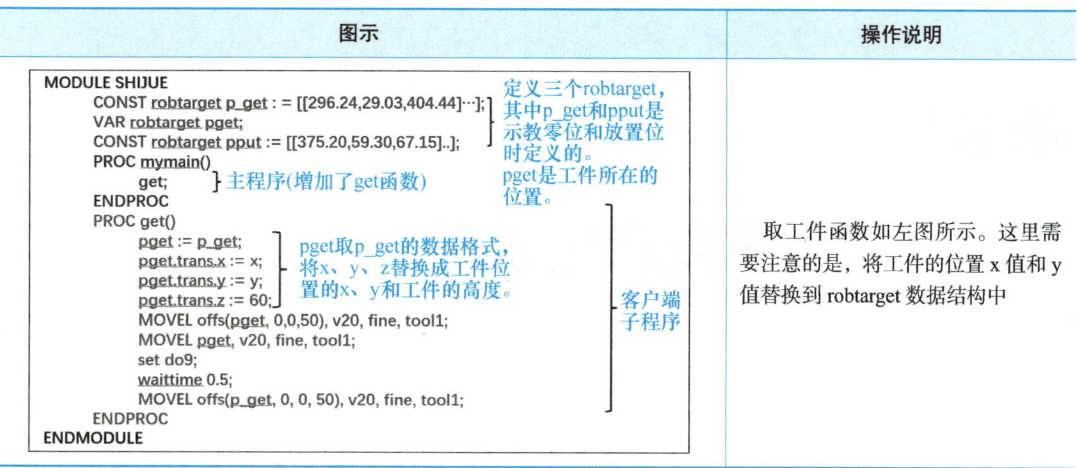	取工件函数如左图所示。这里需要注意的是，将工件的位置 x 值和 y 值替换到 robtarget 数据结构中

```
MODULE SHIJUE
    CONST robtarget p_get : = [[296.24,29.03,404.44]…];
    VAR robtarget pget;
    CONST robtarget pput := [[375.20,59.30,67.15]..];
    PROC mymain()
        get;
    ENDPROC
    PROC get()
        pget := p_get;
        pget.trans.x := x;
        pget.trans.y := y;
        pget.trans.z := 60;
        MOVEL offs(pget, 0,0,50), v20, fine, tool1;
        MOVEL pget, v20, fine, tool1;
        set do9;
        waittime 0.5;
        MOVEL offs(p_get, 0, 0, 50), v20, fine, tool1;
    ENDPROC
ENDMODULE
```


8.5.3　放工件函数

放工件的函数说明见表 8-18。

表 8-18　放工件函数说明

<table>
<tr><th>图示</th><th>操作说明</th></tr>
<tr><td><pre>
MODULE SHIJUE
    …
    PROC mymain()
        …
        put;   } 主程序（增加了put函数）
    ENDPROC
    PROC put()
        MOVEL offs(pput, 0, 0, 50), v20, fine, tool1;
        MOVEL offs(pput, 0, 0, 3), v20, fine, tool1;
        reset do9;
        waittime 0.5;
        MOVEL offs(pput, 0, 0, 50), v20, fine, tool1;
    ENDPROC   客户端子程序
ENDMODULE
</pre></td><td>放工件程序如左图所示。这段程序只涉及工业机器人轨迹的设计，不再赘述。具体指令的含义请参阅工业机器人相关书籍</td></tr>
</table>

课后习题

吸取工件结果演示

1. 请简述操作工业机器人回零的过程。
2. 请简述设置工业机器人转数计数器更新的方法。
3. 请简述 9 点标定的过程。
4. 请画出机器视觉用于定位的工作流程。
5. 请简述配置机器视觉与工业机器人通信的过程。

6. 请尝试让机器视觉与工业机器人配合并抓取一个工件。请观察工业机器人抓取的位置是否准确，如果不准确，试分析原因并尝试解决。

第9章 机器视觉用于复杂场景定位

知识目标

1）掌握多个相同工件码垛的工作流程。
2）掌握多个不同形状工件抓取的工作流程。
3）掌握多个不同颜色工件抓取的工作流程。
4）掌握多个不同颜色、不同形状工件抓取的工作流程。

技能目标

1）熟练操作视觉系统与工业机器人，完成多个相同工件码垛。
2）熟练操作视觉系统与工业机器人，完成不同颜色工件按序抓取。
3）熟练操作视觉系统与工业机器人，完成不同形状工件按序抓取。
4）熟练操作视觉系统与工业机器人，完成不同颜色、不同形状工件按序抓取。
5）熟练使用分支字符工具。
6）熟练使用颜色抽取工具。

素养目标

1）培养学生解决复杂问题的思路，即将复杂问题分解成简单问题。

2）看似复杂的工程其实是由一个个简单的工程结合而成的，因此要注重基本功训练，把基本功练扎实。

3）培养学生的自主学习能力，从问题出发，在现有知识体系上继续学习和研究，完善知识体系，直到问题解决。

前面已经学习了机器视觉用于定位，主要是指机器视觉作为工业机器人的“眼睛”告诉工业机器人待抓取工件的位置，工业机器人收到位置信息后可以准确地抓取单一工件。本章要解决更复杂的抓取情况，比如多个形状相同的工件逐一抓取、抓取形状不同的工件、抓取颜色不同的工件以及抓取颜色和形状都不相同的工件。

9.1　形状相同的多个工件码垛

视觉系统在工作台上能同时看到多个形状相同的工件，工业机器人要将这些工件逐一抓取后，进行码垛。

VM—多个工件的匹配问题

机器视觉用于定位的流程图如图 9-1 所示。这个流程图表示只抓取一个工件，如果想要多次抓取，只需让程序循环执行即可，也就是说，从步骤③～⑥执行多次，其中需要注意的是步骤③和步骤⑤。

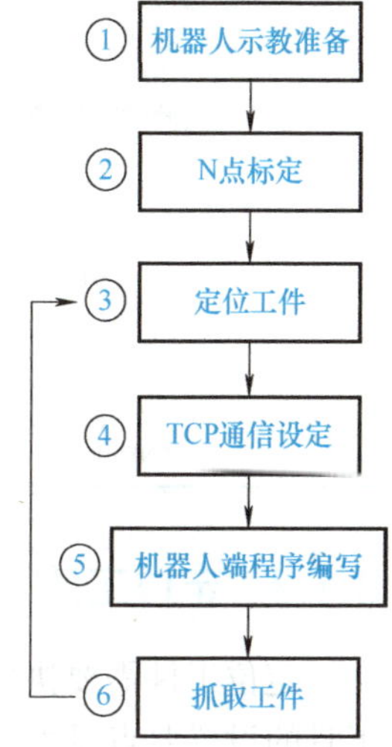

图 9-1　机器视觉用于定位的流程图

9.1.1　码垛程序编写

由于要码垛，所以在图 9-1 步骤⑤中，每次抓取到一个工件后，都需要根据工件的高度修改“z”值，否则就无法实现码垛。具体来说，就是在编写工业机器人程序时，加入表 9-1 所示的代码。

表 9-1　码垛程序说明

<table>
<tr><th colspan="2">（1）变量声明和主函数</th></tr>
<tr><th>图示</th><th>操作说明</th></tr>
<tr><td><pre>MODULE SHIJUE
    VAR socketdev socket;
    VAR string s1;
    VAR num z;
    PROC mymain()
        z:=0;
        WHILE TRUE DO
            client;
            transfer;
            get;
            put;
            Incr z;
        ENDWHILE
    ENDPROC</pre></td><td>先声明一个新的变量 z，并在主函数中将 z 赋值为 0，然后进入循环。在循环体中，每循环一次将 z 的值加 1</td></tr>
<tr><th colspan="2">（2）修改放置函数</th></tr>
<tr><th>图示</th><th>操作说明</th></tr>
<tr><td><pre>PROC put()
    MOVEL offs(pput, 0, 0, 50+30*z), v20, fine, tool1;
    MOVEL offs(pput, 0, 0, 3+30*z), v20, fine, tool1;
    reset do9;
    waittime 0.5;
    MOVEL offs(pput, 0, 0, 50+30*z), v20, fine, tool1;
ENDPROC
ENDMODULE</pre></td><td>放置时基于 z 值的大小确定放置的高度</td></tr>
</table>

（续）

（3）修改放置函数	
图示	**操作说明**

PROC client()
SocketClose socket;
SocketCreate socket;
SocketConnect socket, "192.168.125.123", 7930;
s1:= "";
WHILE StrLen(s1) < 10 do
SocketSend socket\str:= "123";
SocketReceive socket\str:= s1;
waittime 1;
ENDWHILE
ENDPROC
	在视觉系统中无工件时，机器人仍然会重复最后一次搬运的动作。原因是当 s1 为“,”时，transfer 函数不被执行，但是 x 和 y 值仍然在，所以工业机器人还是会搬移。
	为了解决这个问题，可以将 client 函数按左图的方式修改。表示当 s1 为空时，程序陷入死循环不会往后执行

9.1.2 定位工件

定位工件需要执行的操作包括高精度匹配、标定转换、格式化和发送数据。高精度匹配工具的设置要点见表 9-2。

表 9-2　高精度匹配工具的设置要点

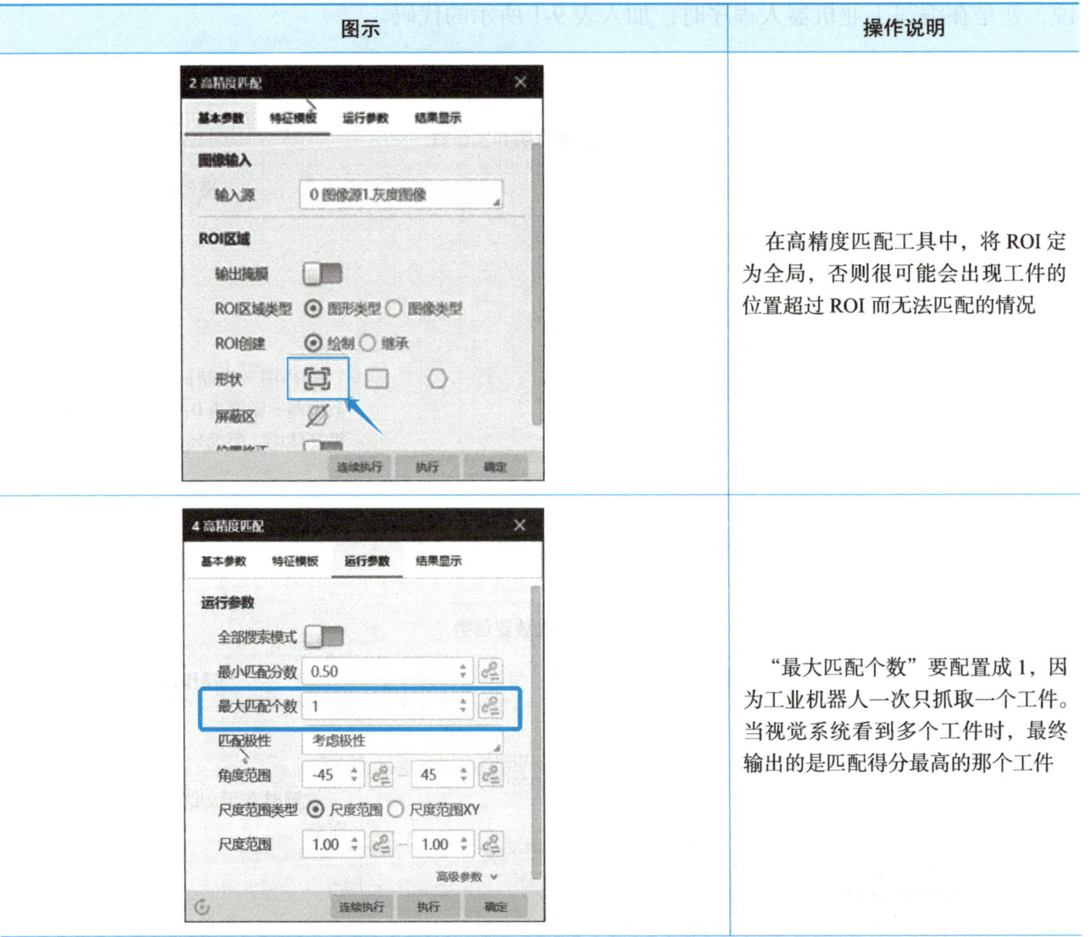

图示	操作说明
	在高精度匹配工具中，将 ROI 定为全局，否则很可能会出现工件的位置超过 ROI 而无法匹配的情况
	“最大匹配个数”要配置成 1，因为工业机器人一次只抓取一个工件。当视觉系统看到多个工件时，最终输出的是匹配得分最高的那个工件

（续）

图示	操作说明
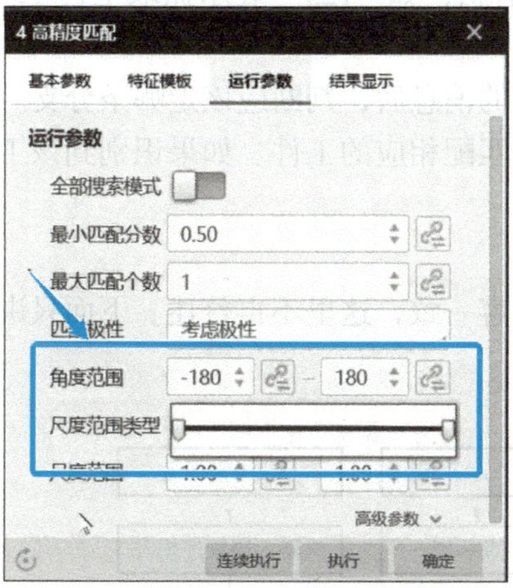 4 高精度匹配 × 基本参数　特征模板　运行参数　结果显示 运行参数 全部搜索模式 最小匹配分数 0.50 最大匹配个数 1 匹配极性 考虑极性 角度范围 -180 – 180 尺度范围类型 尺度范围 高级参数 连续执行　执行　确定	为了防止工件与模板的角度偏差太大而匹配不到，将“角度范围”设置到 -180°~180°
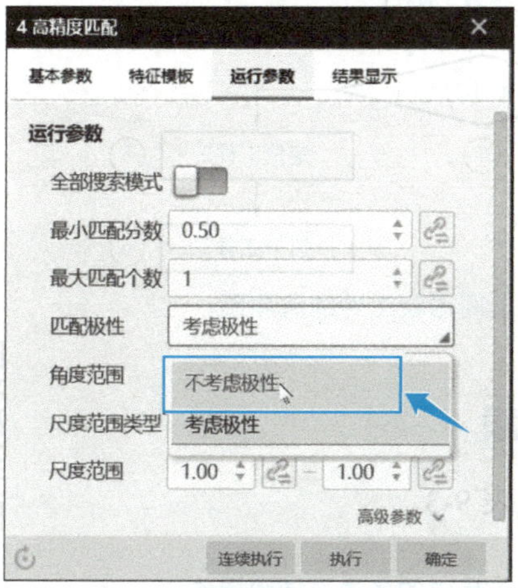 4 高精度匹配 × 基本参数　特征模板　运行参数　结果显示 运行参数 全部搜索模式 最小匹配分数 0.50 最大匹配个数 1 匹配极性 考虑极性 角度范围 不考虑极性 尺度范围类型 考虑极性 尺度范围 1.00 – 1.00 高级参数 连续执行　执行　确定	将“匹配极性”修改为“不考虑极性”

9.2　抓取多个不同形状的工件

工作台上有多个不同形状的工件时，如图 9-2 所示，工业机器人将这些工件逐一抓取，然后放置在其他的位置，本节内容是对上一节内容的扩展。对于每一个工件来说，抓取流程与图 9-1 都是一致的，只需要在工业机器人端发出不同的指令，让视觉系统去识别不同形状的工件，并最终将其抓取到，抓取不同形状工件的流程图如图 9-3 所示。

图 9-2　不同形状的工件

由图 9-3 可见，抓取不同形状的工件主要包含如下 6 个步骤：

步骤①：机器人示教准备。

步骤②：N 点标定。

步骤③：工业机器人向视觉系统发送消息，如“123”表示抓取工件 1，“456”表示抓取工件 2。

步骤④：视觉系统收到工业机器人发来的消息后，判断应该走哪条分支。

步骤⑤：视觉系统进入分支后，高精度匹配相应的工件。如果识别到该工件，则计算出坐标位置，然后发送给工业机器人。

步骤⑥：工业机器人基于坐标抓取工件。

其中，步骤①、②和⑥与前面学习的内容一致，这里不再赘述。下面只讲讲步骤③～⑤需要注意的问题。

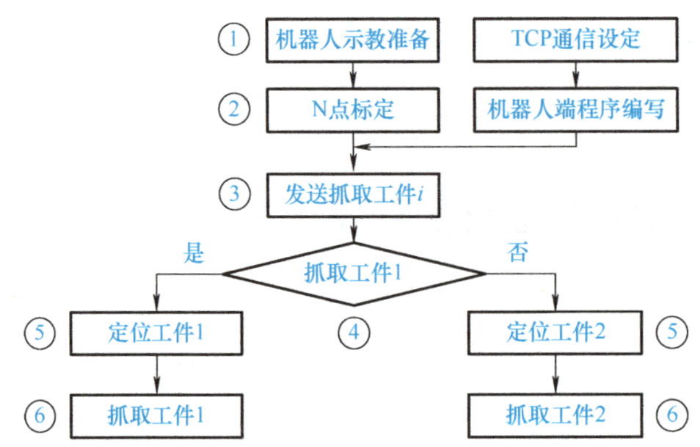

图 9-3　抓取多个不同形状工件的流程图

9.2.1　高精度匹配工具中的多边形掩膜

VM—多形状定位

高精度匹配工具中的多边形掩膜操作见表 9-3。

表 9-3　高精度匹配工具中的多边形掩膜操作

图示	操作说明
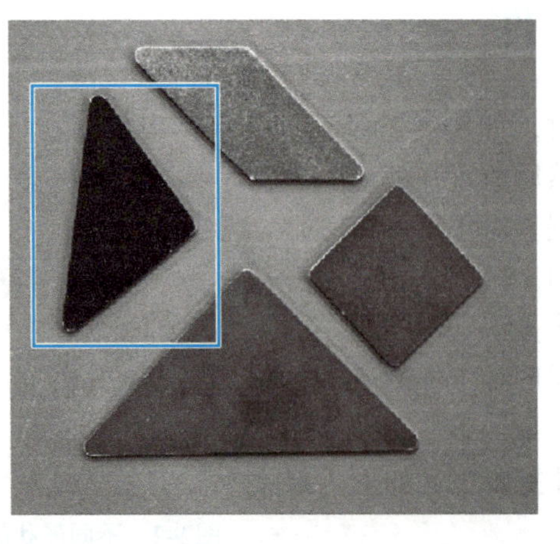	假设现在视觉系统要识别的是红色框中的三角形。那么在高精度匹配中需要先建立三角形的模板

（续）

图示	操作说明
	双击“高精度匹配”工具，在弹出对话框的“形状”一栏中选择“全局”。然后单击“特征模板”选项卡，在弹出的对话框中单击“创建”按钮
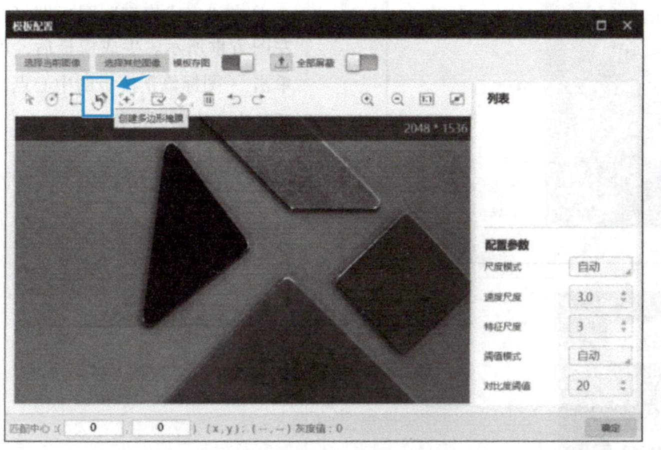	在弹出的界面单击菜单栏中的“创建多边形掩膜”图标
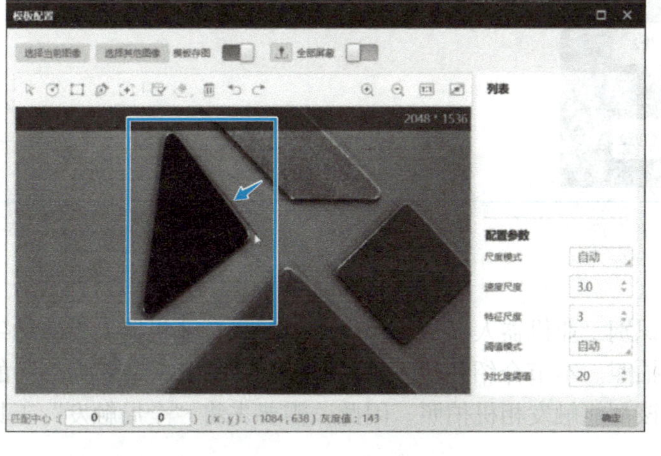	按住鼠标左键，先沿着三角形的边界拉出一条直线，如左图所示

（续）

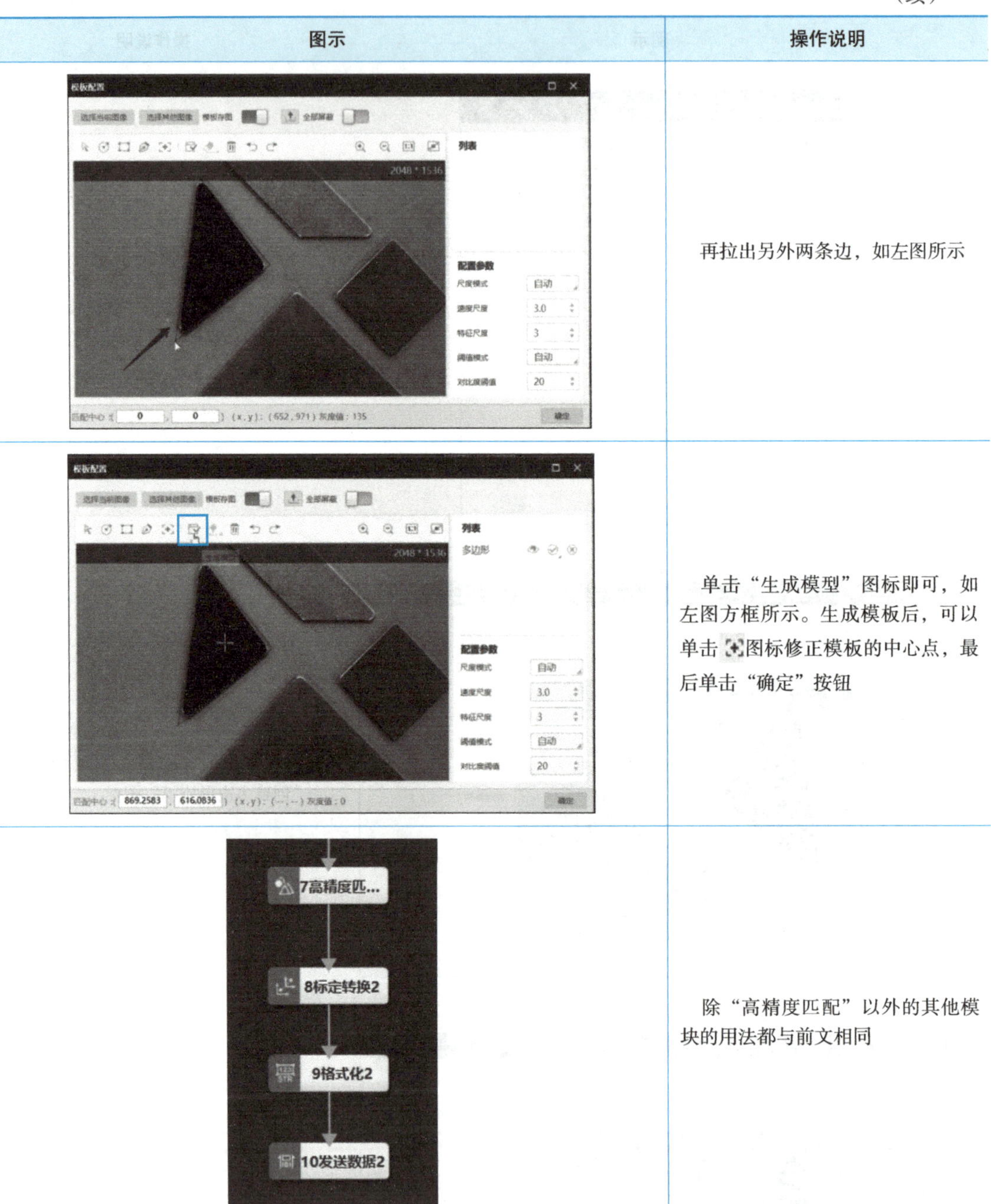

图示	操作说明
	再拉出另外两条边，如左图所示
	单击“生成模型”图标即可，如左图方框所示。生成模板后，可以单击图标修正模板的中心点，最后单击“确定”按钮
	除“高精度匹配”以外的其他模块的用法都与前文相同

9.2.2 修改全局触发

使用“全局触发”工具可以识别工业机器人发送的字符串，如果工业机器人发送的字符串是“123”，那么就会触发相机拍照。本节介绍相机发来两种字符串“123”或“456”的情况，理论上讲，这两种字符串应该都能触发相机拍照。因此，需要先将“全局触发”工具修改一下，具体操作见表 9-4。

表 9-4　修改全局触发的具体操作

图示	操作说明
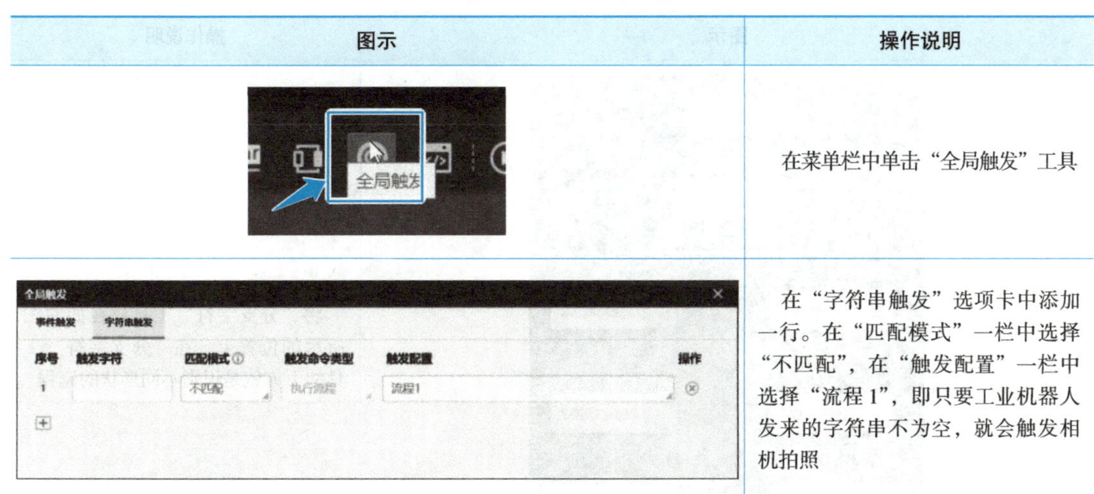	在菜单栏中单击“全局触发”工具
	在“字符串触发”选项卡中添加一行。在“匹配模式”一栏中选择“不匹配”，在“触发配置”一栏中选择“流程 1”，即只要工业机器人发来的字符串不为空，就会触发相机拍照

9.2.3　分支字符

前面已经实现工业机器人只要发来字符串就可以触发相机拍照的功能，但是，如何让视觉系统基于工业机器人发来的不同字符串去识别不同形状的工件呢？这就需要使用“分支字符”工具。“分支字符”工具就像 C 语言中的 if 语句，它的功能是进行分支判断：如果工业机器人发送“123”，视觉系统就走一条分支；如果工业机器人发送“456”，视觉系统就走另一条分支。具体操作见表 9-5。

表 9-5　使用分支字符的具体操作

图示	操作说明
	在左侧菜单中找到“逻辑工具”工具箱
	将光标放在“逻辑工具”的上方，在展开的菜单中找到“分支字符”工具，将它拖到编程区

（续）

图示	操作说明
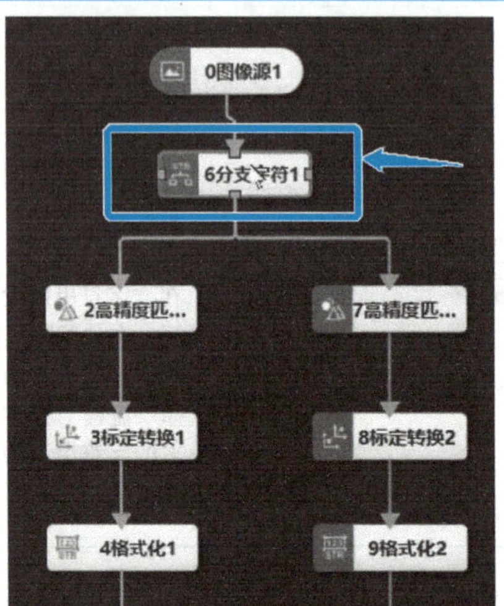	将“分支字符”工具放在如左图所示的位置上。在“分支字符”工具的下方就是识别不同形状的流程
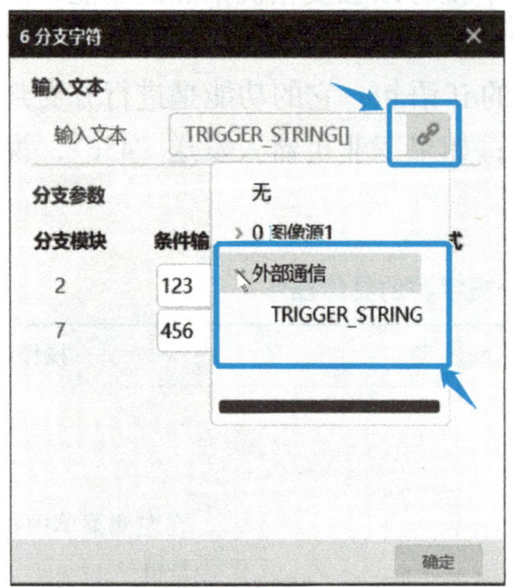	双击“分支字符”工具，在“输入文本”一栏中单击“订阅”按钮，如左图箭头所示，在下拉菜单中单击“外部通信”，选择“TRIGGER_STRING”，这其实就是工业机器人触发视觉系统拍照的字符串
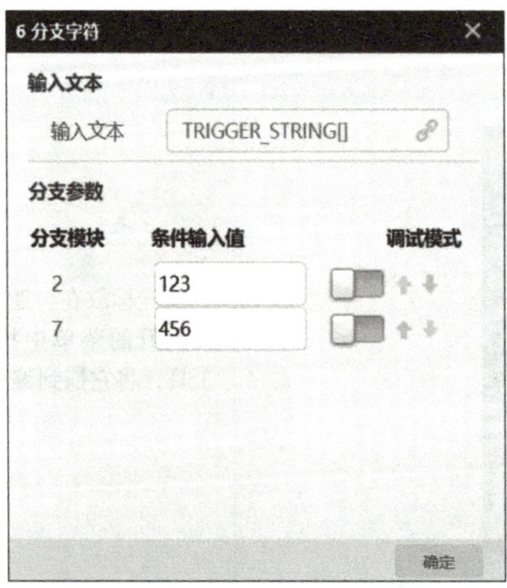	在“分支参数”中有两条分支，“分支模块”标记“2”的是左边一条分支，在“条件输入值”中输入字符串“123”。“分支模块”标记“7”的是右边一条分支，在“条件输入值”中输入字符串“456”

9.2.4　工业机器人端程序

VM—多形状定位机器人端程序

工业机器人端要做的事情：先发送“123”给视觉系统，并按照视觉系统的指引去抓取相应的工件；然后发送“456”给视觉系统，并按照视觉系统的指引去抓取相应的工件。具体程序见表 9-6。

表 9-6　工业机器人端的具体程序

图示	操作说明

PROC mymain()
    client;
    transfer;
    get;
    put;　→ 发送“123”，接收工件位置并抓取
    client1;
    transfer;
    get;
    put;　→ 发送“456”，接收工件位置并抓取
ENDPROC
PROC client()
	在主程序中，分两块写：第一块发送“123”，接收工件 1 的位置并抓取；第二块发送“456”，接收工件 2 的位置并抓取

PROC client()
    SocketClose socket;
    SocketCreate socket;
    SocketConnect socket,"192.168.125.123",7930;
    SocketSend socket\str:="123";
    SocketReceive socket\str:=s1;
ENDPROC
	第一块使用的 client 函数与前文一样

PROC client1()
    SocketClose socket;
    SocketCreate socket;
    SocketConnect socket,"192.168.125.123",7930;
    SocketSend socket\str:="456";
    SocketReceive socket\str:=s1;
ENDPROC
	第二块使用的 client1 函数只需要将发送的字符串改成“456”即可

9.3　抓取多个不同颜色的工件

有多个形状相同但是颜色不同的工件，如图 9-4 所示，工业机器人要指定抓取哪种颜色的工件并告知视觉系统，待视觉系统识别到此颜色的工件后将其位置信息发送给工业机器人，工业机器人再去该位置抓取工件。本节内容是对 9.2 节内容的扩展，其流程图如图 9-5 所示。

图 9-4　待抓取的不同颜色但形状相同的工件

由图 9-5 可见，抓取不同颜色的工件仍然是 6 个步骤。与前文不同的是，本任务不是区分工件的形状而是区分工件的颜色。相比 9.2 节，只有步骤⑤的内容有变化。

定位某种颜色工件的流程图如图 9-6 所示。

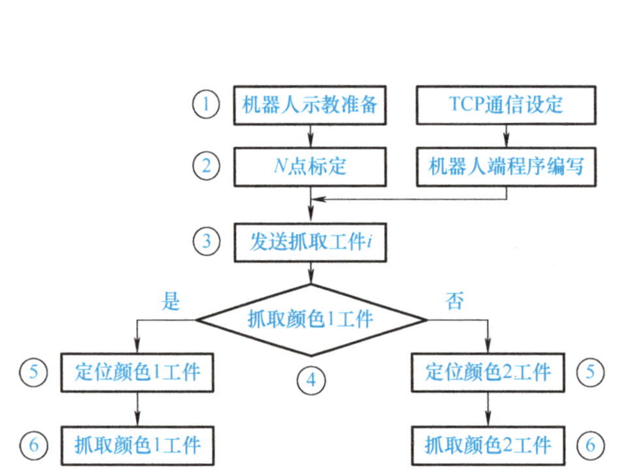

图 9-5　抓取不同颜色工件的流程图

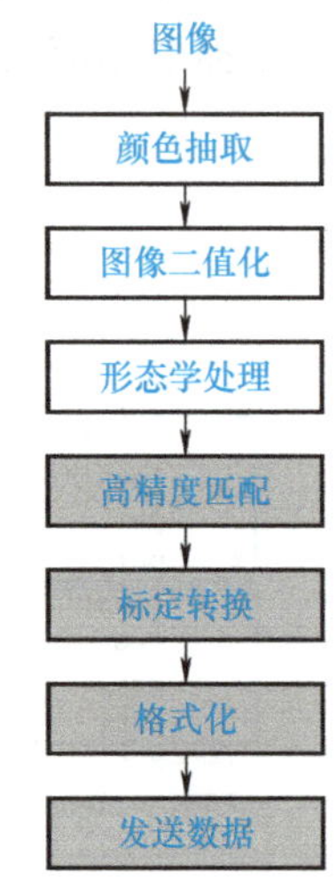

图 9-6　定位某种颜色工件的流程图

由图 9-6 可见，定位某种颜色的工件包括 7 步。其中，颜色抽取、图像二值化和形态学处理用于识别颜色；高精度匹配、标定转换、格式化和发送数据用于定位到工件位置并将此位置信息发送出去。后 4 步前文已经讲过，这里不再赘述，下面将重点介绍前 3 步。

9.3.1　颜色抽取工具

颜色抽取工具的功能是在图像中检测某些颜色。如果图像中有这些颜色，那么相应像素被置成白色，否则相应的像素被置成黑色。颜色抽取工具的使用见表 9-7。

VM—多颜色定位

表 9-7　颜色抽取工具的使用

图示	操作说明
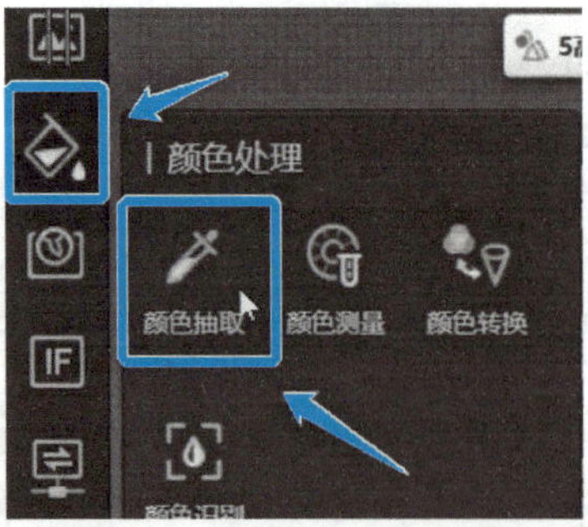	在菜单栏中找到“颜色处理”模块，将光标放在此模块的上方，在展开的菜单中找到“颜色抽取”工具，并将其拖入编程区

（续）

图示	操作说明
	假设要抓取的工具是左图中黑框内的工件。在进行颜色抽取之前，要先看一下此工件的颜色范围。将光标放在工件上方，在图像的右下角能够看到光标所在位置和颜色信息，如白色框中 R、G、B 所示
	将光标移动到该工件的其他位置，会发现 R、G、B 的值在发生变化。查看一下 R、G、B 三个通道值的变化范围
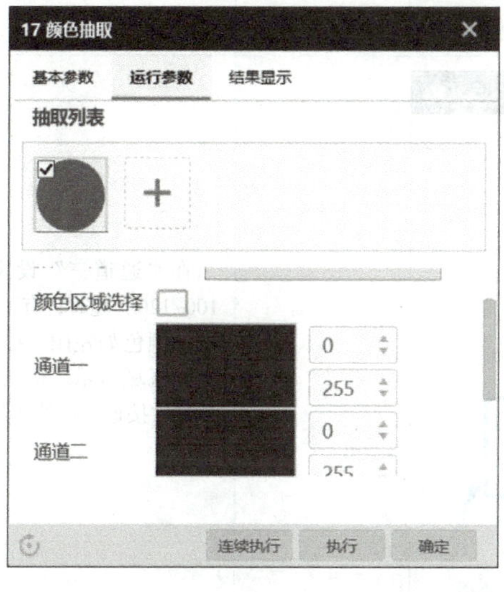	双击“颜色抽取”工具，在弹出的对话框中单击“运行参数”选项卡，设置通道一、通道二和通道三的取值范围，这个取值范围决定了将会在图像上识别的颜色区间

（续）

图示	操作说明
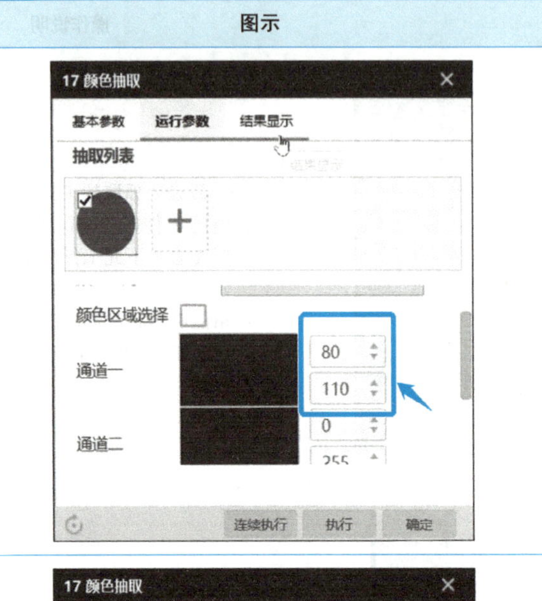	例如，在“通道一”设定取值范围为 80~110，而其他两个通道没有设定时，提取的颜色如左图“抽取列表”中的圆形区域所示
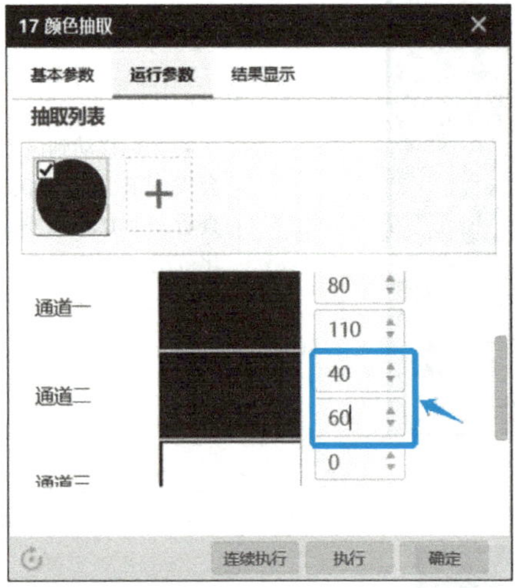	在“通道二”设定取值范围为 40~60。此时，有了两个通道，提取的颜色如左图“抽取列表”中的圆形区域所示
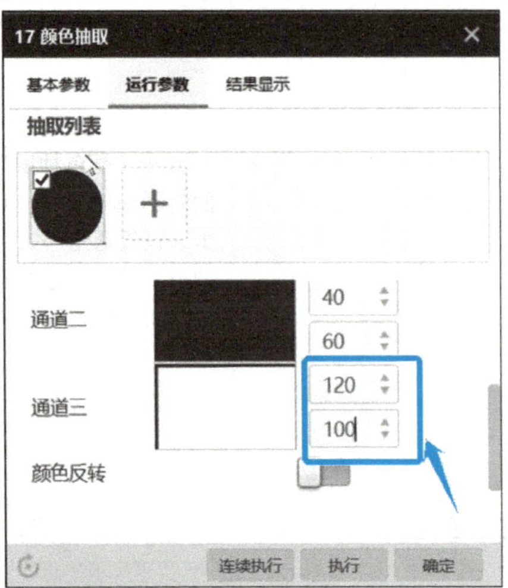	在“通道三”设定取值范围为 100~120。此时，有了三个通道，提取的颜色如左图“抽取列表”中的圆形区域所示。可见，抽取的颜色是非常接近工件的实际颜色的

（续）

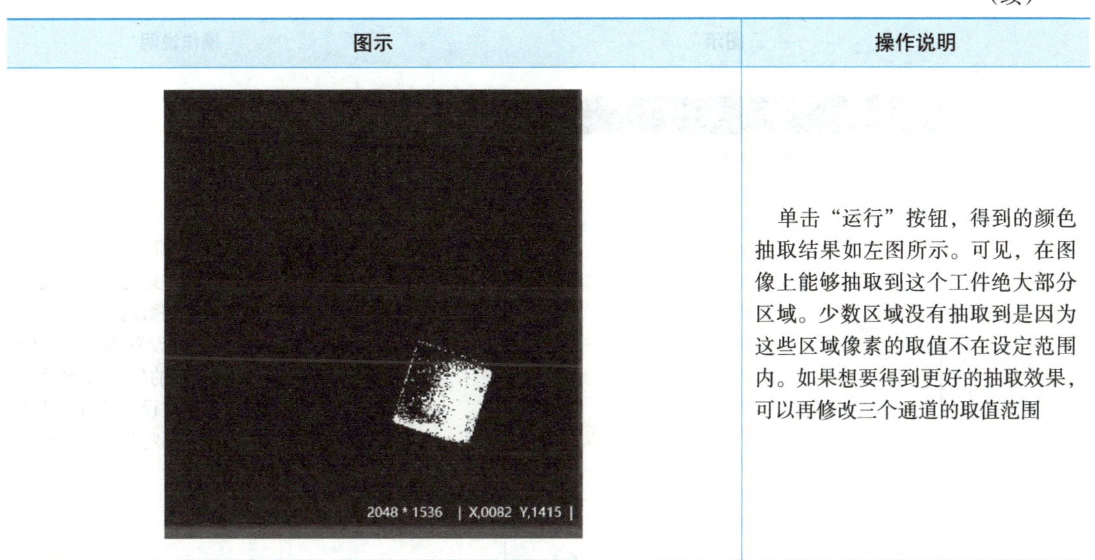

图示	操作说明
	单击“运行”按钮，得到的颜色抽取结果如左图所示。可见，在图像上能够抽取到这个工件绝大部分区域。少数区域没有抽取到是因为这些区域像素的取值不在设定范围内。如果想要得到更好的抽取效果，可以再修改三个通道的取值范围

这个结果形成了接近封闭的区域，可以通过形态学的方法将它填充成更加完整的区域。但是，形态学处理要求输入图像必须是二值图像，所以要先进行图像二值化。

9.3.2　图像二值化工具

图像二值化工具能够将输入图像转化成二值图像。二值图像即像素值只有 0 和 255 的图像。其中，“0”表现为黑色像素，“255”表现为白色像素。图像二值化工具的使用见表 9-8。

表 9-8　图像二值化工具的使用

图示	操作说明
	在菜单栏找到“图像处理”模块
图像处理 图像组合　形态学处理　图像二值化 图像滤波　图像增强　畸变校正	将光标放在“图像处理”模块上，在展开的菜单中找到“图像二值化”工具，将其拖入编程区

（续）

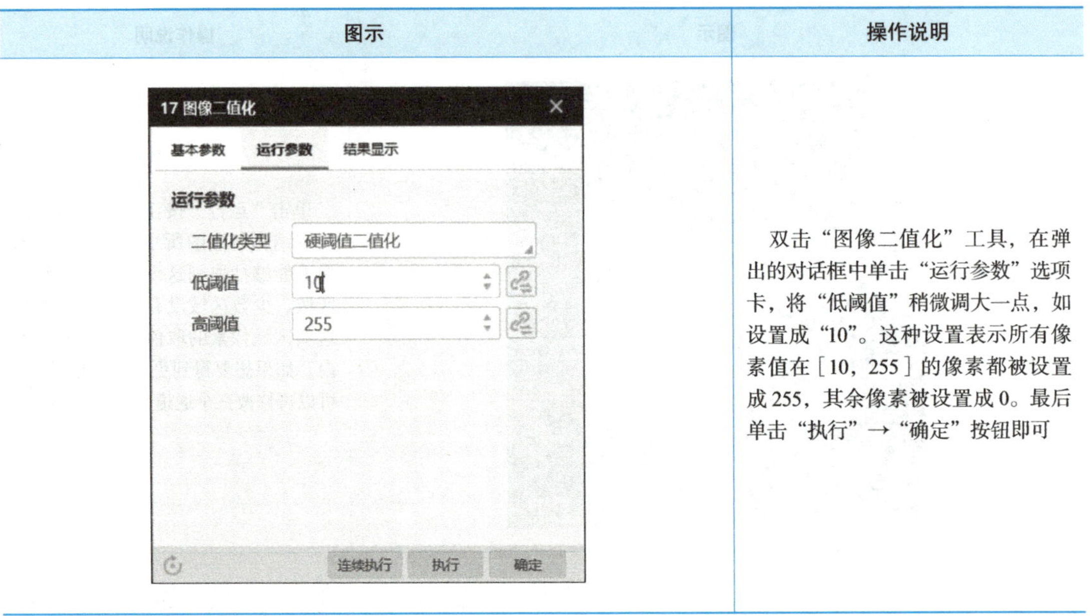

图示	操作说明
	双击“图像二值化”工具，在弹出的对话框中单击“运行参数”选项卡，将“低阈值”稍微调大一点，如设置成“10”。这种设置表示所有像素值在［10，255］的像素都被设置成 255，其余像素被设置成 0。最后单击“执行”→“确定”按钮即可

9.3.3 形态学处理工具

形态学处理工具的使用见表 9-9。

表 9-9 形态学处理工具的使用

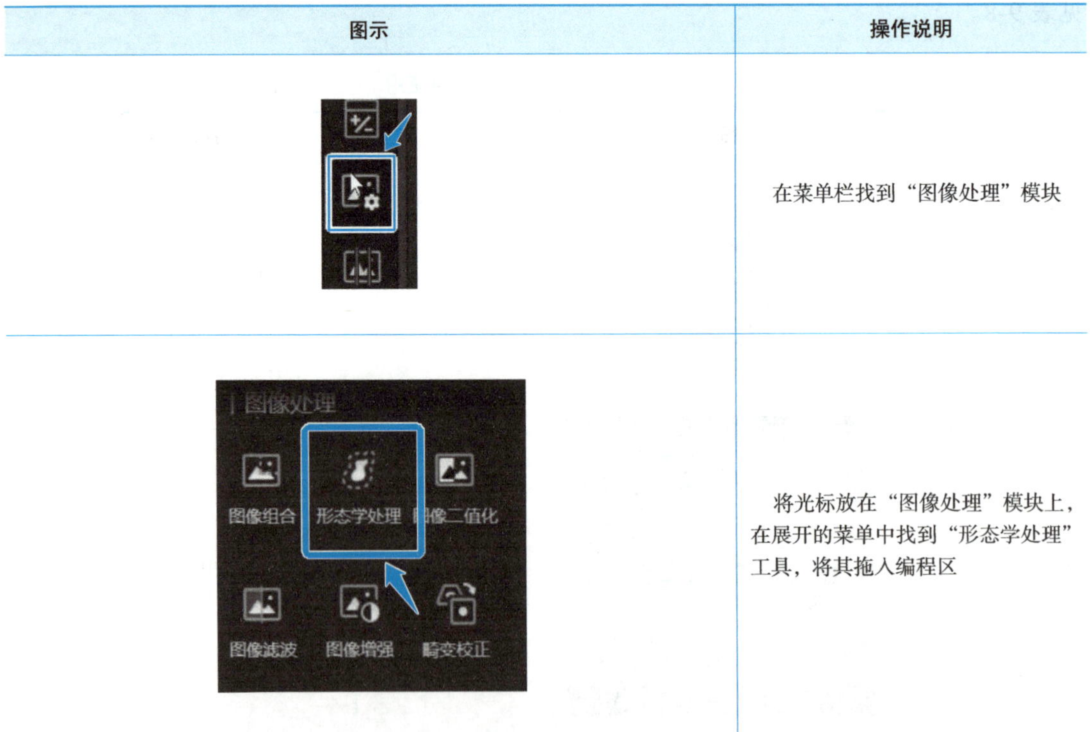

图示	操作说明
	在菜单栏找到“图像处理”模块
	将光标放在“图像处理”模块上，在展开的菜单中找到“形态学处理”工具，将其拖入编程区

（续）

图示	操作说明
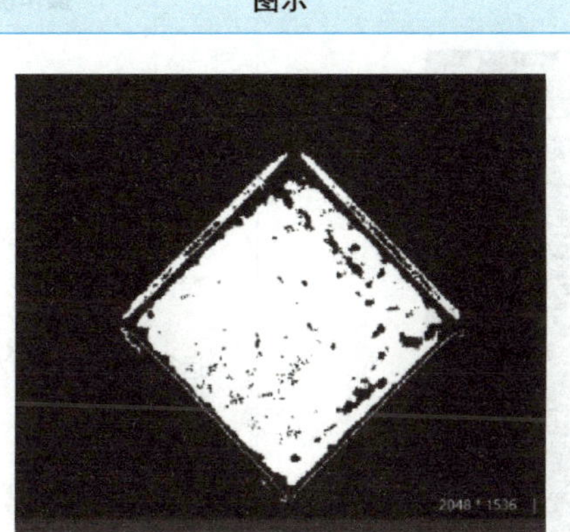	假设图像二值化的输出图像如左图所示
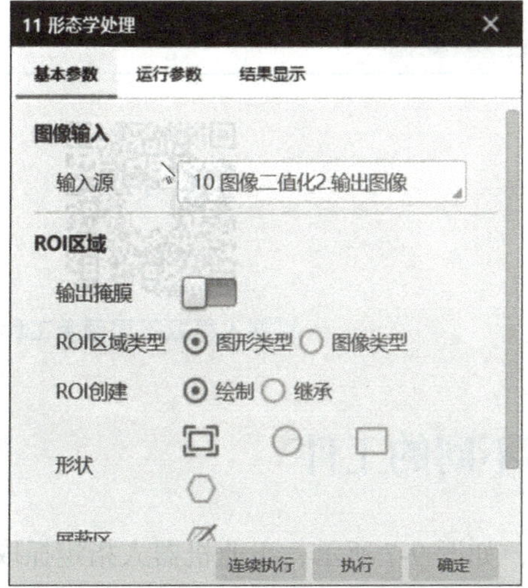	双击“形态学处理”工具，在弹出的对话框中将“输入源”选择为“图像二值化”的输出图像，ROI是整个图像
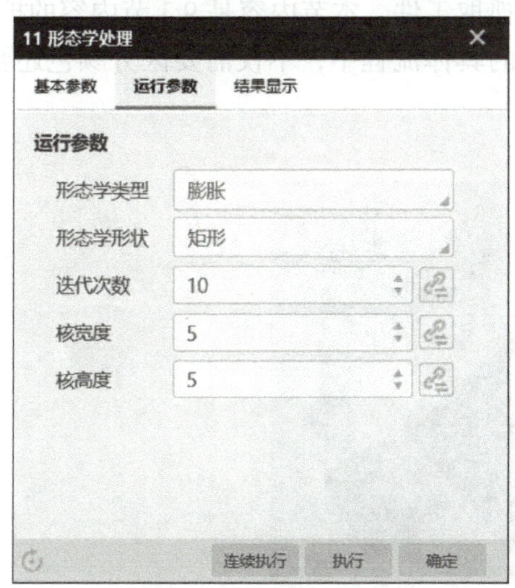	在“运行参数”选项卡中将“形态学类型”，选择为“膨胀”，将“形态学形状”选择为“矩形”。“核宽度”“核高度”以及“迭代次数”表示用多大的矩形计算多少次。如果填充的效果不太好，可以尝试将这些参数加大一点。简单来说，“膨胀”可以将孔洞填充，“腐蚀”可以将粘连的目标分离

（续）

图示	操作说明
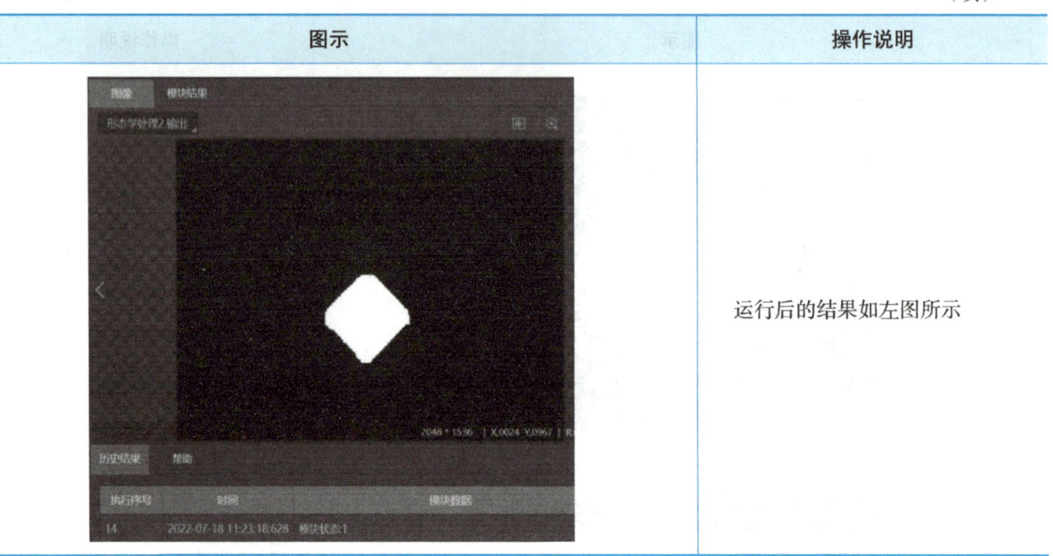	运行后的结果如左图所示

VM—多颜色定位机器人端程序

机器人抓取不同颜色工件

9.4　抓取多个形状和颜色都不同的工件

有多个形状不同、颜色也不同的工件，如图 9-7 所示，工业机器人指定抓取哪种颜色和哪种形状的工件并告知视觉系统，待视觉系统识别到此颜色和形状的工件后将其位置信息发送给工业机器人，工业机器人再去该位置抓取工件。本节内容是 9.3 节内容的扩展，其流程图与图 9-5 一致。不同的是，在定位工件的具体流程中，不仅需要区分颜色还要区分形状，如图 9-8 所示。

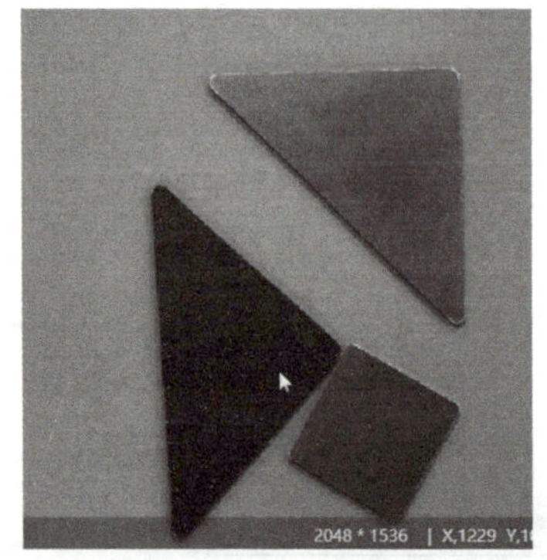

图 9-7　不同颜色、不同形状的工件

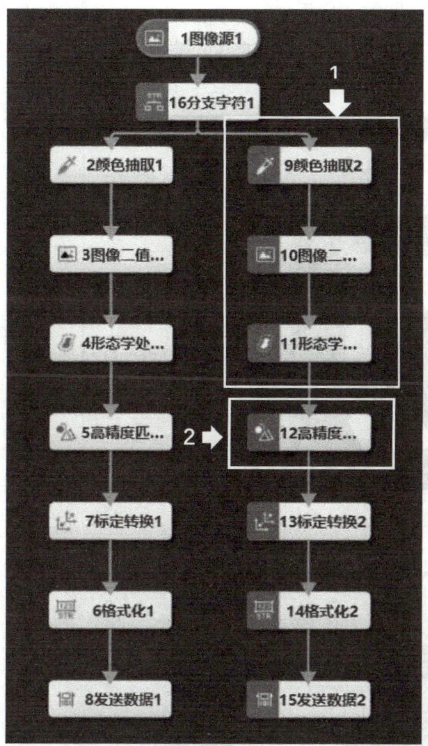

图 9-8　定位某种颜色和某种形状工件的流程图

图 9-8 中方框 1 用于定位颜色，方框 2 用于定位形状。也就是说不同的分支中，可能颜色相同但形状不同，或者颜色不同但形状相同，或者颜色和形状都不相同。因此，各种情况都应该用特定的字符串来区分，在“分支字符”工具中定义清楚即可。具有相同颜色不同形状的工件识别过程见表 9-10。

VM—不同形状不同颜色工件识别

表 9-10　具有相同颜色不同形状的工件识别过程

图示	操作说明
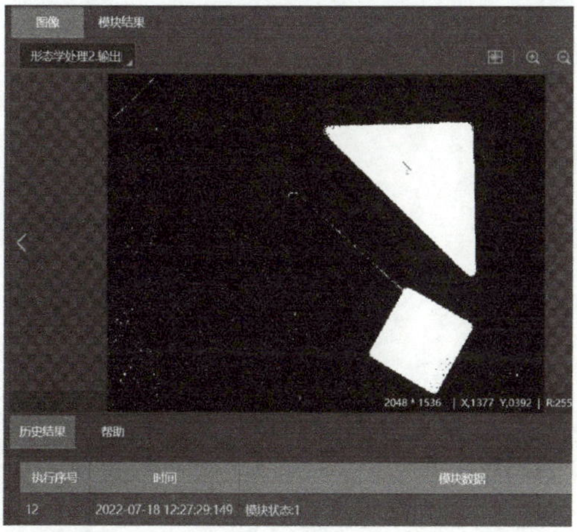	在颜色抽取阶段，识别到两个颜色相同的工件，如左图所示。此时，就可以在“高精度匹配”工具中设置不同形状的模板，将这两个工件区分开

（续）

图示	操作说明
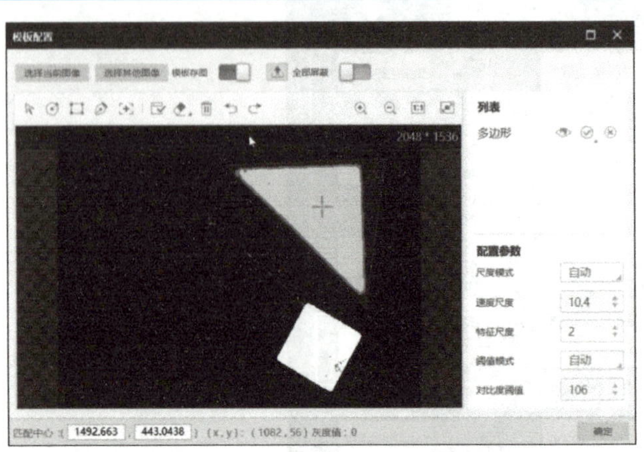	设置的模板为三角形模板，如左图所示
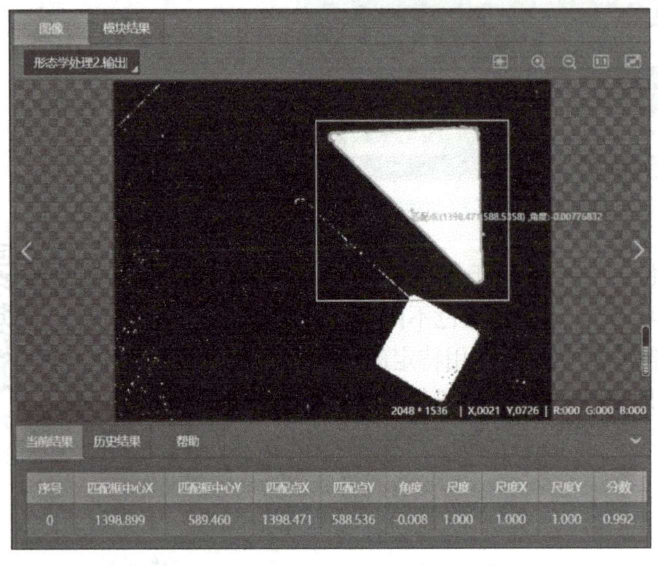	那么即使视觉系统识别到了相同颜色的工件，也可以通过形状将它们区分开来

VM—不同形状不同颜色机器人端程序

机器人抓取不同形状和不同颜色工件

课后习题

1. 请简述在多个相同工件码垛的应用中，高精度匹配应注意的要点。
2. 请画出不同形状工件抓取的工作流程图。
3. 请简述使用高精度匹配工具设置多边形掩膜时的注意要点。

4. 请画出不同颜色工件抓取的工作流程图。

5. 请简述颜色抽取、图像二值化、形态学处理工具分别在定位某种颜色工件的流程中的作用。

6. 在颜色抽取工具中，通道一、通道二、通道三的含义是什么？如果抽取后发现其他非目标工件的区域也成了白色，应该如何改进？

7. 请简述形态学工具中的腐蚀和膨胀的作用。

8. 请尝试使用机器视觉与工业机器人配合完成相同形状多个工件的码垛。

9. 请尝试使用机器视觉与工业机器人配合完成不同形状多个工件的按序抓取。

10. 请尝试使用机器视觉与工业机器人配合完成七巧板的摆放，并简述在操作的过程中遇到的问题及解决方法。

参考文献

[1] 杭州海康威视数字技术股份有限公司 . VisionMaster 算法平台：用户手册［Z］. 2022.

[2] 杨波 . 工业视觉系统编程与调试：基于 VBAI 视觉系统［M］. 北京：机械工业出版社，2020.

[3] 崔吉，崔建国 . 工业视觉实用教程［M］. 上海：上海交通大学出版社，2018.

[4] 叶晖 . 工业机器人实操与应用技巧［M］. 3 版 . 北京：机械工业出版社，2023.

[5] 苏州富纳艾尔科技有限公司 . 工业视觉系统运维职业技能等级标准：2021 年 1.0 版［S］. 苏州：苏州富纳艾尔科技有限公司，2021.